高等院校艺术设计类专业系列教材

Premiere Pro 2022 影视编辑剪辑制作案例教程（全视频微课版）

刘晓宇　编著

清華大學出版社
北　京

内容简介

本书通过46个经典案例，循序渐进地讲解Premiere Pro软件的操作方法，以及编辑视频、音频的各种技巧。全书共分为7章，第1章介绍软件的基础操作方法，第2章讲解素材编辑技巧，第3～5章讲解视频、音频效果的制作方法，第6章讲解文本和图形的操作方法，第7章为综合案例，通过各种功能和命令的综合运用使读者对所学知识融会贯通。书中采用案例教程的编写形式，兼具技术手册和应用技巧参考手册的特点，在实践应用中体现软件的功能和知识点。

本书提供所有案例的素材文件、源文件、效果文件、教学视频，以及PPT教学课件、思维导图、教案和教学大纲等立体化教学资源，并附赠38集Pr软件操作视频课程，帮助读者快速提升制作能力。

本书可作为高等院校影视动画、数字媒体艺术等专业的教材，也可作为相关从业人员和广大视频编辑爱好者的参考用书。

图书在版编目(CIP)数据

Premiere Pro 2022影视编辑剪辑制作案例教程：全视频微课版 / 刘晓宇编著. — 北京：清华大学出版社，2023.9（2024.9重印）
高等院校艺术设计类专业系列教材
ISBN 978-7-302-64459-0

Ⅰ. ①P… Ⅱ. ①刘… Ⅲ. ①视频编辑软件－高等学校－教材 Ⅳ. ①TP317.53

中国国家版本馆CIP数据核字(2023)第154672号

责任编辑：李　磊
封面设计：杨　曦
版式设计：思创景点
责任校对：成凤进
责任印制：丛怀宇

出版发行：清华大学出版社
网　　址：https://www.tup.com.cn，https://www.wqxuetang.com
地　　址：北京清华大学学研大厦A座　　**邮　　编：**100084
社 总 机：010-83470000　　**邮　　购：**010-62786544
投稿与读者服务：010-62776969，c-service@tup.tsinghua.edu.cn
质 量 反 馈：010-62772015，zhiliang@tup.tsinghua.edu.cn
印 装 者：天津鑫丰华印务有限公司
经　　销：全国新华书店
开　　本：185mm×260mm　　**印　　张：**10　　**字　　数：**268千字
版　　次：2023年11月第1版　　**印　　次：**2024年9月第2次印刷
定　　价：59.80元

产品编号：096853-01

前言

Premiere是Adobe公司推出的一款视频剪辑软件，具有专业、简洁、方便、实用的特点，被广泛应用于影视、广告、包装等领域，深受广大视频编辑从业人员和爱好者的青睐，是必不可少的编辑工具。

Premiere提供了采集、剪辑、调色、美化音频、字幕添加、输出、DVD刻录等一整套功能，也可与其他Adobe软件高效集成，满足用户在编辑、制作等工作流程中的需要，提升用户的创作能力和创作自由度，满足用户创建高质量作品的要求。

本书使用简体中文版Premiere Pro 2022进行讲解，方便广大读者学习和使用，也使读者更容易接受软件的操作方法。

本书特点

党的二十大报告为我国坚定推进教育高质量发展指出了明确的方向。在此背景下，本书编写组以"加快推进教育现代化，建设教育强国，办好人民满意的教育"为目标，以"强化现代化建设人才支撑"为动力，以"为实现中华民族伟大复兴贡献教育力量"为指引，进行了满足新时代新需求的创新性编写尝试。

本书内容由浅入深，涵盖了Premiere Pro 2022软件的重要知识点，以案例的方式对软件的功能进行详细讲解，帮助读者快速掌握软件的各项功能。本书具有如下特点。

- **案例教学**。本书通过大量案例，系统地讲解软件操作的方法和视频剪辑的技巧，使读者增强学习兴趣，提高学习效率，从而提升软件操作能力和剪辑水平。
- **通俗易懂**。本书以简洁、精练的语言讲解软件的每一项功能和实战案例，让读者学习起来更加轻松。
- **图文并茂**。本书将视频的制作流程和步骤以图片的形式展示，并对图中的关键点进行标注。
- **实战性强**。本书通过7章、46个案例，系统地讲解了视频剪辑的方法。
- **技巧提示**。本书在案例讲解中，对一些内容进行扩充，或添加技巧提示，以方便读者更好地了解所学内容，掌握操作技巧。
- **学习资源丰富**。随书附赠所有案例的素材文件、源文件、渲染输出的效果文件，以及长达480多分钟的教学视频，帮助读者快速提升制作能力。

本书内容

本书系统地讲解了Premiere Pro 2022软件视频剪辑的基础知识、软件操作界面、效果命令、制作方法等方面的内容。

第1章基础操作，讲解视频制作的基础知识，包括制作视频的一般流程，导入和输出各种类型文件的方法，以及项目管理的一些技巧，使读者对视频制作的步骤和方法有初步的了解，方便后续章节的深入学习。

第2章素材编辑，讲解素材编辑的主要方法，包括素材修改、自动匹配序列、视频变速、嵌套图片、剪辑素材，以及制作属性动画等，使读者掌握使用多个面板和多种方式对素材进行编辑和修改的技巧。

第3章视频效果，讲解视频效果的运用，包括【色彩】【保留颜色】【亮度】【对比度】【四色渐变】【更改颜色】【放大】【球面化】【边角定位】【镜头光晕】【光照效果】【马赛克】和【裁剪】等功能的操作技巧，使读者掌握颜色校正、视频抠像、图形变换等视频效果的制作方法。

第4章视频过渡，讲解视频过渡效果的运用，包括【交叉溶解】【页面剥落】【擦除】【棋盘】【渐变擦除】【立方体旋转】【黑场过渡】等功能的操作技巧，使读者熟悉和掌握多种视频过渡效果的制作方法。

第5章音频效果，讲解音频效果和音频过渡效果的运用，包括【恒定增益】【通道音量】【声像器】【音高换档器】和【卷积混响】等功能的操作技巧，使读者掌握编辑声音的方法。

第6章文本图形，讲解编辑文本和图形的方法，包括在【效果控件】面板、【基本图形】面板和旧版的【字幕】面板中编辑文本和图形的操作技巧，使读者掌握滚动字幕、路径文字，以及其他样式文本和图形的制作方法。

第7章综合案例，讲解在实战案例中各种编辑方法和功能的运用，通过电子相册、栏目包装、购物广告和影视宣传4种类型视频的制作，将前6章所讲解的内容融会贯通，使读者掌握专业的视频制作技巧。

本书提供案例的素材文件、源文件、效果文件、教学视频，以及PPT教学课件、思维导图、教案和教学大纲等立体化教学资源，还附赠38集Pr软件操作视频课程，读者可扫描右侧二维码，推送到自己的邮箱后下载获取；也可直接扫描书中二维码，观看教学视频。注意：下载完成后，系统会自动生成多个文件夹，配套资源被分别存储在其中，请将所有文件夹里的资源复制出来即可。

教学资源

读者对象

本书讲解了Premiere Pro软件的基础知识和操作技巧，是一本非常适合初、中级读者的入门与提高教材。零基础的读者无须参照其他书籍即可轻松入门；对软件有一定了解的读者也可以从中快速学习软件的各种功能和知识点。

本书可作为高等院校影视动画、数字媒体艺术等专业的教材，也可作为相关从业人员和广大视频编辑爱好者的参考用书。

本书作者

本书由刘晓宇编著。本书作者具有多年教学经验和丰富的视频剪辑经验，在编写本书时融入了自己实际授课和项目制作过程中积累的宝贵经验与技巧，希望读者能够在体会Premiere Pro软件强大功能的同时，将创意和制作理念通过软件操作反映到视频的视觉效果中。

由于作者水平所限，书中难免有疏漏和不足之处，敬请广大读者批评指正。

编　者
2023.6

目录

基础操作

本章通过6个案例，讲解Premiere Pro软件的基础操作方法。通过本章的学习，读者可以掌握软件的影视制作流程，导入和输出各种类型文件的方法，以及项目管理的应用技巧。

1.1 制作流程

工程文件：工程文件/第1章/1.1制作流程.prproj
视频教学：视频教学/第1章/1.1制作流程.mp4
技术要点：掌握影视制作的一般流程

教学视频

案例思路

本案例简单介绍在Premiere Pro软件中进行影视制作的一般流程，使读者对创建项目、导入素材、编辑素材、新建字幕、应用效果、制作动画和生成视频等基本操作有初步的认识。

制作步骤

1. 创建项目

01 → 启动Premiere Pro软件，在【开始】对话框中单击【新建项目】按钮，如图1-1所示。

02 → 在弹出的【新建项目】对话框中，单击【浏览】按钮更改文件存储位置，在【名称】文本框中输入文本为“1.1 制作流程”，单击【确定】按钮，如图1-2所示。

提示

新建序列的常用方法还包含以下几种。

- 在【项目】面板的空白处右击，执行右键菜单中的【新建项目】>【序列】命令。
- 单击【项目】面板右下角的【新建项】按钮，执行【序列】命令。
- 使用键盘上的快捷键Ctrl + N。

图1-1

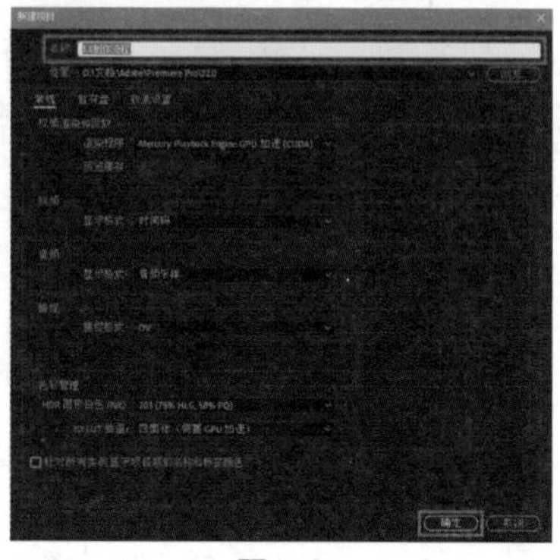

图1-2

03 → 进入Premiere Pro的操作界面后，执行菜单【文件】>【新建】>【序列】命令，如图1-3所示。

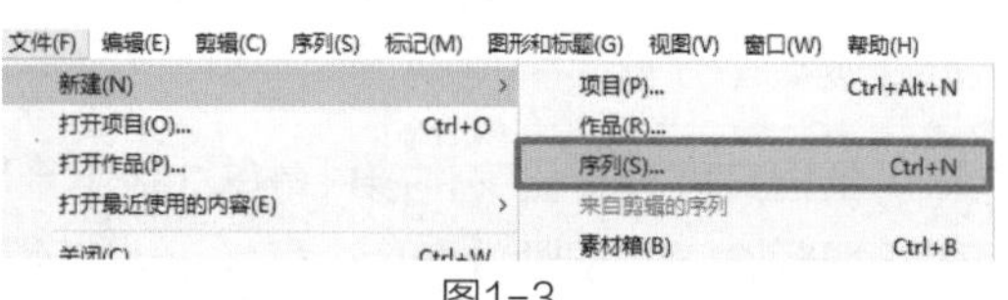

图1-3

04 → 在弹出的【新建序列】对话框中，选择【HDV】>【HDV 720p25】预设，在【序列名称】文本框中输入名称，单击【确定】按钮，如图1-4所示。

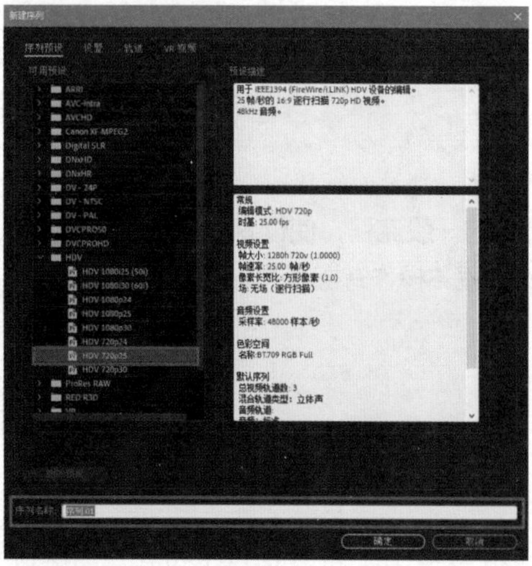

05 → 执行菜单【文件】>【导入】命令，在弹出的【导入】对话框中选择素材，单击【打开】按钮，如图1-5所示。

图1-4

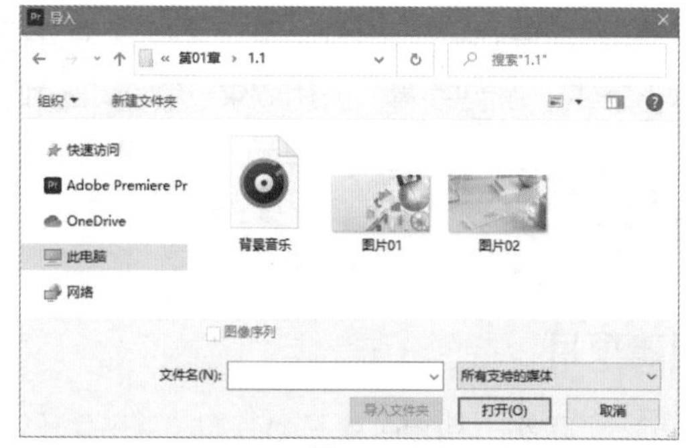

图1-5

提示

导入素材的常用方法还包括以下几种。

- 双击【项目】面板的空白处，显示【导入】对话框，即可导入素材。
- 使用键盘上的快捷键Ctrl + I，显示【导入】对话框，可导入素材。
- 直接将资源管理器中的素材拖曳至【项目】面板中。
- 使用【媒体浏览器】面板导入素材。

2. 编辑素材

01→ 使用【选择工具】，将【项目】面板中的素材文件依次拖曳至音视频轨道上，如图1-6所示。

02→ 激活【时间轴】面板，执行菜单【图形】>【新建图层】>【文本】命令，在【节目监视器】面板中，设置文本内容为“岁月静好”，如图1-7所示。

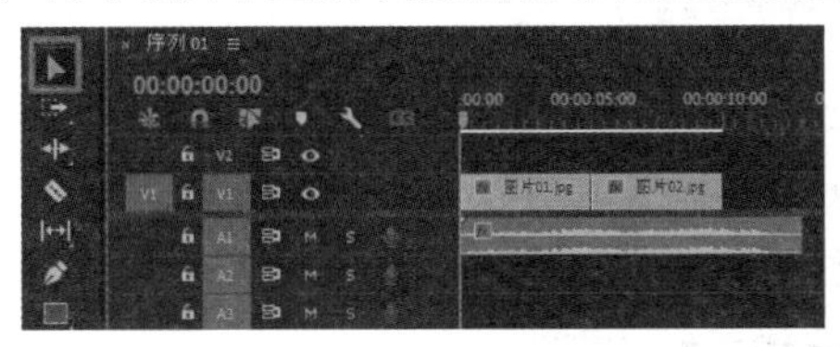

图1-6

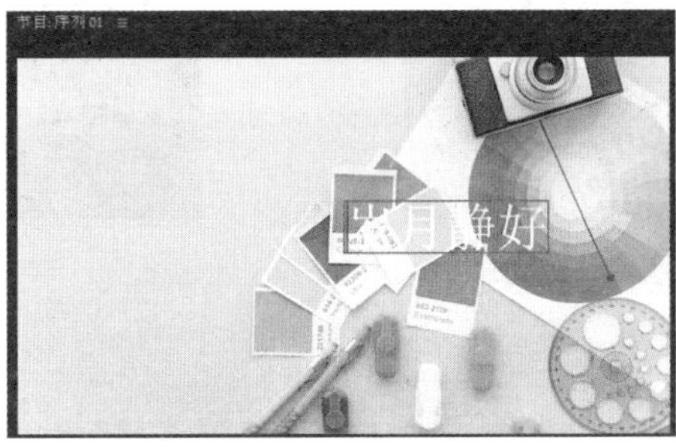

图1-7

03→ 激活文本的【效果控件】面板，设置【字体】为“华文新魏”，【字体大小】为80，填充为(R:240,G:100,B:85)，【位置】为(130.0,280.0)，如图1-8所示。

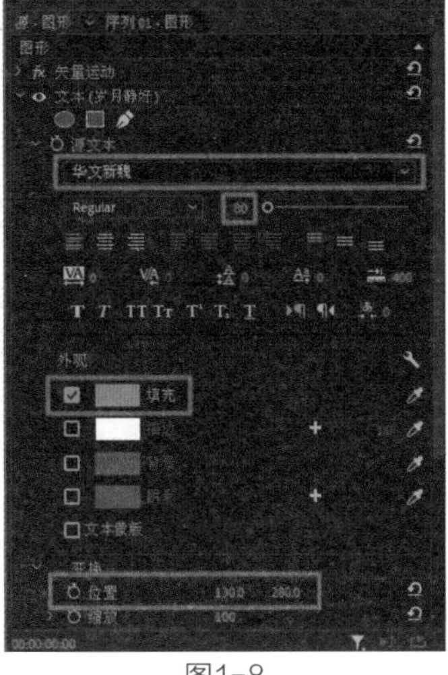

图1-8

04→ 右击【时间轴】面板中的“图片02.jpg”素材，执行右键菜单中的【速度/持续时间】命令，如图1-9所示。

05→ 在弹出的【剪辑速度/持续时间】对话框中，设置【持续时间】为00:00:04:00，单击【确定】按钮，如图1-10所示。

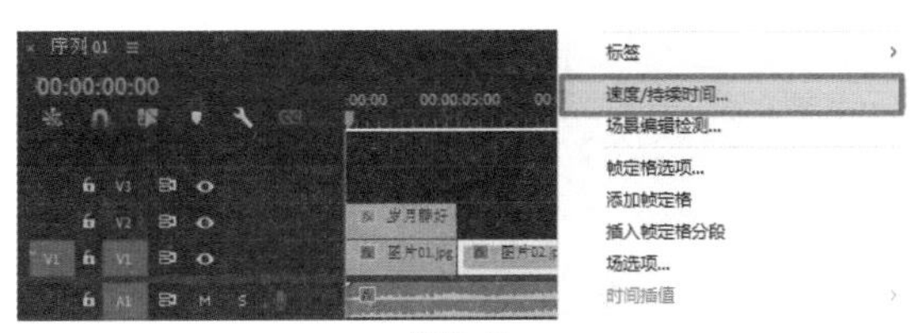

图1-9

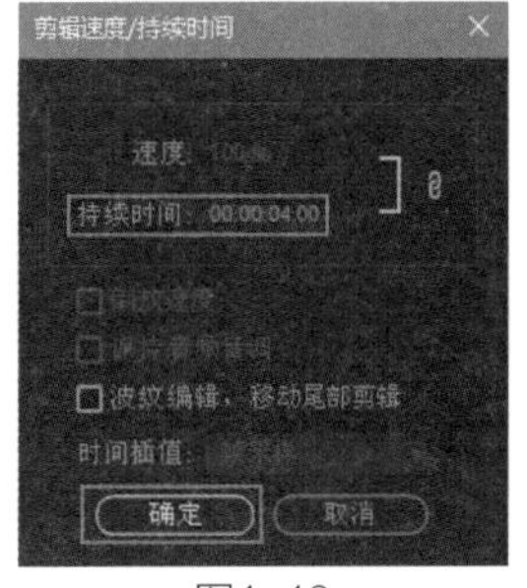

图1-10

06→ 将音频轨道中的素材出点与视频轨道中的素材对齐，如图1-11所示。

3. 应用效果

01→ 将【效果】面板中的【视频效果】>【透视】>【投影】效果拖曳至“岁月静好”文本上，如图1-12所示。

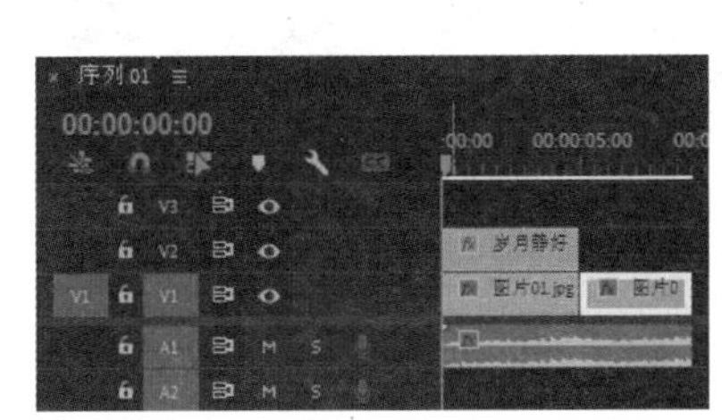

图1-11

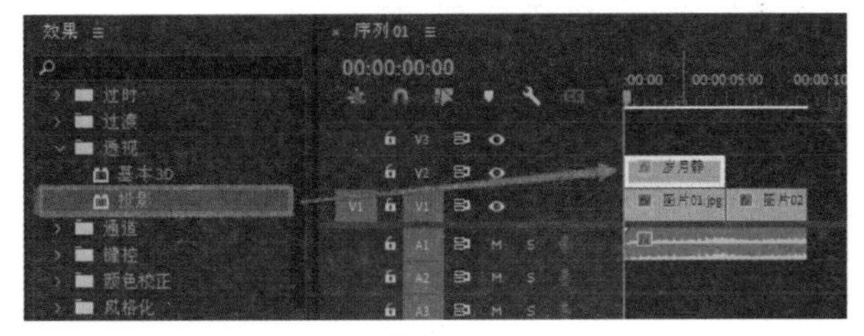

图1-12

提 示

选中素材后，双击视频效果，即可为选择的素材添加效果。

02 → 将【效果】面板中的【视频过渡】>【Wipe（擦除）】>【Wipe（擦除）】效果拖曳至“图片01.jpg”和“图片02.jpg”素材中间的位置，如图1-13所示。

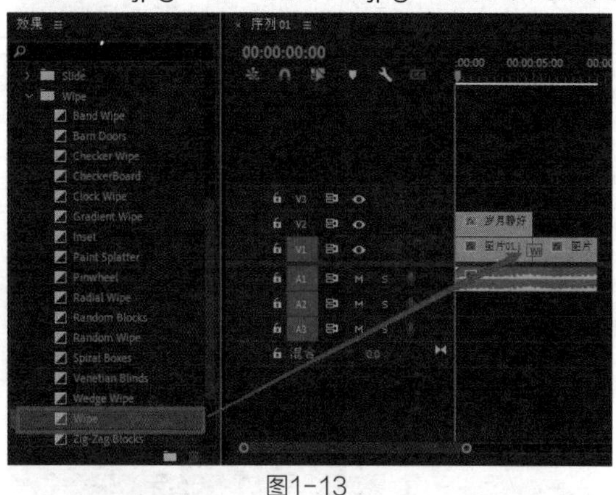
图1-13

03 → 双击【Wipe（擦除）】效果，在弹出的【设置过渡持续时间】对话框中，设置【持续时间】为00:00:02:00，如图1-14所示。

图1-14

提 示

直接在过渡效果上移动出入点位置，也可以调整过渡持续时间。

04 → 选择音视频轨道素材的出点，执行右键菜单中的【应用默认过渡】命令，如图1-15所示。

4. 制作动画

01 → 激活“图片02.jpg”素材的【效果控件】面板，将【当前时间指示器】移动至00:00:04:01的位置，打开【位置】和【缩放】的【切换动画】按钮，设置【位置】为(640.0,360.0)，【缩放】为100.0。

02 → 将【当前时间指示器】移动至00:00:09:00的位置，设置【位置】为(950.0,200.0)，【缩放】为150.0，如图1-16所示。

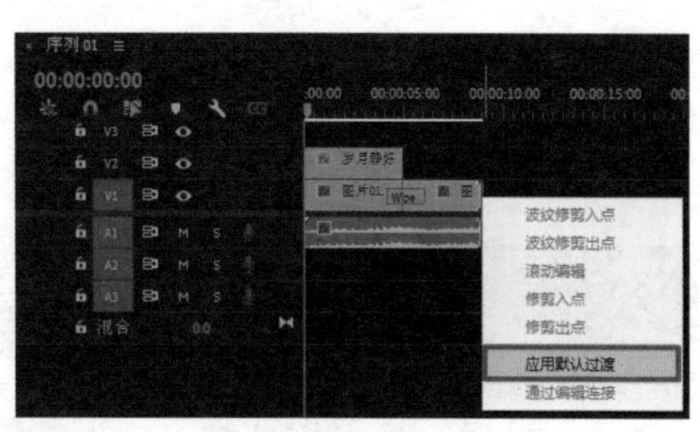

图1-15

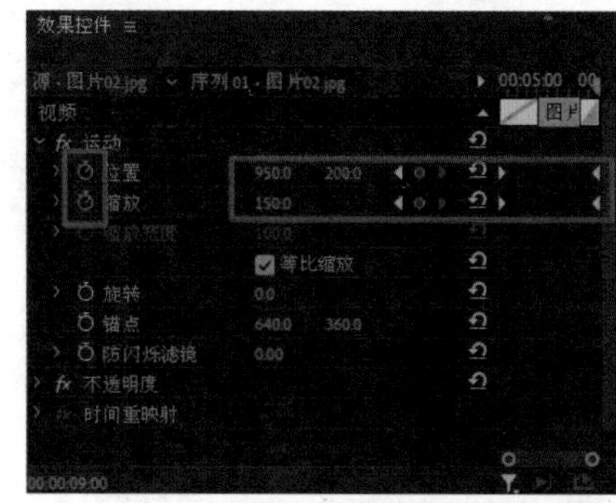

图1-16

5. 生成视频

01 → 激活【时间轴】面板，执行菜单【文件】>【导出】>【媒体】命令。

02 → 在弹出的【导出设置】对话框中，设置【格式】为H.264，单击【输出名称】中的文件名称，在弹出的【另存为】对话框中可以重新设置文件名和存储路径，确认后单击【导出】按钮，如图1-17所示。

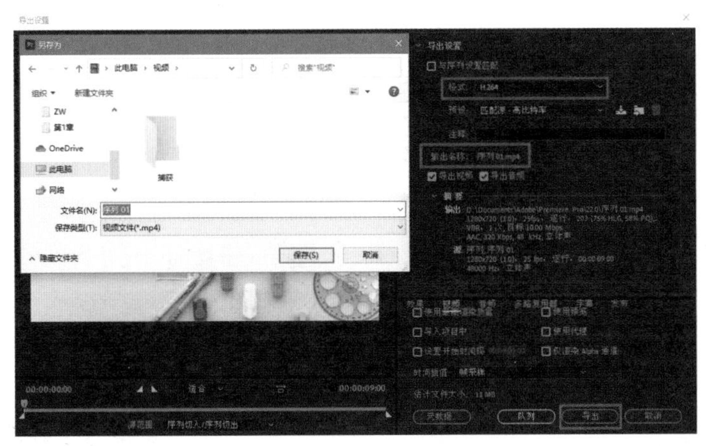

图1-17

03 → 查看最终视频效果，如图1-18所示。

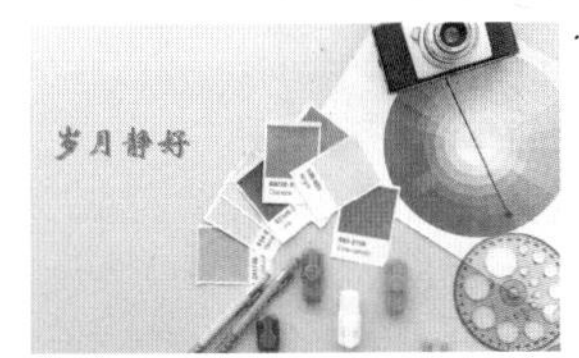

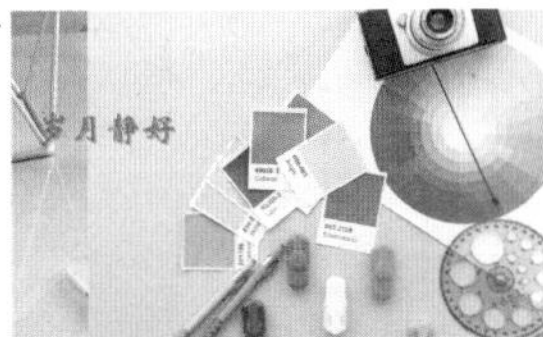

图1-18

技术总结

通过本案例，相信读者对视频制作已有了初步的认识。在实际的剪辑制作过程中，不会每次都使用到这些功能，要根据项目需求具体分析，合理地按照顺序进行操作。

例如，在本案例中先为两个图片文件添加过渡效果，然后设置运动动画关键帧，这样在设置关键帧时就可以直接为“图片02.jpg”素材的过渡部分设置运动动画。这样的操作减少了二次调整关键帧的步骤，也使视频画面的衔接更加流畅。

1.2 导入素材

教学视频

工程文件：工程文件/第1章/1.2导入素材.prproj
视频教学：视频教学/第1章/1.2导入素材.mp4
技术要点：掌握导入各种类型素材的方法

案例思路

Premiere Pro 是一款非常专业的视频剪辑软件，而剪辑的前提就是选择合适的素材。本案例主要介绍导入各类型素材的方法，通过模拟电视机选台切换的方式，将多种常用格式的素材导入案例中。

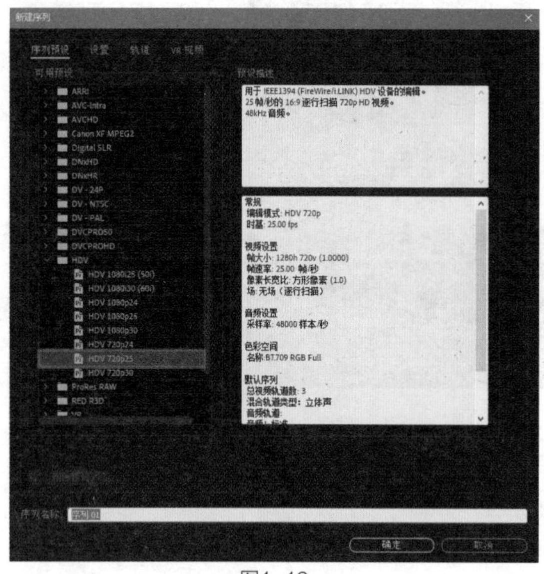

图1-19

制作步骤

1. 创建项目

01→ 新建项目和【HDV 720p25】预设序列，设置【序列名称】为“序列01”，如图1-19所示。

02→ 双击【项目】面板的空白处，执行导入操作，如图1-20所示。

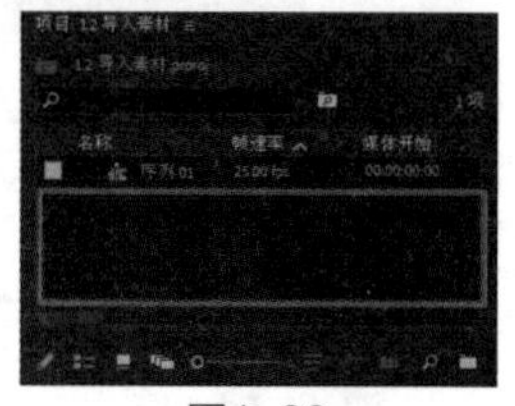

图1-20

2. 导入PSD素材

01→ 在弹出的【导入】对话框中查找素材路径，选择所要导入的“PSD图片”素材文件，单击【打开】按钮，如图1-21所示。

图1-21

02→ 在弹出的【导入分层文件】对话框中，选择【各个图层】选项，并选择所要导入的图层，单击【确定】按钮，如图1-22所示。

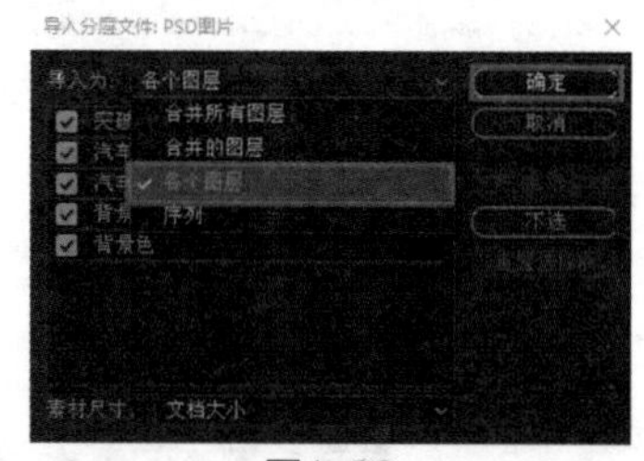

图1-22

提 示

将单个图层作为单个素材导入时，【项目】面板中该素材的名称为图层名称后接原始文件名，如“背景色/PSD图片.psd”。

3. 导入序列素材

01→ 双击【项目】面板的空白处，在弹出的【导入】对话框中，查找素材路径，并检查文件名称，如图1-23所示。

02→ 在【导入】对话框中，勾选【图像序列】复选框，选择首个编号素材文件“序列000.jpg”，单击【打开】按钮，如图1-24所示。

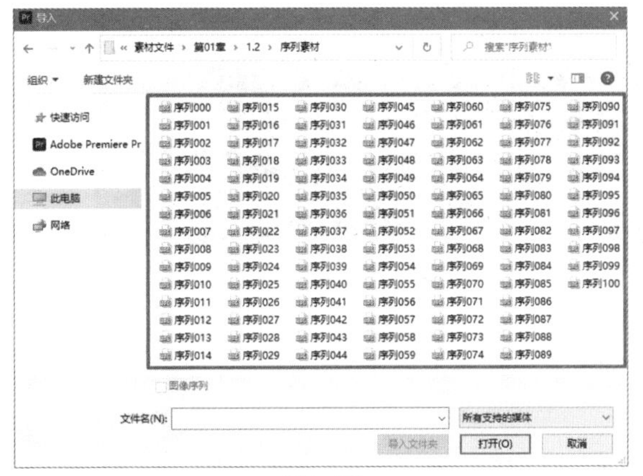

图1-23

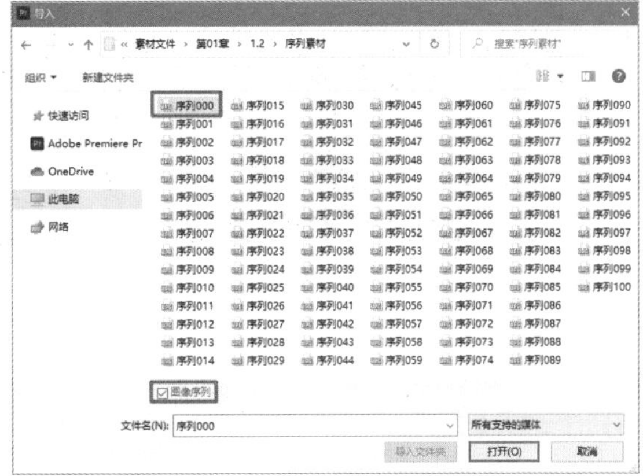

图1-24

4. 导入素材文件夹

双击【项目】面板的空白处，在弹出的【导入】对话框中选择所要导入的文件夹素材，然后单击【导入文件夹】按钮，如图1-25所示。

5. 导入其他格式素材

继续双击【项目】面板的空白处，在弹出的【导入】对话框中选择“电视.png”“视频.mp4”“图片.jpg”和“音效.wav”素材文件，单击【打开】按钮，如图1-26所示。

图1-25

图1-26

6. 编排素材

01 → 将导入【项目】面板中的素材依次拖曳至【时间轴】面板的视频轨道V1～V5上，如图1-27所示。

02 → 将【当前时间指示器】移动至00:00:02:00的位置，然后选择序列中所有素材的出点，执行菜单【序列】>【将所选编辑点扩展到播放指示器】命令，如图1-28所示。

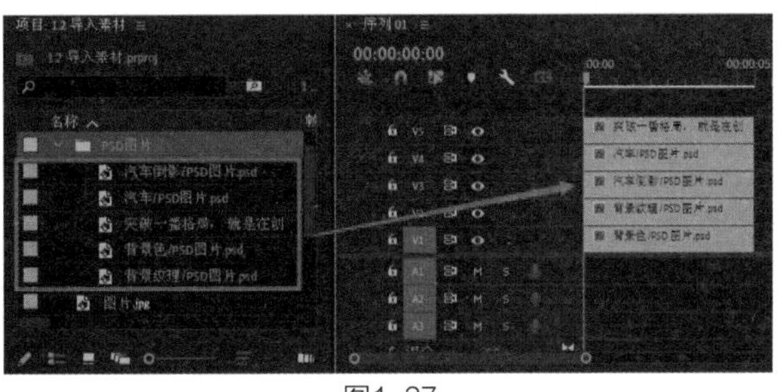

图1-27

03 → 依次选择【项目】面板中的“文件夹素材”“图片.jpg”“视频.mp4”和“序列000.jpg”素材，将它们拖曳至序列中，如图1-29所示。

图1-28

图1-29

04→ 将序列中“视频.mp4”素材的出点调整到00:00:32:00的位置，如图1-30所示。

05→ 选择序列中的“图片01.jpg”～“图片04.jpg”和“图片.jpg”素材，执行右键菜单中的【速度/持续时间】命令。

06→ 在弹出的【剪辑速度/持续时间】对话框中，设置【持续时间】为00:00:02:00，单击【确定】按钮，如图1-31所示。

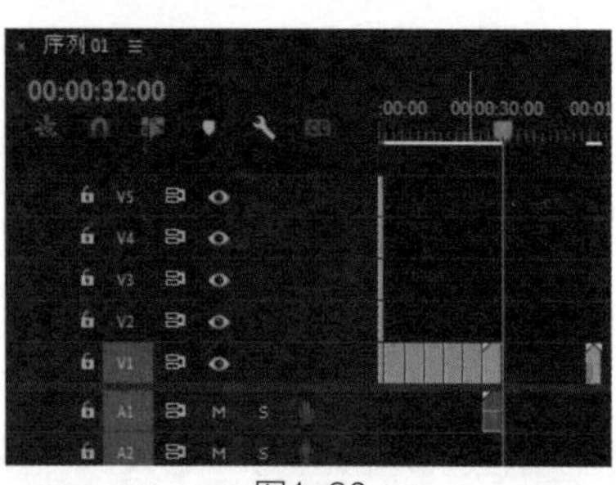

图1-30

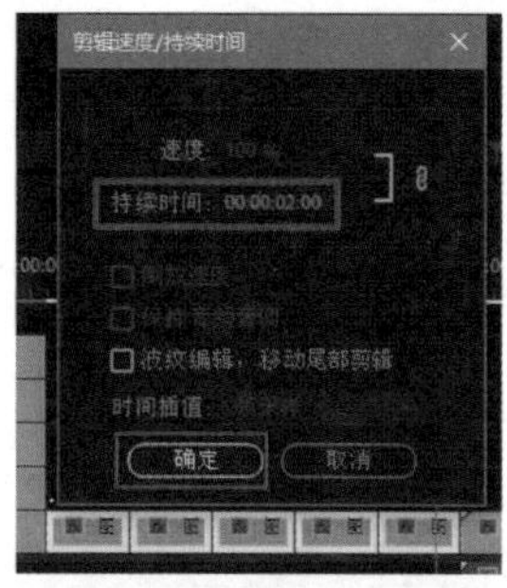

图1-31

07→ 在序列素材的间隙处，执行右键菜单中的【波纹删除】命令，如图1-32所示。

08→ 将“音效.wav”素材分别添加到音频轨道A2的00:00:01:20、00:00:09:20、00:00:11:20和00:00:16:20位置，如图1-33所示。

图1-32

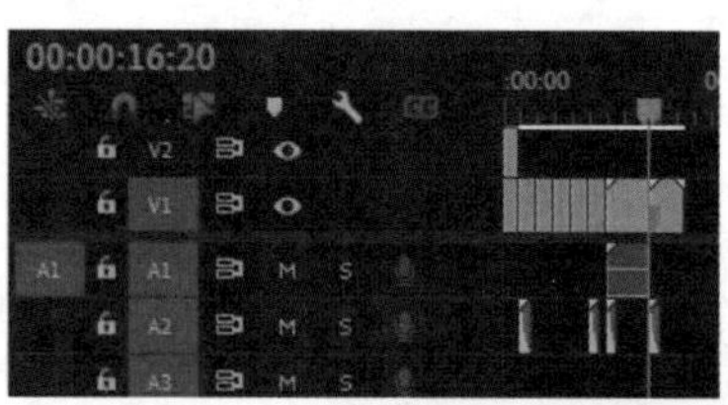

图1-33

7. 电视效果

01→ 执行菜单【文件】>【新建】>【序列】命令，新建序列。在【新建序列】对话框中，设置【序列名称】为“序列02”，如图1-34所示。

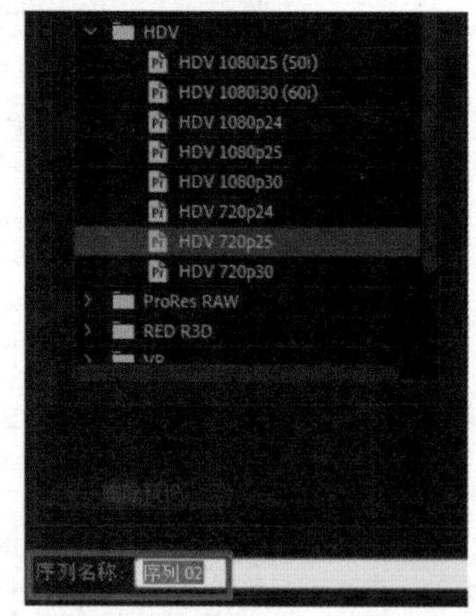

图1-34

02→ 将【项目】面板中的“序列01”作为素材，拖曳至【时间轴】面板的“序列02”中，如图1-35所示。

03→ 将“电视.png”素材拖曳至视频轨道V2上，并将出点与视频轨道V1上的素材对齐，如图1-36所示。

04→ 激活序列中“序列01”素材的【效果控件】面板，设置【位置】为(610.0,273.0)，【缩放】为63.0，如图1-37所示。

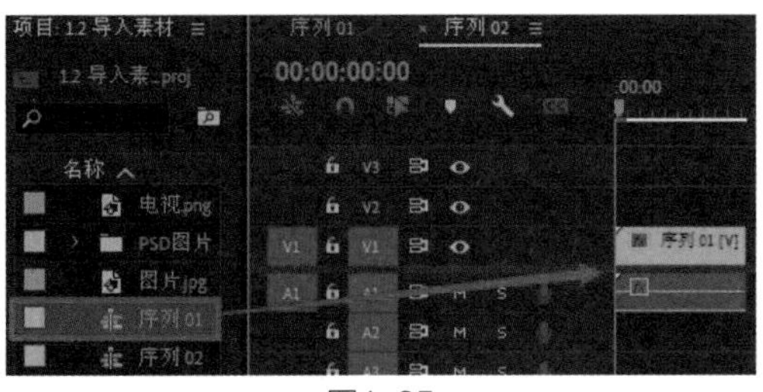

图1-35

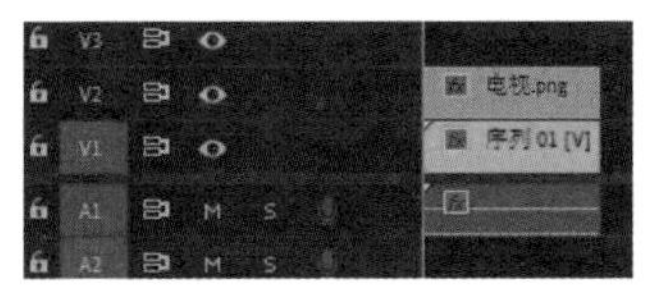

图1-36

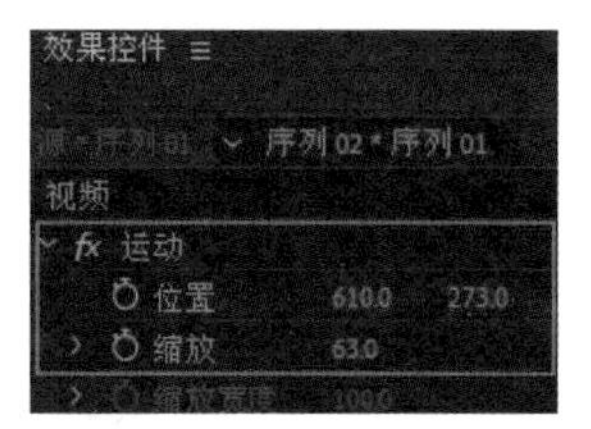

图1-37

05 → 在【节目监视器】面板中，查看最终画面效果，如图1-38所示。

图1-38

技术总结

通过本案例，相信读者对导入各种常用类型的素材有了一定的经验。本案例使用的常见类型素材有图片、音频、视频、分层图片、序列图片，应用到JPG、PNG、PSD、WAV和MP4格式。Premiere还可以导入许多其他格式，具体可以从【导入】对话框中的【所有支持的媒体】列表中查找。

在本案例中需要注意，导入PSD格式时，每个图层可以单独成为素材，也可以合并到一起，还可以单独选择导入的图层素材。序列素材对序列文件名称的规范程度要求较高，在导入时需要勾选【图像序列】复选框。选择导入文件夹，文件夹中的素材就会一起导入项目中。

1.3 输出图片

教学视频

工程文件：工程文件/第1章/1.3输出图片.prproj

视频教学：视频教学/第1章/1.3输出图片.mp4

技术要点：掌握输出图片的方法

案例思路

输出文件是制作过程的最终环节，也是非常重要的环节。本案例主要介绍将项目中视频素材的图像输出成单帧或序列图片，使读者掌握具体的操作方法。

制作步骤

1. 创建项目

01 → 新建项目和【HDV 720p25】预设序列。

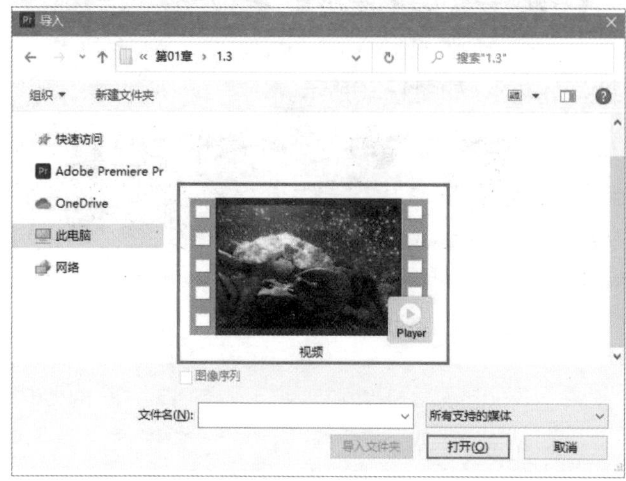

图1-39

02 → 双击【项目】面板的空白处，在弹出的【导入】对话框中导入“视频.mp4”素材文件，如图1-39所示。

03 → 将【项目】面板中的“视频.mp4”素材拖曳至序列中，在弹出的【剪辑不匹配警告】对话框中单击【保持现有设置】按钮，如图1-40所示。

图1-40

提示

激活有素材的面板，才可以打开【导出设置】对话框。

2. 输出单帧

01 → 将【当前时间指示器】移动至00:00:08:00的位置，然后执行菜单【文件】>【导出】>【媒体】命令，如图1-41所示。

02 → 在弹出的【导出设置】对话框中，设置【格式】为JPEG，单击【输出名称】里的文件名称，选择文件的输出位置，设置名称为“单帧01”，在【视频】选项卡中取消勾选【导出为序列】复选框，单击【导出】按钮，如图1-42所示。

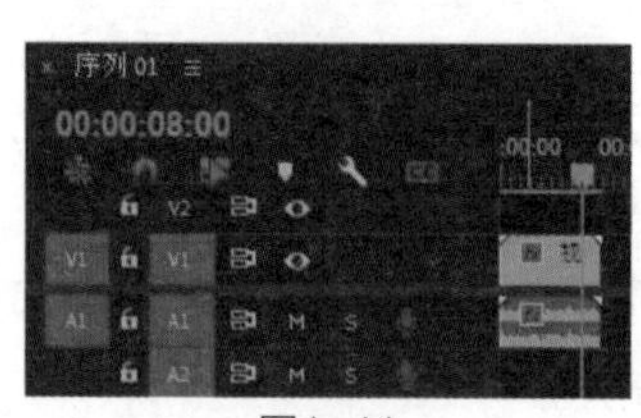

图1-41

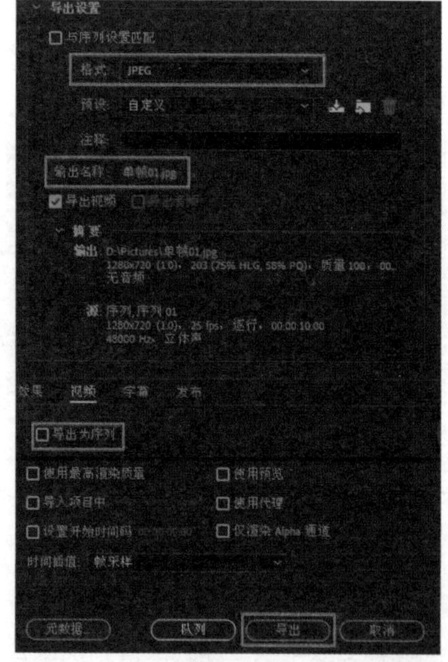

图1-42

03 → 将【当前时间指示器】移动至00:00:04:00的位置，单击【节目监视器】面板中的【导出帧】按钮，如图1-43所示。

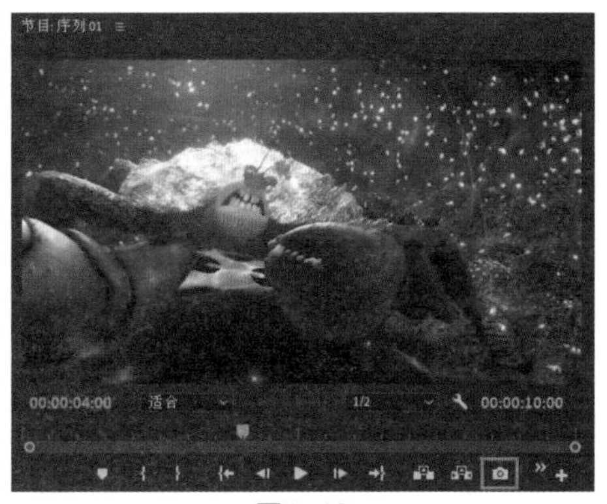

图1-43

04→ 在弹出的【导出帧】对话框中，设置【名称】为“单帧02”，【格式】为JPEG，单击【确定】按钮，如图1-44所示。

图1-44

3. 输出序列帧

01→ 在【导出设置】对话框中，设置【格式】为JPEG，单击【输出名称】里的文件名称，选择文件的输出位置，设置【输出名称】为“序列”，在【视频】选项卡中勾选【导出为序列】复选框，单击【导出】按钮，如图1-45所示。

02→ 在资源管理器中查看输出的文件，如图1-46所示。

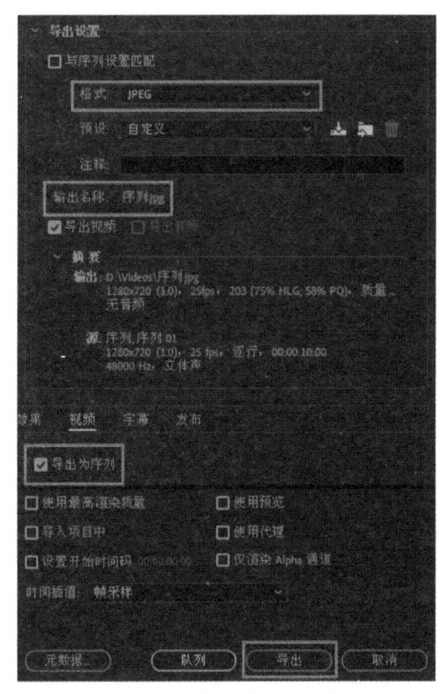

图1-45

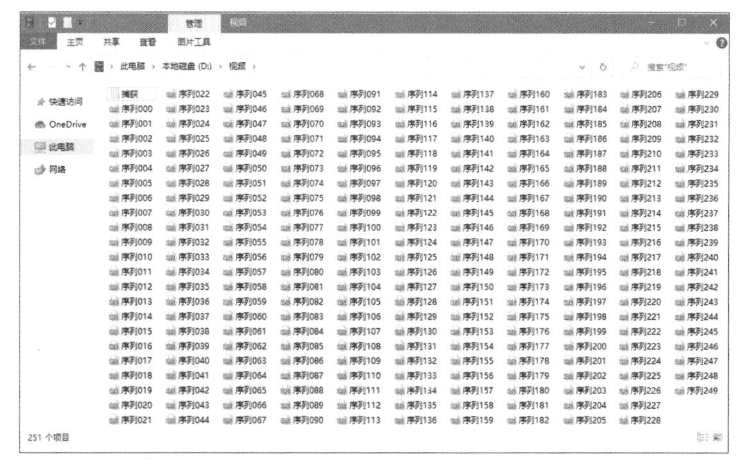

图1-46

技术总结

通过本案例，读者应该已经掌握了输出单帧的两种方法和输出序列图片的方法。【导出帧】命令会比正常的输出便捷一些，但文件尺寸无法更改，只可以依据序列尺寸。而常规的输出可选项多，能够满足多种制作要求。

输出单帧图片或序列图片，主要取决于是否勾选【导出为序列】复选框，所以在制作时一定要注意该复选框勾选与否，以免浪费渲染时间。

1.4 输出音频

教学视频

工程文件：工程文件/第1章/1.4输出音频.prproj
视频教学：视频教学/第1章/1.4输出音频.mp4
技术要点：掌握输出音频文件的方法

案例思路

本案例主要介绍将项目中的声音导出成音频文件的方法，通过将视频素材的声音输出成常用的音频格式，使读者掌握输出音频文件的方法。

制作步骤

1. 创建项目

01 → 新建项目和【HDV 720p25】预设序列。

02 → 双击【项目】面板的空白处，导入“视频.mp4”素材文件。

03 → 将【项目】面板中的“视频.mp4”素材拖曳至序列中。

2. 输出音频文件

01 → 激活【时间轴】面板，执行菜单【文件】>【导出】>【媒体】命令。

02 → 在弹出的【导出设置】对话框中，设置【格式】为“AAC音频”，【预设】为“立体声AAC，48kHz256kbps”，单击【输出名称】中的文件名称，选择文件的输出位置，单击【导出】按钮，如图1-47所示。在【音频】选项卡中，可以看到参数变化或设置参数。

03 → 继续打开【导出设置】对话框，设置【格式】为MP3，【预设】为“MP3 256kbps 高品质”，单击【输出名称】中的文件名称，选择文件的输出位置，单击【导出】按钮，如图1-48所示。

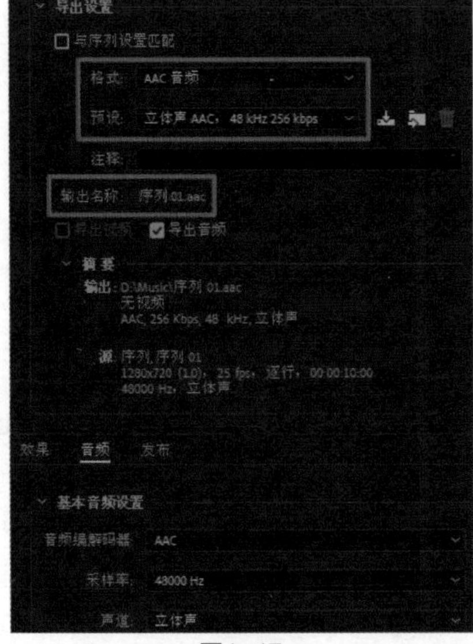

图1-47

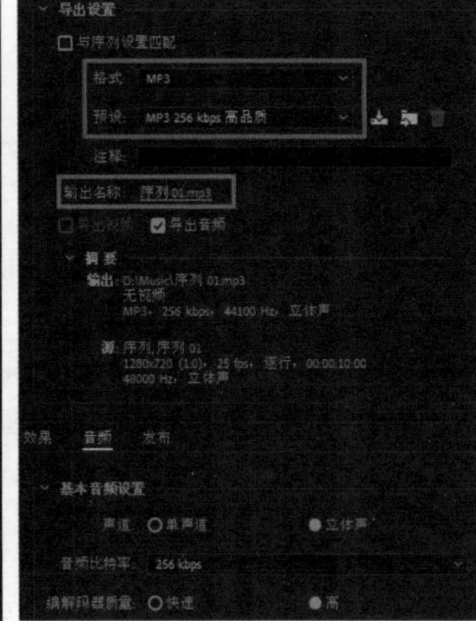

图1-48

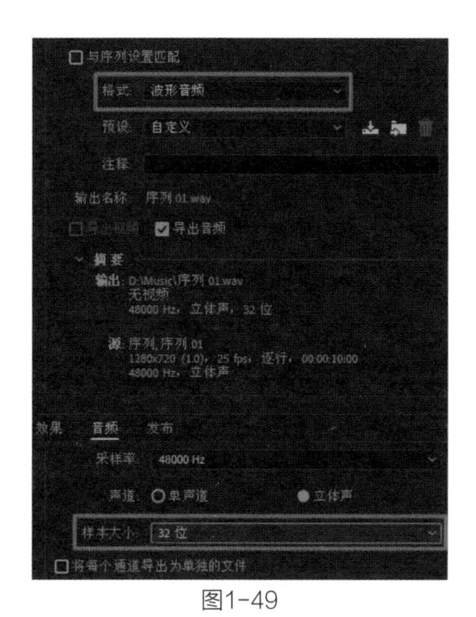

图1-49

04 → 继续打开【导出设置】对话框，设置【格式】为“波形音频”，在【音频】选项卡中，设置【样本大小】为“32位”，单击【导出】按钮，如图1-49所示。

05 → 在资源管理器中查看输出的文件，如图1-50所示。

图1-50

提 示

【波形音频】输出的文件是.wav格式。

技术总结

通过本案例的制作，读者应该已经掌握了输出音频文件的方法。常用的音频格式有WAV、MP3、WMA和ACC等。不同格式在输出时，可以选择的参数也各不相同，选择合适的参数可以更加有效地满足制作需求。

例如，在输出MP3格式时，如果对音质要求不高，可以选择128 kbps低音频比特率，这样能够加快输出速度，文件也较小。但是如果对音质有较高要求，就需要输出256 kbps，或更高的音频比特率，这样才可以保证声音质量。

1.5 输出视频

教学视频

工程文件：工程文件/第1章/1.5输出视频.prproj
视频教学：视频教学/第1章/1.5输出视频.mp4
技术要点：掌握输出视频文件的方法

案例思路

本案例主要介绍项目制作完成后输出视频的方法，通过将序列图片素材和音频素材在项目中合成，再输出成不同格式的视频文件，以便读者掌握输出视频文件的操作技巧。

制作步骤

1. 创建项目

01 → 新建项目和【HDV 720p25】预设序列。

02 → 双击【项目】面板的空白处，导入“序列000.jpg”序列素材文件和“序列.mp3”音频素材文件，如图1-51所示。

03 → 将【项目】面板中的“序列000.jpg”序列素材文件和“序列.mp3”音频素材文件拖曳至序列中，如图1-52所示。

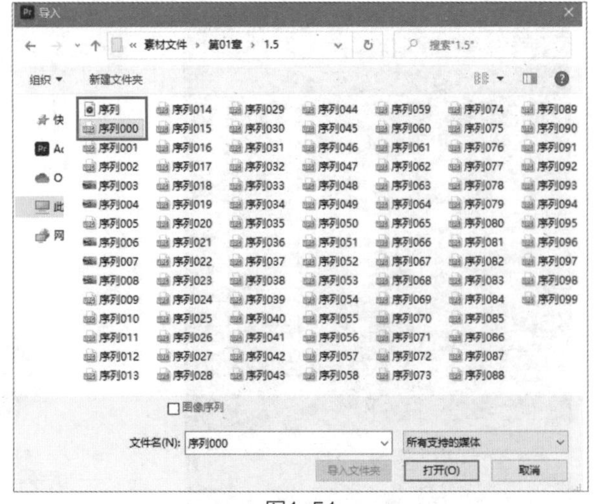

图1-51

2. 输出AVI格式视频

01 → 激活【时间轴】面板，执行菜单【文件】>【导出】>【媒体】命令。

02 → 在弹出的【导出设置】对话框中，设置【格式】为AVI，单击【输出名称】中的文件名称，设置文件名为“赛车”，选择文件的输出位置，如图1-53所示。

03 → 在【视频】选项卡中，设置【视频编解码器】为None，将【基本视频设置】的【选择在调整大小时保持帧长宽比不变】取消链接，设置【宽度】为1280，【高度】为720，【帧速率】为25，【场序】为 “逐行”，【长宽比】为“方形像素(1.0)”，如图1-54所示。

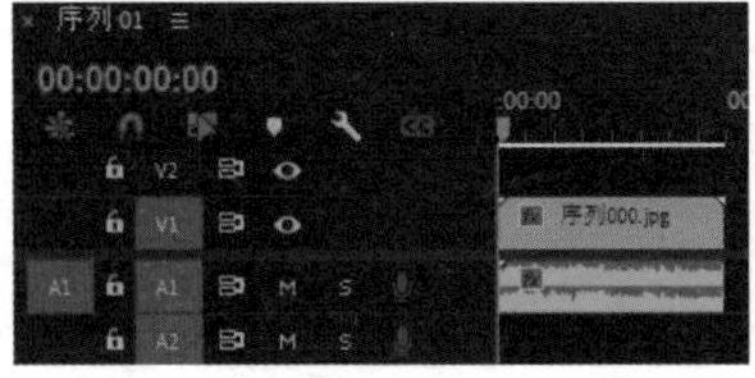

图1-52

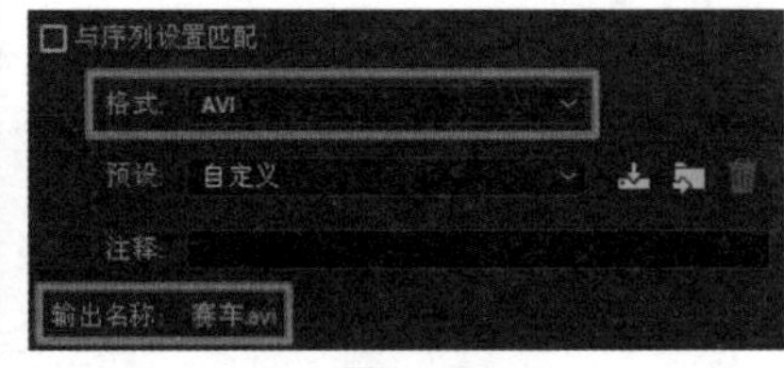

图1-53

04 → 在【音频】选项卡中，设置【采样率】为48000Hz，如图1-55所示。设置完成，单击【导出】按钮，输出AVI格式视频。

3. 输出MPEG格式视频

01 → 继续执行菜单【文件】>【导出】>【媒体】命令，在弹出的【导出设置】对话框中，设置【格式】为MPEG2，【预设】为“HD 720p 25”，单击【输出名称】中的文件名称，设置文件名为“赛车”，选择文件的输出位置，如图1-56所示。

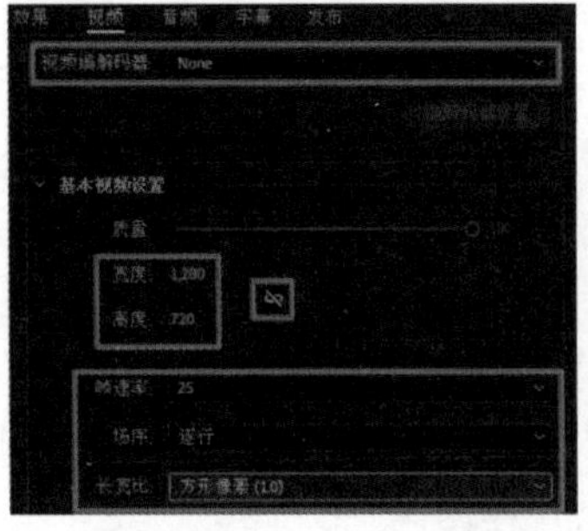

图1-54

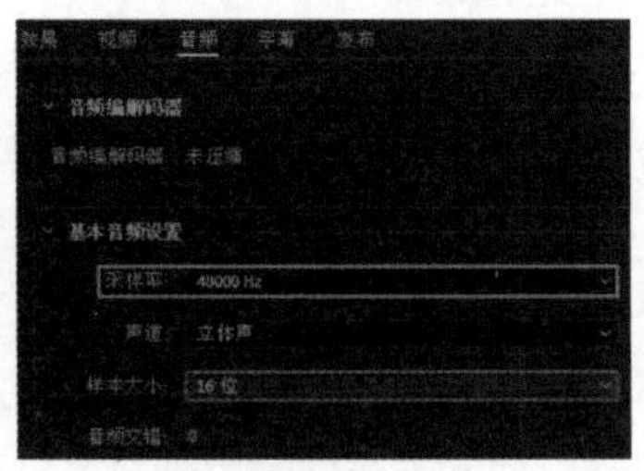

图1-55

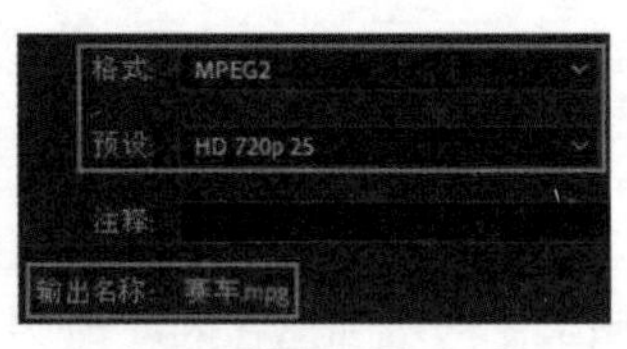

图1-56

02 检查【视频】选项卡中的【基本视频设置】，【宽度】为1280，【高度】为720，【帧速率】为25，【场序】为“逐行”，【长宽比】为“宽屏 16:9”，如图1-57所示。

03 在【音频】选项卡中，设置【采样率】为48000Hz，如图1-58所示。设置完成，单击【导出】按钮，输出MPEG2格式视频。

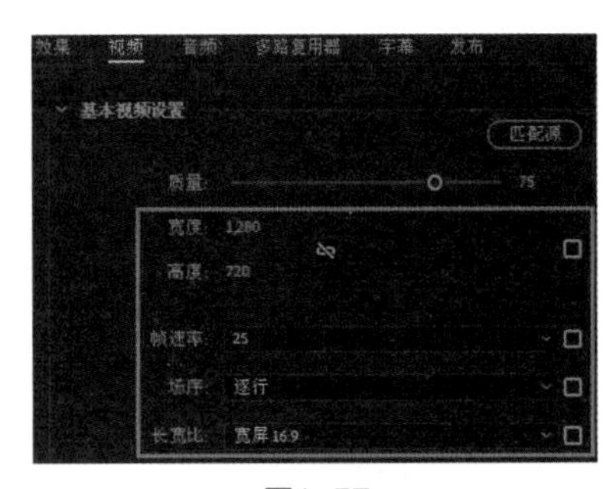

图1-57

图1-58

4. 输出MP4格式视频

01 继续执行菜单【文件】>【导出】>【媒体】命令，在弹出的【导出设置】对话框中，设置【格式】为H.264，【预设】为“高品质 720p HD”，单击【输出名称】里的文件名称，设置文件名为“赛车”，选择文件的输出位置，如图1-59所示。

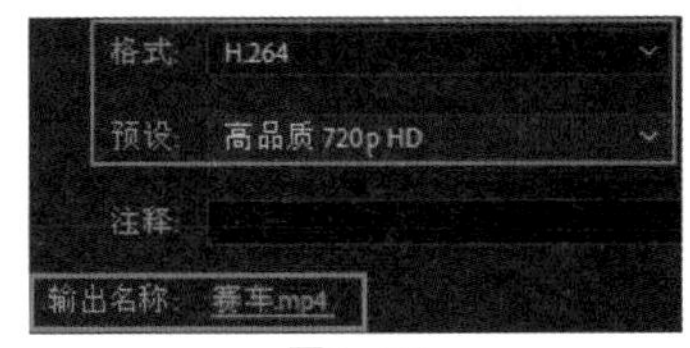

图1-59

02 检查【视频】选项卡中的【基本视频设置】，【宽度】为1280，【高度】为720，【长宽比】为“方形像素(1.0)”，如图1-60所示。设置完成，单击【导出】按钮，输出MP4格式视频。

5. 查看输出文件

在资源管理器的文件夹中查看输出文件，如图1-61所示。

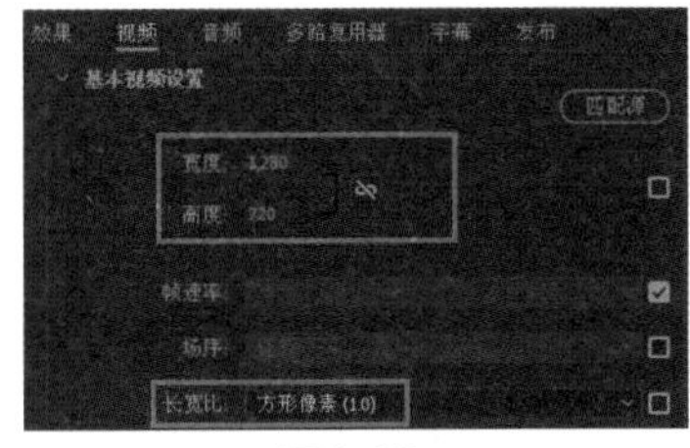

图1-60

图1-61

技术总结

通过本案例，读者应该已经掌握了输出视频文件的方法。常用的视频格式有“.avi”“.mp4”和“.mpg”等，不同的格式所选用的视频编码方式也不同，所以在输出时需要谨慎选择，以便保证画面质量、画面大小、文件大小等。

例如，在输出“.avi”格式时，【预设】默认为PAL DV，图像的像素不是方形像素，所以画面高度会变低，可能无法满足制作要求。因此，在视频输出时，需要认真检查输出格式的参数。

1.6 项目管理

教学视频

工程文件：工程文件/第1章/1.6项目管理.prproj
视频教学：视频教学/第1章/1.6项目管理.mp4
技术要点：掌握管理项目文件的方法

案例思路

本案例主要介绍管理项目文件的方法，使读者掌握快速移除多余素材、将项目整理打包的方法。

制作步骤

1. 创建项目

01 → 新建项目和【HDV 720p25】预设序列。

02 → 双击【项目】面板的空白处，导入“图片01.jpg”～“图片05.jpg”素材文件，如图1-62所示。

图1-62

03 → 将【项目】面板中的“图片01.jpg”～“图片03.jpg”素材文件拖曳至序列中，如图1-63所示。

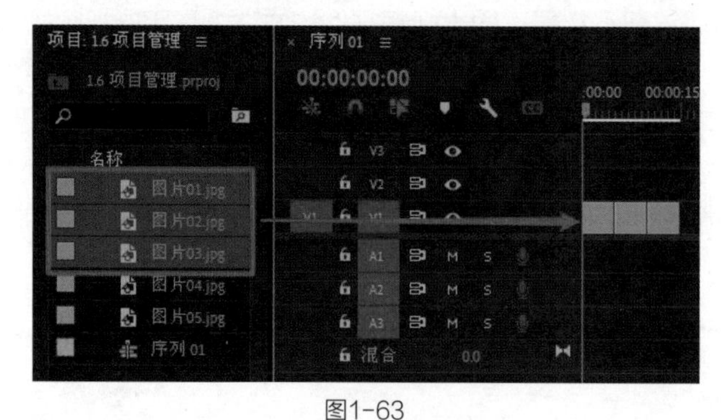

图1-63

2. 整理文件

01 → 执行菜单【编辑】>【移除未使用资源】命令，删除未使用的素材，这样【项目】面板中的“图片04.jpg”和“图片05.jpg”素材文件就被删除了，如图1-64所示。

02→ 执行菜单【文件】>【项目管理】命令，在弹出的【项目管理器】对话框中，选择【生成项目】下的【收集文件并复制到新位置】选项，并设置文件存放的路径位置，单击【确定】按钮，如图1-65所示。

图1-64

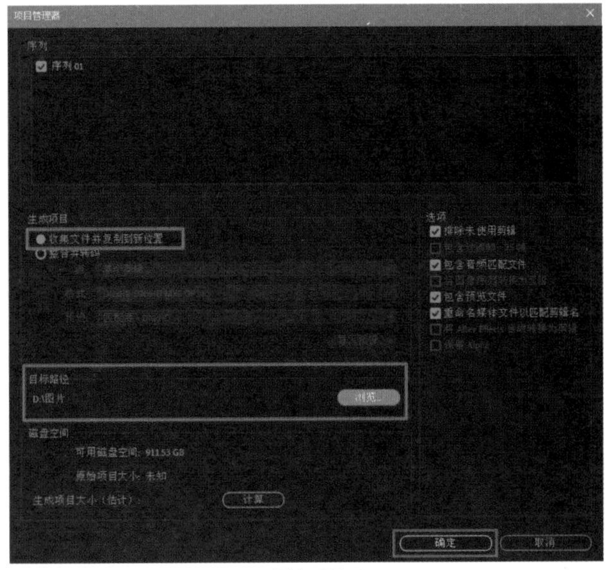

图1-65

03→ 在弹出的Adobe Premiere Pro对话框中，单击【是】按钮，如图1-66所示。

04→ 整理后的文件在新位置上被存放在同一个文件夹中，且这个文件夹是以“已复制_1.6项目管理”名称命名的，如图1-67所示。

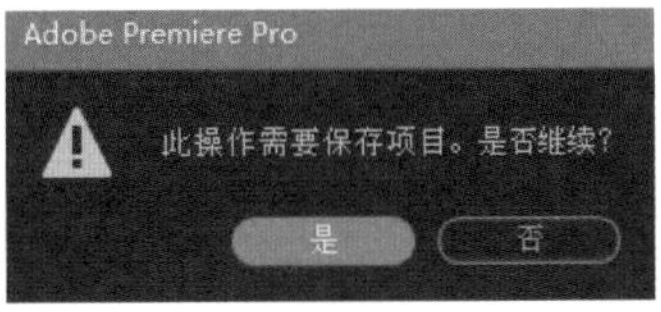

图1-66

图1-67

技术总结

通过本案例，读者应该已经掌握了管理项目文件的方法，在制作项目时可尝试不同的素材以便选择最合适的。在制作复杂项目时，所要的素材繁杂，素材位置也会凌乱，使用【移除未使用资源】命令可以有效地移除多余的素材，而【项目管理】命令可以快速地将项目所需的文件全部整合在一个文件夹中，方便管理或转移到其他计算机中。

第2章 素材编辑

本章主要讲解素材编辑的方法，通过 8 个案例使读者掌握素材修改、自动匹配序列、视频变速、嵌套图片、剪辑素材和制作属性动画的方法。通过本章的学习，读者可以掌握使用多个面板和多种方式对素材进行编辑的方法和技巧。

2.1 素材修改

教学视频

工程文件：工程文件 / 第 2 章 /2.1 素材修改 .prproj
视频教学：视频教学 / 第 2 章 /2.1 素材修改 .mp4
技术要点：掌握编辑素材的方法

案例思路

本案例主要介绍在【项目】面板和序列中修改素材的方法，通过对一组星球图片素材的编辑，使读者更为直观地感受到图片变形效果的制作方法。

制作步骤

1. 创建项目

01 → 新建项目和【HDV 720p25】预设序列。

02 → 双击【项目】面板的空白处，导入“图片01.jpg”“图片03.jpg”“图片04.jpg”和“图片05.jpg”素材文件，如图2-1所示。

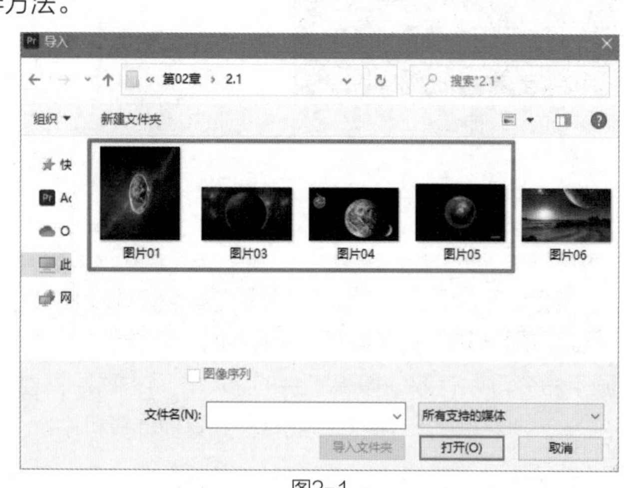

图2-1

2. 删除素材

将【项目】面板中的“图片05.jpg”素材文件拖曳至右下角的【清除】按钮上，如图2-2所示。

> **提示**
>
> 在【项目】面板中，删除素材的常用方法有以下几种。
>
> - 选择素材后，单击【清除】按钮。
> - 选择素材后，按键盘上的 Delete 键或 Backspace 键。
> - 选择素材后，执行右键菜单中的【清除】命令。
> - 选择素材后，执行菜单【编辑】>【清除】命令。

3. 设置时长

选择【项目】面板中的所有图片素材，执行右键菜单中的【速度/持续时间】命令，在弹出的对话框中设置【持续时间】为00:00:02:00，如图2-3所示。

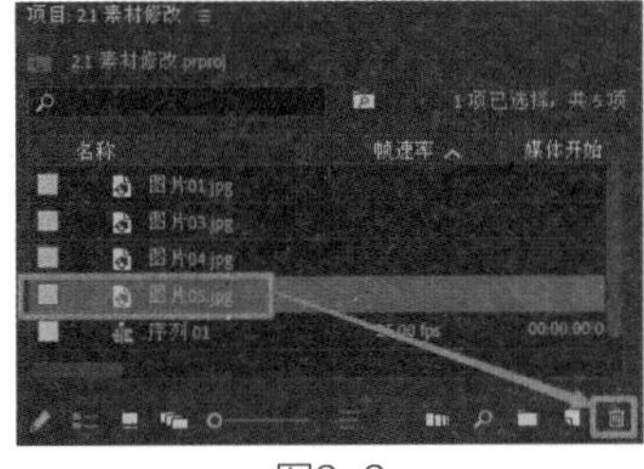

图2-2

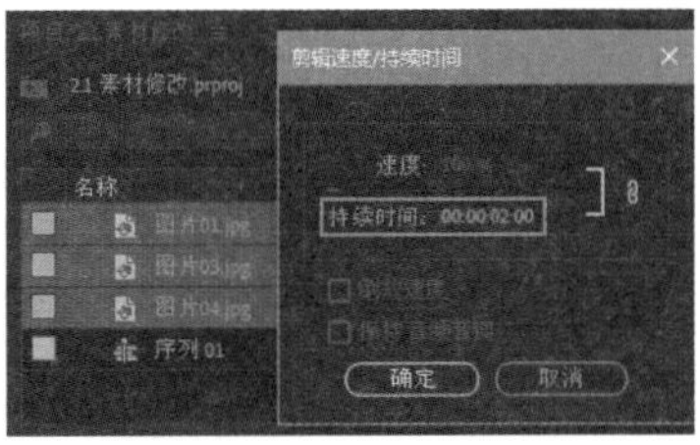

图2-3

4. 素材属性

01 → 拖曳【项目】面板中的滚动条，查看素材属性，如图2-4所示。

02 → 将【项目】面板中的“图片01.jpg”“图片03.jpg”和“图片04.jpg”素材拖曳至序列中，如图2-5所示。

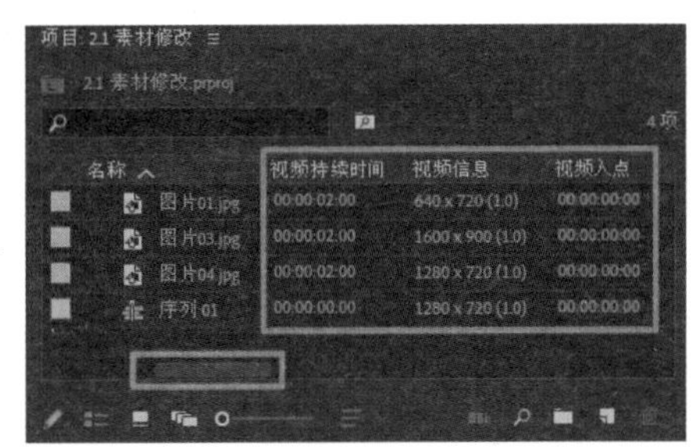

图2-4

5. 复制素材

选择【项目】面板中的“图片01.jpg”素材，依次执行右键菜单中的【复制】和【粘贴】命令，如图2-6所示。

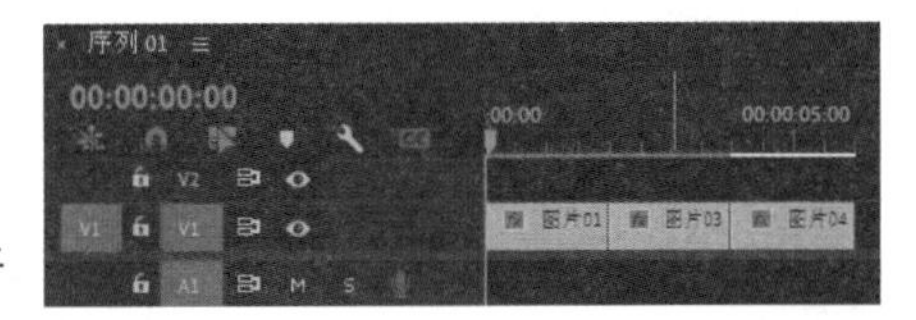

图2-5

6. 重命名素材

选择【项目】面板中复制出来的“图片01.jpg”素材，执行右键菜单中的【重命名】命令，设置名称为“图片02.jpg”，如图2-7所示。

7. 修改素材

选择【项目】面板中的“图片02.jpg”素材，执行右键菜单中的【修改】>【解释素材】命令。在【解释素材】选项卡中，选择【像素长宽比】>【符合】>【变形2:1(2.0)】选项，如图2-8所示。

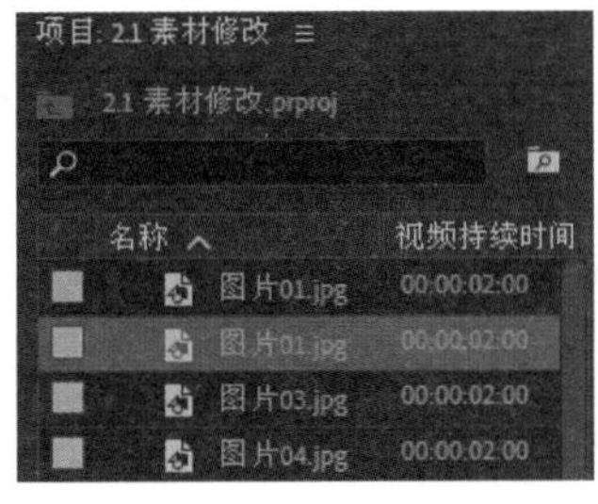

图2-6

图2-7

8. 变形动画

01 → 激活序列中“图片01.jpg”素材的【效果控件】面板，取消勾选【等比缩放】复选框。将【当前时间指示器】移动至00:00:00:00的位置，打开【缩放宽度】的【切换动画】按钮，并设置【缩放宽度】为100.0；将【当前时间指示器】移动至00:00:02:00的位置，设置【缩放宽度】为200.0，如图2-9所示。

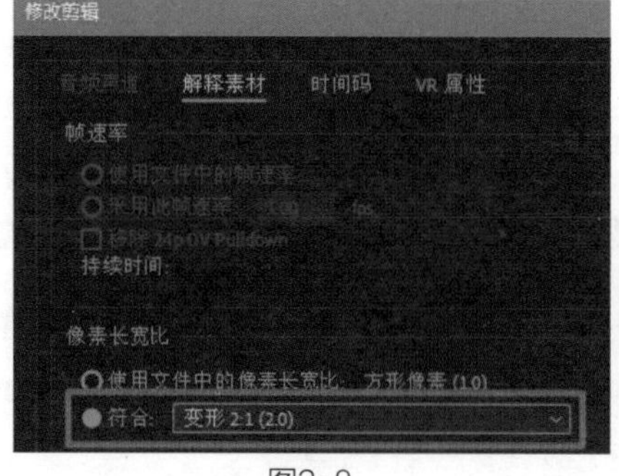

图2-8

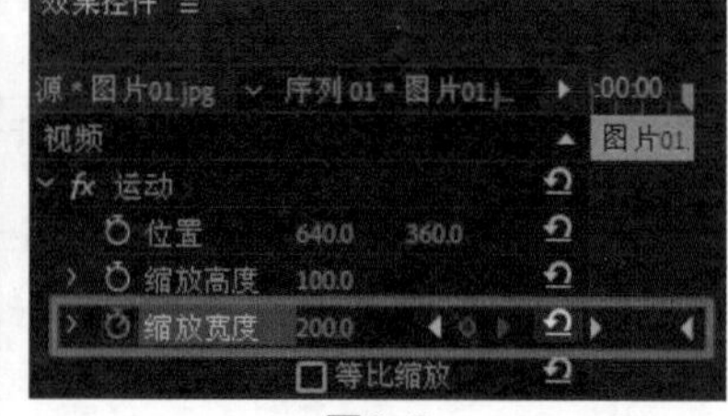

图2-9

02 → 激活“图片04.jpg”素材的【效果控件】面板，将【效果】面板中的【视频效果】>【过时】>【颜色平衡(HLS)】效果拖曳至【效果控件】面板中，如图2-10所示。

03 → 将【当前时间指示器】移动至00:00:04:00的位置，打开【颜色平衡(HLS)】>【饱和度】的【切换动画】按钮，并设置【饱和度】为0.0；将【当前时间指示器】移动至00:00:06:00的位置，设置【饱和度】为-100.0，如图2-11所示。

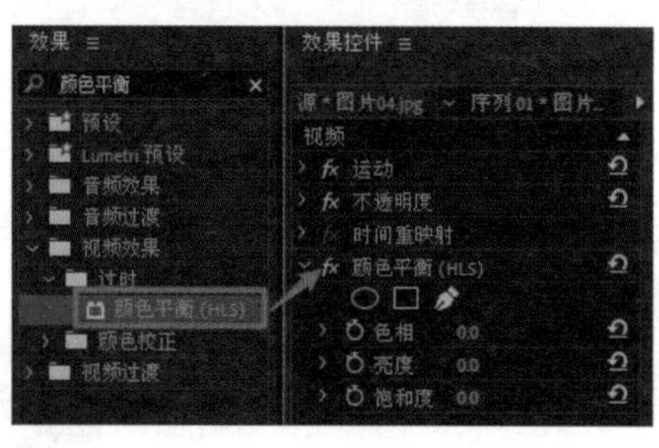

图2-10

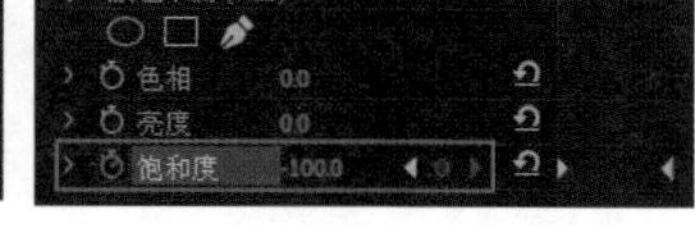

图2-11

9. 替换素材

01 → 选择【项目】面板中的“图片02.jpg”素材，然后选择序列中的“图片03.jpg”素材，执行右键菜单中的【使用剪辑替换】>【从素材箱】命令，如图2-12所示。

02 → 选择【项目】面板中的“图片04.jpg”素材，执行右键菜单中的【替换素材】命令，如图2-13所示。

03 → 在弹出的对话框中，选择要替换的“图片06.jpg”素材，单击【选择】按钮，如图2-14所示。

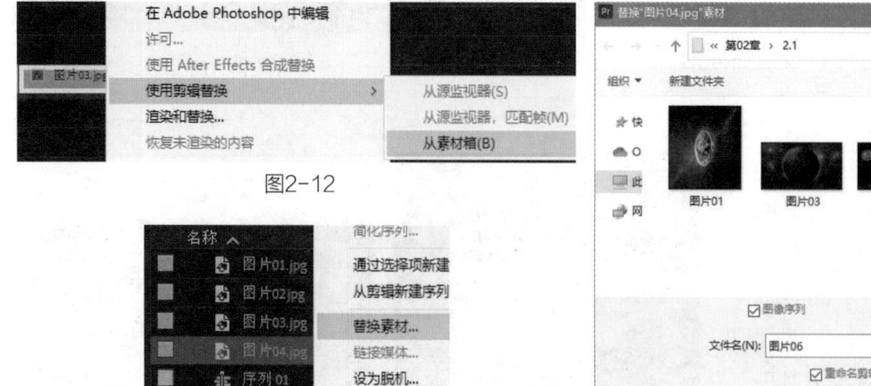

图2-12

图2-13

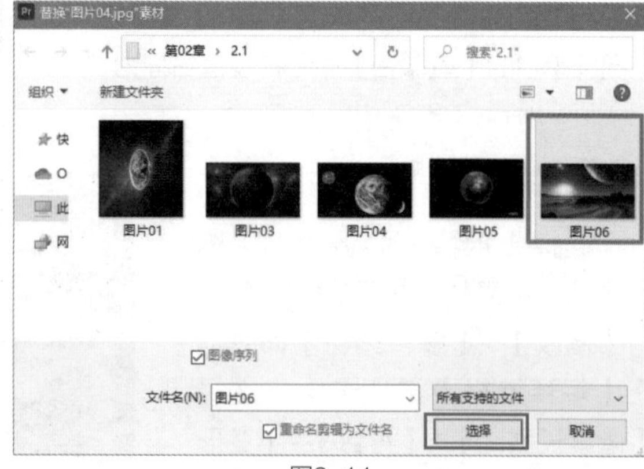

图2-14

10. 查看最终效果

在【节目监视器】面板中查看最终画面效果，如图2-15所示。

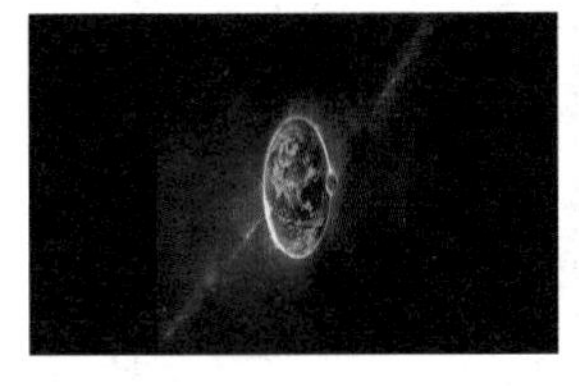

图2-15

技术总结

通过本案例，读者应该已经掌握了删除素材、复制素材、修改素材、重命名素材、更改素材时长、查看素材属性和替换素材的方法了。在项目制作初期整理好素材，可以有效减少重复劳动，提高制作效率。本案例介绍了两种替换素材的方法，但选取的素材位置有所不同，替换后的素材会保留原先素材的编辑效果。

2.2 标准片头

教学视频

工程文件：工程文件 / 第 2 章 /2.2 标准片头.prproj
视频教学：视频教学 / 第 2 章 /2.2 标准片头.mp4
技术要点：掌握制作标准视频片头的方法

案例思路

本案例主要讲述标准片头的设置方法，介绍了一些视频制作的行业标准，通过制作视频片头，使读者了解Premiere Pro内部固有素材的使用方法。

操作步骤

1. 新建通用倒计时片头

01 → 新建项目和【HDV 720p25】预设序列。

02 → 单击【项目】面板右下角的【新建项】按钮，执行【通用倒计时片头】命令，如图2-16所示。

03 → 在弹出的【新建通用倒计时片头】对话框中，单击【确定】按钮，如图2-17所示。

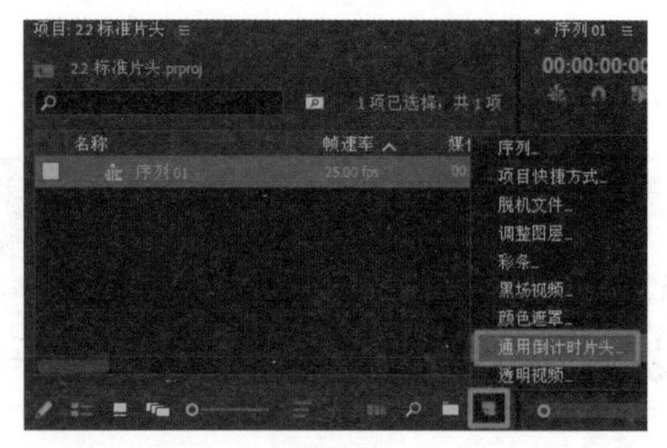

图2-16

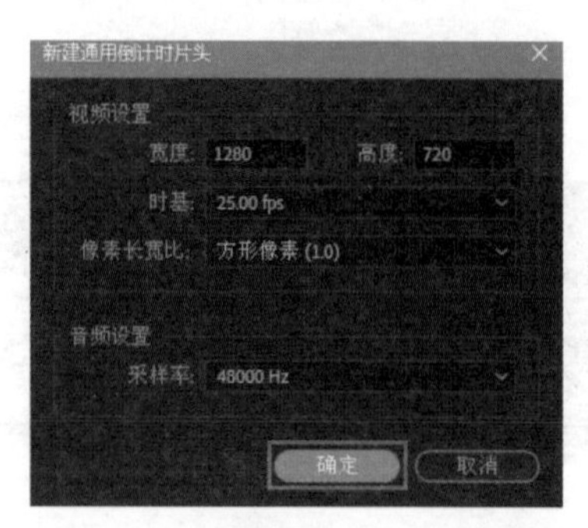

图2-17

04 → 在弹出的【通用倒计时设置】对话框中，单击【擦除颜色】右侧的颜色块设置颜色，如图2-18所示。

05 → 在弹出的【拾色器】对话框中，设置颜色为红色(R:255,G:0,B:0)，如图2-19所示。

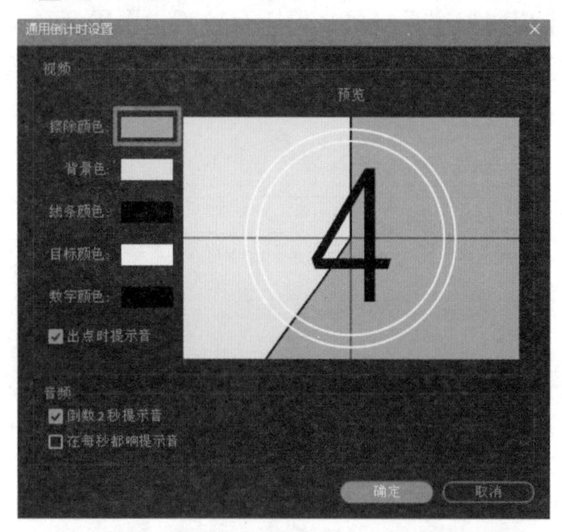

图2-18

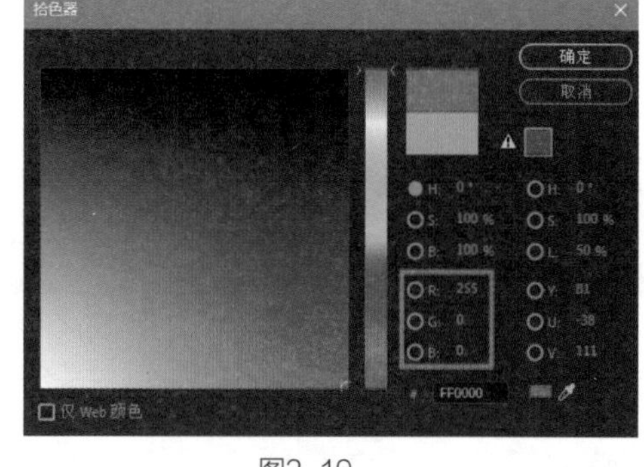

图2-19

图2-20

06 → 在【通用倒计时设置】对话框中，继续更改其他颜色，如图2-20所示。

07 → 在【通用倒计时设置】对话框中，勾选【在每秒都响提示音】复选框，单击【确定】按钮，如图2-21所示。

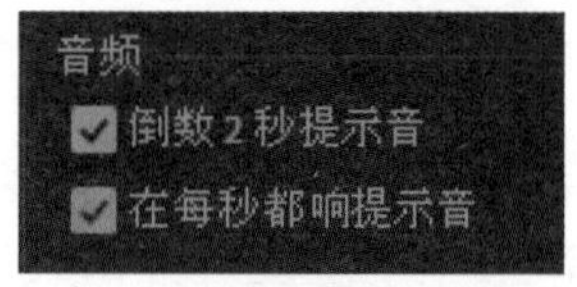

图2-21

2. 新建 HD 彩条

01 → 单击【项目】面板右下角的【新建项】按钮，执行【彩条】命令，如图2-22所示。

02 → 弹出【新建色条和色调】对话框，单击【确定】按钮。

提示

【彩条】多用于节目正式播放之前或无节目时，目的是对颜色进行校对。Premiere Pro 配有的【彩条】符合 ARIB STD-B28 标准，可用于校准视频输出。

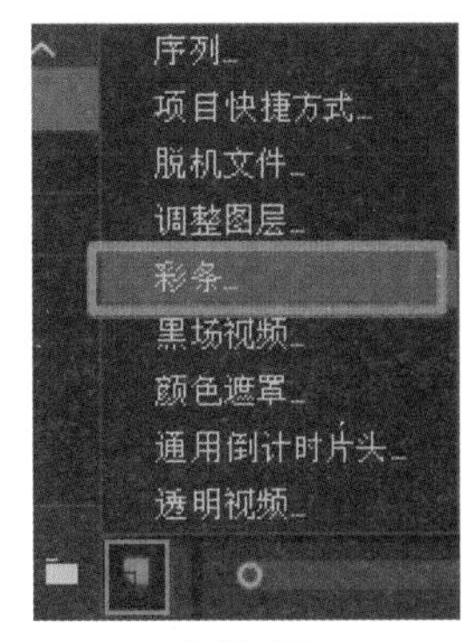

图2-22

3. 使用透明视频

01 → 单击【项目】面板的【新建项】按钮，执行【透明视频】命令。

02 → 将【项目】面板中的“通用倒计时片头”“色条和色调 - Rec 709”和“透明视频”素材依次拖曳至序列中，如图2-23所示。

03 → 将【效果】面板中的【视频效果】>【过时】>【时间码】效果拖曳至序列的“透明视频”素材上，如图2-24所示。

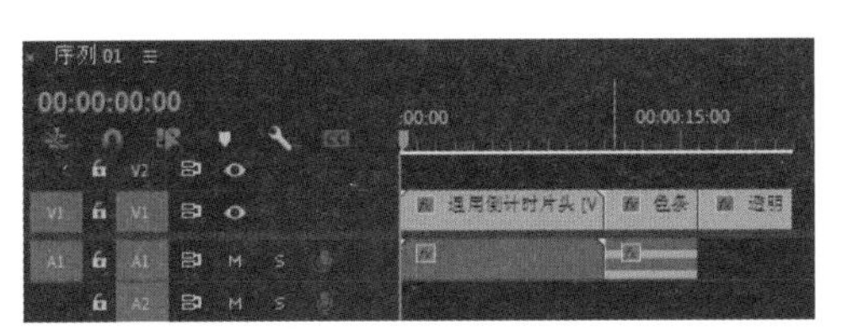

图2-23

图2-24

04 → 激活“透明视频”素材的【效果控件】面板，设置【时间码】的【位置】为(640.0,360.0)，【大小】为30.0%，取消勾选【场符号】复选框，如图2-25所示。

图2-25

提示

效果必须作用于素材，如果想应用一些自己生成的图像，并保留透明度的效果，则选择【透明视频】为素材就很适合，例如【时间码】效果或【闪电】效果。

05 → 在【节目监视器】面板中，查看最终画面效果，如图2-26所示。

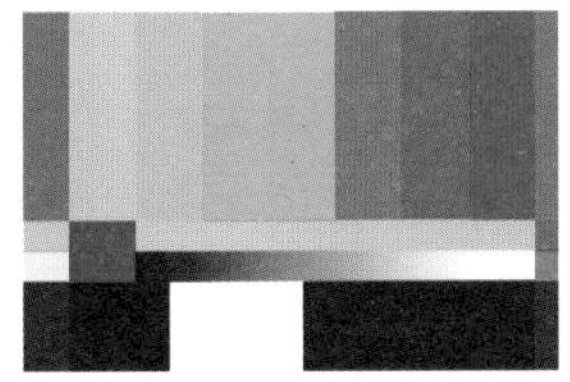

图2-26

技术总结

通过本案例，读者应该对软件可以创建的素材有一定的了解。倒计时和彩条是常用的技术标准，在项目中添加后，需要根据标准调整时长，以及声音的播放情况。可以在透明视频素材上添加的效果有【时间码】【棋盘】【圆形】【椭圆】【网格】【闪电】【油漆桶】和【书写】等。

2.3 自动匹配序列

教学视频

工程文件：工程文件 / 第 2 章 /2.3 自动匹配序列 .prproj
视频教学：视频教学 / 第 2 章 /2.3 自动匹配序列 .mp4
技术要点：掌握设置序列自动化和默认过渡效果的操作方法

案例思路

本案例主要介绍**设置**自动匹配序列和**默认过渡效果**的操作方法，通过自动匹配序列功能快速将一组图片添加到序列中，并且可以统一设置图片的时长和过渡效果，也可以预先选择默认过渡效果。

制作步骤

1. 创建项目

01 → 新建项目和【HDV 720p25】预设序列。

02 → 双击【项目】面板的空白处，导入“图片01.jpg”～“图片12.jpg”和“背景音乐.mp3”素材文件，如图2-27所示。

图2-2

2. 自动匹配序列

01 → 将【项目】面板中的“图片01.jpg”素材添加到序列中，并将【当前时间指示器】移动至00:00:02:00的位置，如图2-28所示。

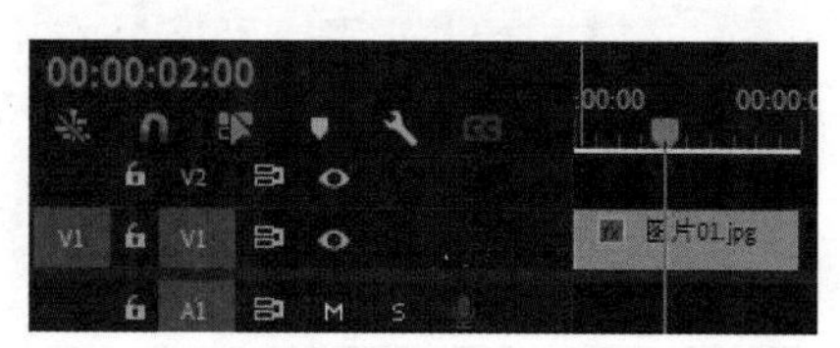

图2-28

02 → 选择【效果】面板中的【溶解】>【黑场过渡】效果，设置默认过渡效果。执行右键菜单中的【将所选过渡设置为默认过渡】命令，如图2-29所示。

提 示

默认过渡效果周围会以蓝色线框作为标记。

03 → 依次选择“图片02.jpg”～“图片12.jpg”素材文件，单击【自动匹配序列】按钮，如图2-30所示。

04 → 在弹出的【序列自动化】对话框中，设置【剪辑重叠】为“20帧”，选择【每个静止剪辑的帧数】单选按钮，并设置为“60帧”，如图2-31所示。

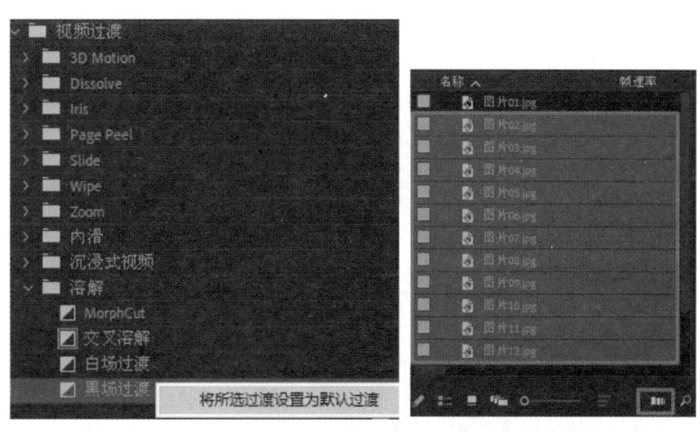

图2-29　　图2-30

3. 设置时间轴序列

01 → 选择00:00:16:20位置右侧的最后两个素材，按键盘上的Delete键，将其删除，如图2-32所示。

02 → 将“背景音乐.mp3”素材文件拖曳至音频轨道A1上，并将视频出点位置与之对齐，如图2-33所示。

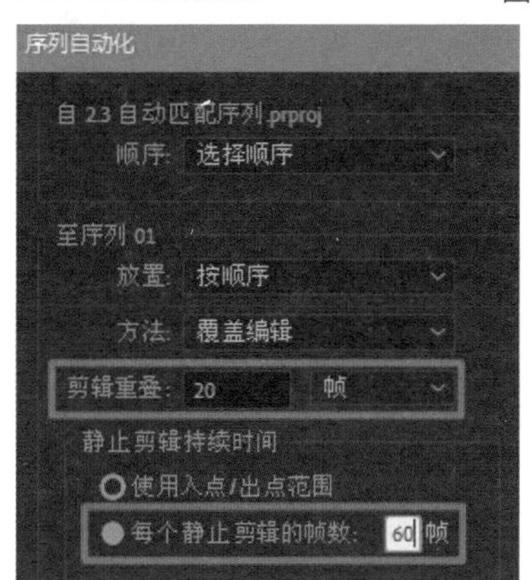

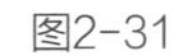

图2-31

图2-32

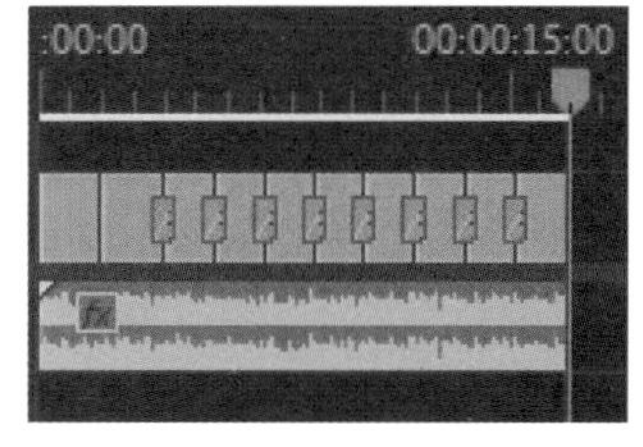

图2-33

4. 设置过渡时长

01 → 执行菜单【编辑】>【首选项】>【时间轴】命令，在弹出的对话框中设置【视频过渡默认持续时间】为“20帧”，如图2-34所示。

02 → 分别在00:00:02:00和00:00:17:00的位置选择音视频素材的编辑点，执行右键菜单中的【应用默认过渡】命令，如图2-35所示。

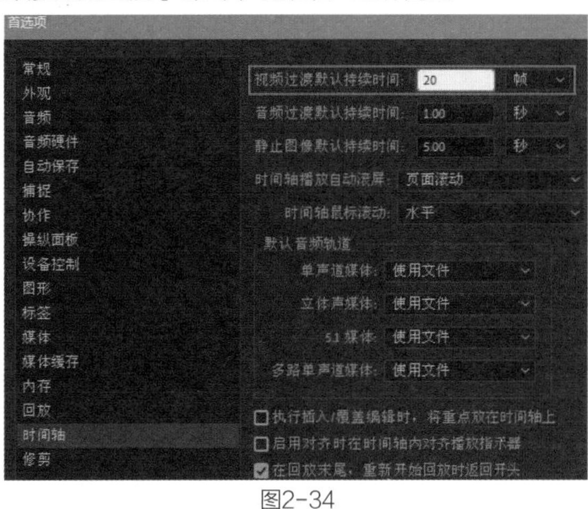

图2-34

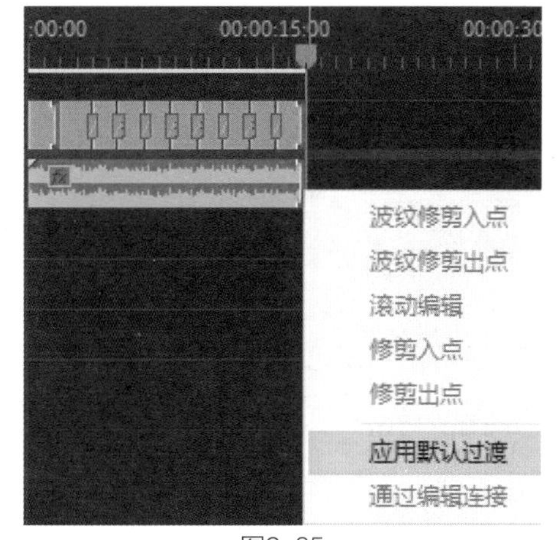

图2-35

5. 查看最终效果

在【节目监视器】面板中查看最终画面效果，如图2-36所示。

图2-36

技术总结

通过本案例，读者应该已经掌握了自动匹配序列功能和设置默认过渡效果的方法。

自动匹配序列会从【当前时间指示器】右侧插入素材。自动匹配序列在制作“一拍二”节奏的二维动画时效果十分明显，可以快速设置每张画面停留的帧数。

选择好默认过渡效果，可以快速地添加到素材的入点、出点和编辑点处。在【首选项】对话框中可以设置过渡效果的持续时间。

2.4 视频变速

教学视频

工程文件：工程文件 / 第 2 章 /2.4 视频变速 .prproj
视频教学：视频教学 / 第 2 章 /2.4 视频变速 .mp4
技术要点：掌握【速度 / 持续时间】命令的使用方法

案例思路

本案例利用【速度/持续时间】命令的属性参数，巧妙地模拟视频快进快退的播放效果，以及配合变速效果制作背景音乐和声音。此外，还要利用视频效果，制作出一些在变速时不清楚的画面。

制作步骤

1. 设置项目

01 → 新建项目，双击【项目】面板的空白处，弹出【导入】对话框，导入“视频.mp4”和

“背景音乐.mp3”素材文件，如图2-37所示。

02→ 选择【项目】面板中的“视频.mp4”素材，执行右键菜单中的【从剪辑新建序列】命令，如图2-38所示。

03→ 按住Alt键的同时选择音频部分，然后按键盘上的 Delete键，即可删除音频，如图2-39所示。

图2-37

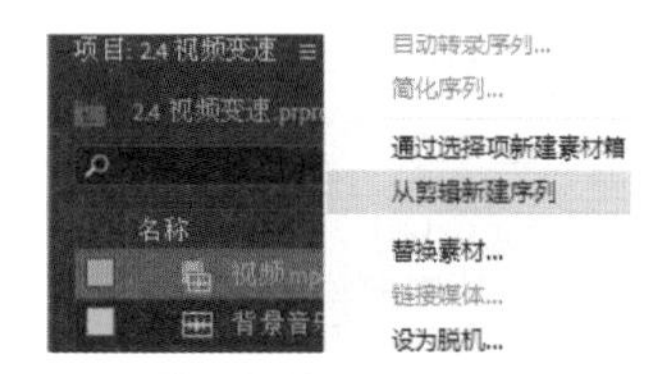

图2-38

图2-39

提 示

按住 Alt 键，可以单独选择音视频链接素材的音频或视频部分。

04→ 在【时间轴】面板中的轨道头部，执行右键菜单中的【删除轨道】命令，弹出【删除轨道】对话框，勾选【删除视频轨道】和【删除音频轨道】复选框，并在轨道类型中选择【所有空轨道】，如图2-40所示。

05→ 显示波形。双击【项目】面板中的“背景音乐.mp3”素材文件，使其显示在【源监视器】面板中，观察音量波形的位置，如图2-41所示。

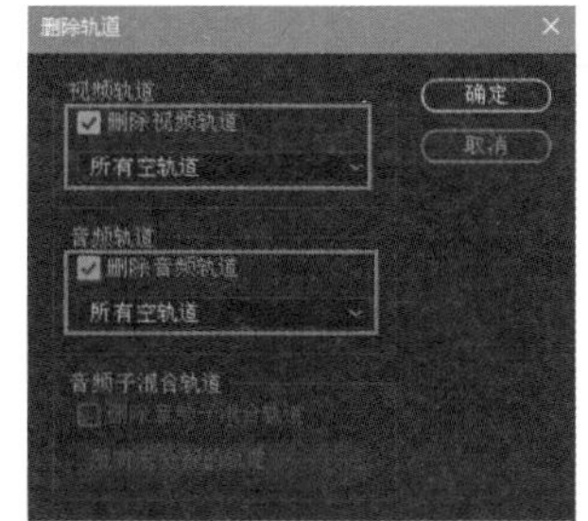

图2-40

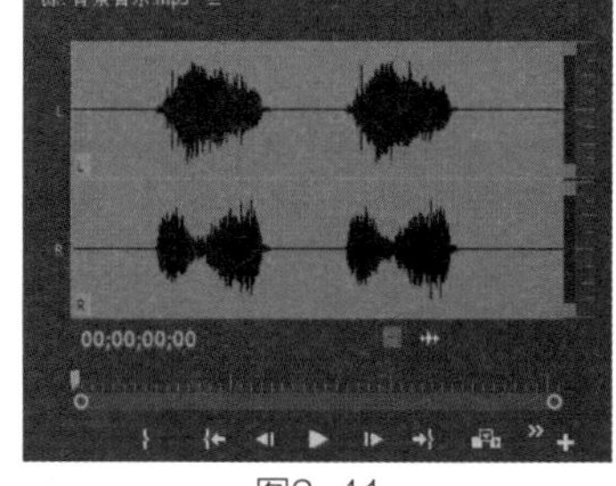

图2-41

2. 设置快退播放

01→ 在【时间轴】面板的【播放指示器位置】中，输入数字键盘中的“1422”，将【当前时间指示器】移动至00:00:14:22的位置，如图2-42所示。

02→ 执行菜单【序列】>【添加编辑】命令，使用【选择工具】，选择00:00:14:22位置右侧的素材，并执行右键菜单中的【波形删除】命令。

03→ 复制裁切好的素材，按住Alt键的同时拖曳左侧素材到【当前时间指示器】所在处，如图2-43所示。

图2-42

图2-43

04 → 激活【播放指示器位置】，输入数字键盘中的“+1221”，将【当前时间指示器】移动至00:00:27:18的位置，按键盘上的快捷键Ctrl+K，如图2-44所示。

图2-44

05 → 使用【选择工具】▶，选择00:00:14:22到00:00:27:18之间的素材，并执行右键菜单中的【波形删除】命令。

06 → 按住Ctrl键的同时，拖曳后一个素材到前一个素材的入点位置，使两段素材互换位置，如图2-45所示。

07 → 选择00:00:02:01到00:00:16:22之间的素材，并执行右键菜单中的【速度/持续时间】命令，在弹出的对话框中设置【速度】为600%，勾选【倒放速度】复选框，单击【确定】按钮，如图2-46所示。

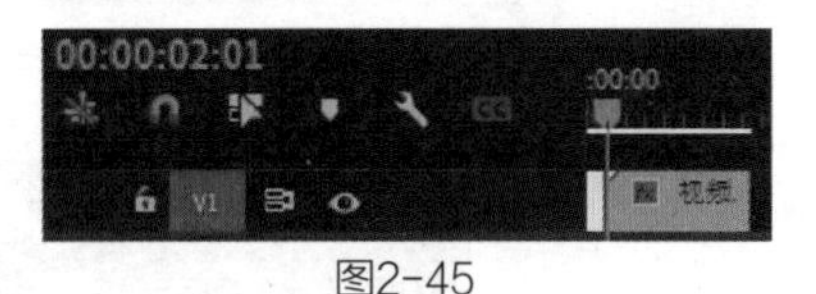

图2-45

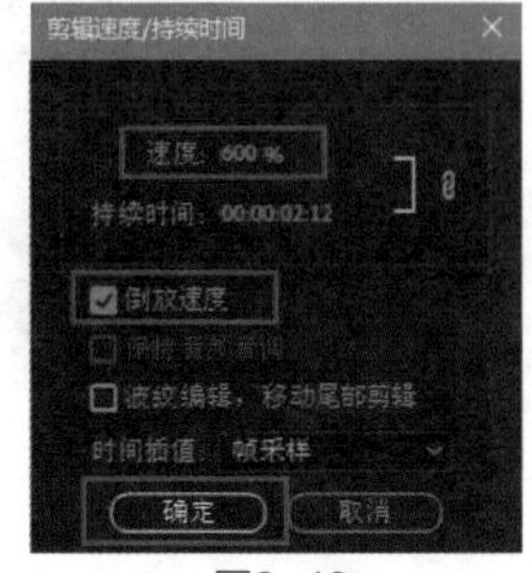

图2-46

3. 设置快进播放

01 → 将【项目】面板中的“视频.mp4”素材文件拖曳至视频轨道V1结尾处，如图2-47所示。

02 → 按住Alt键的同时选择音频部分，然后按键盘上的 Delete键，即可删除素材音频部分，如图2-48所示。

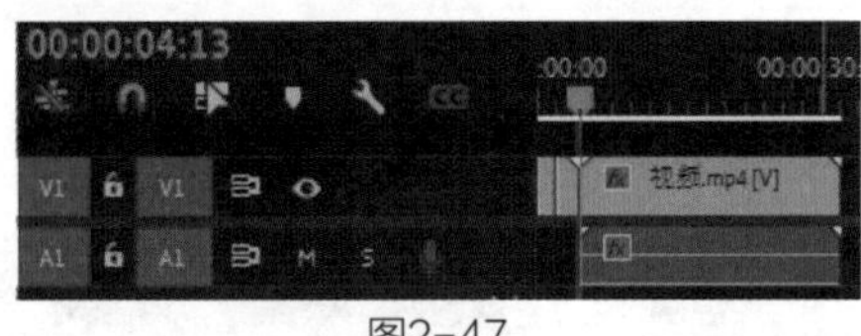

图2-47

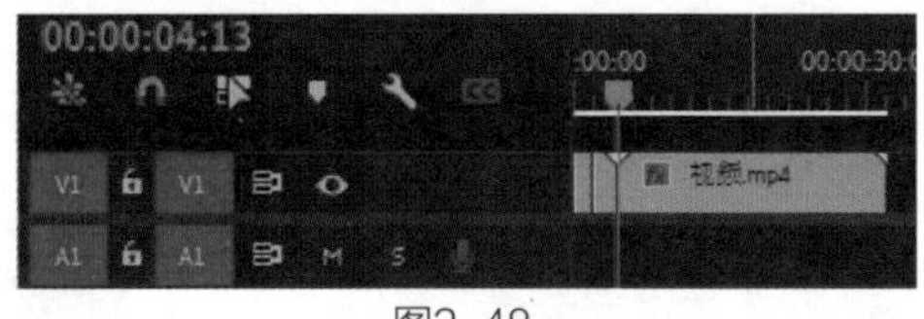

图2-48

03 → 将【当前时间指示器】分别移动至00:00:06:18和00:00:23:19的位置，并执行菜单【序列】>【添加编辑】命令，如图2-49所示。

04 → 选择00:00:06:18到00:00:23:19之间的素材，执行右键菜单中的【速度/持续时间】命令，在弹出的对话框中设置【速度】为600%，如图2-50所示。

05 → 在视频轨道V1的00:00:09:14到00:00:23:19的空白处，执行右键菜单中的【波形删除】命令，如图2-51所示。

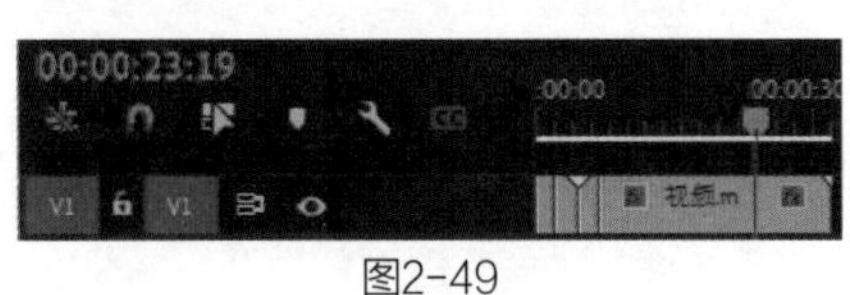

图2-49

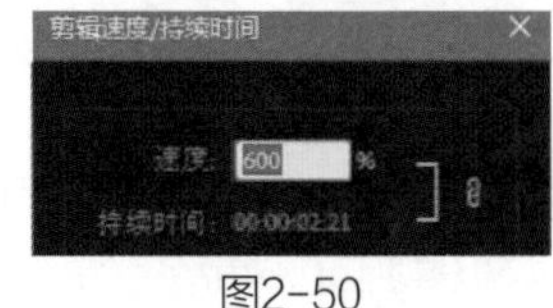

图2-50

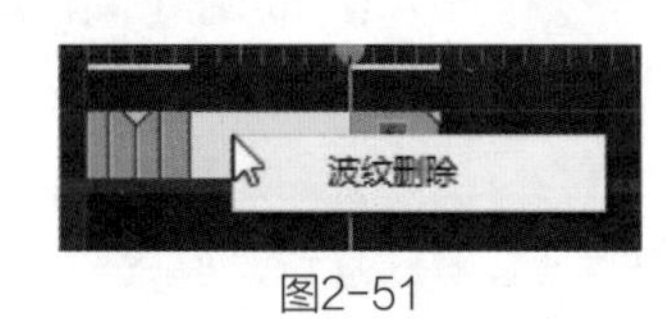

图2-51

06 → 将【项目】面板中的“背景音乐.mp3”音频素材拖曳至序列中的音频轨道A1上，如图2-52所示。

07 → 将视频轨道中的素材出点位置与音频轨道中的素材出点位置对齐，如图2-53所示。

4. 添加变速效果

01 → 激活00:00:02:01右侧的素材，分别双击【效果】面板中的【扭曲】>【波形变形】效果和【杂色与颗粒】>【杂色】效果，如图2-54所示。

02→ 激活00:00:02:01右侧素材的【效果控件】面板，设置【波形变形】效果的【波形类型】为“正方形”，【波形高度】为10，【波形宽度】为4，【方向】为0.0°，【波形速度】为9.6，【固定】为“所有边缘”，【相位】为0.0，如图2-55所示。

03→ 设置【杂色】效果的【杂色数量】为33.0%，如图2-56所示。

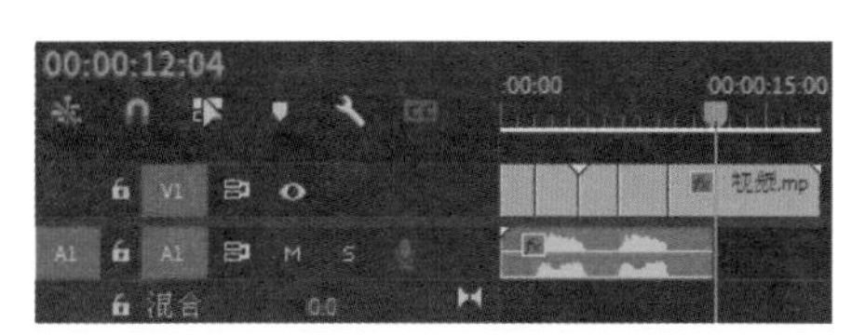

图2-52

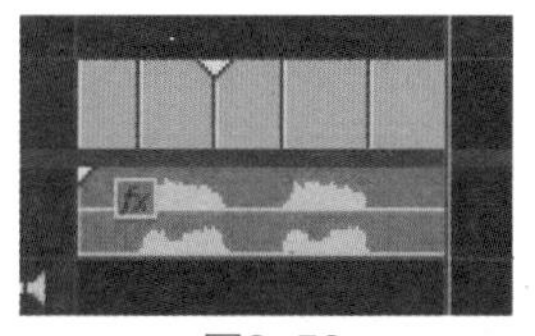
图2-53

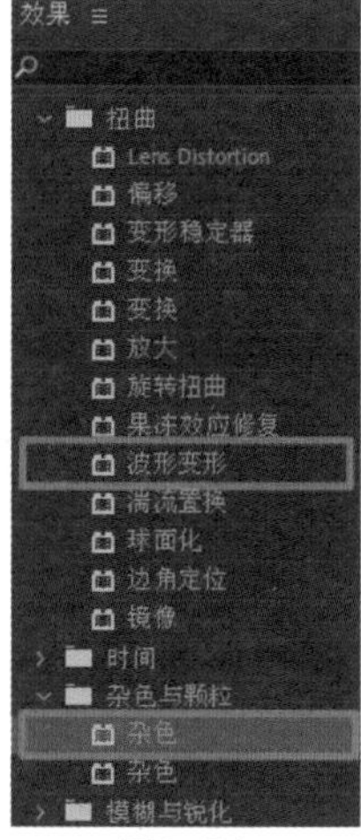

图2-54

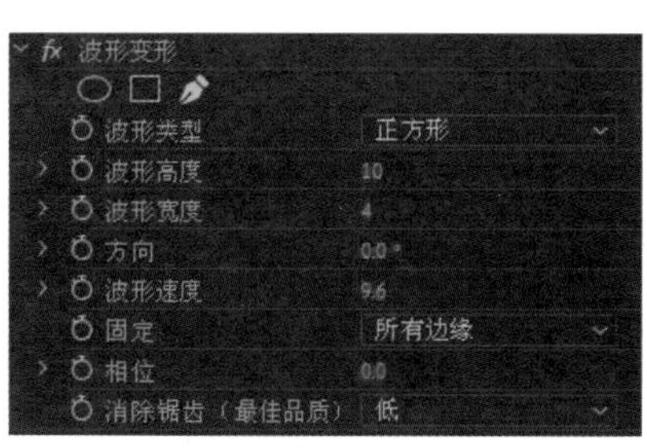

图2-55

图2-56

04→ 选择00:00:02:01右侧的素材，执行右键菜单中的【复制】命令，复制效果。然后选择00:00:06:18右侧的素材，执行右键菜单中的【粘贴属性】命令。

05→ 在弹出的【粘贴属性】对话框中，勾选【效果】复选框，如图2-57所示。

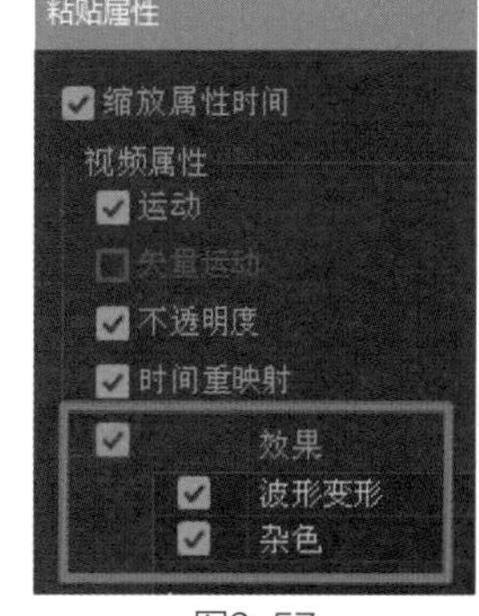

图2-57

5. 查看最终效果

在【节目监视器】面板中查看最终画面效果，如图2-58所示。

图2-58

技术总结

本案例应用了许多技术和技巧。如果素材的【速度】或【持续时间】发生改变，则另一个属性也会相应地发生变化。【从剪辑新建序列】命令可以快速创建一个与视频素材参数相匹配的序列，方便视频剪辑。删除轨道的操作可以使操作界面更加简洁明快。巧妙利用【播放指示器位置】可以快速将【当前时间指示器】移动到准确的位置。

2.5 嵌套图片

教学视频

工程文件：工程文件 / 第 2 章 /2.5 嵌套图片 .prproj

视频教学：视频教学 / 第 2 章 /2.5 嵌套图片 .mp4

技术要点：掌握嵌套序列的使用方法

案例思路

本案例主要介绍嵌套序列的使用方法，其制作思路是将两组素材以不同的方式添加到各自的序列中，统一编辑，然后将两个序列作为素材，再被新的序列所使用。

制作步骤

1. 创建项目

01 → 新建项目和【HDV 720p25】预设序列，设置【序列名称】为“序列01”，如图2-59所示。

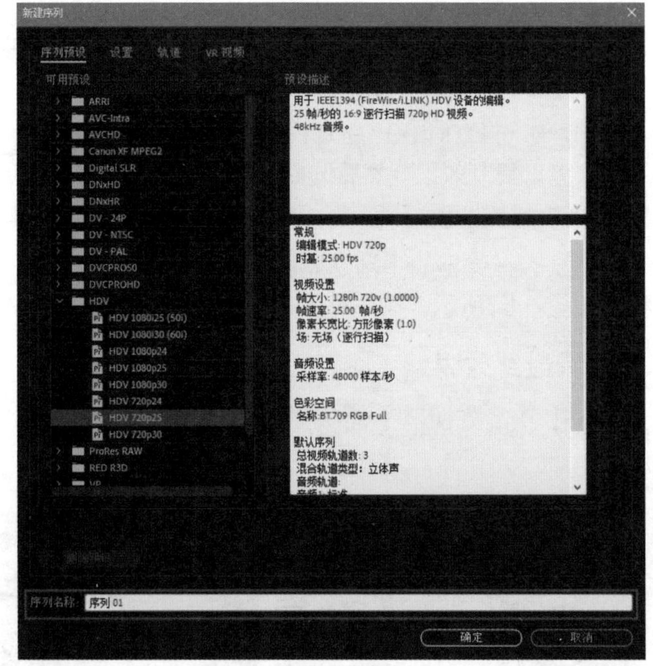

图2-59

02 → 双击【项目】面板的空白处，弹出【导入】对话框，导入“图片01.jpg”～“图片11.jpg”和“图片背景.jpg”素材文件，如图2-60所示。

03 → 选择【项目】面板中的“图片01.jpg”～“图片03.jpg”素材文件，执行右键菜单中的【速度/持续时间】命令，在弹出的对话框中设置【持续时间】为00:00:01:15，如图2-61所示。

04 → 选择【项目】面板中的“图片04.jpg”～“图片11.jpg”素材文件，执行右键菜单中的【速度/持续时间】命令，在弹出的对话框中设置【持续时间】为00:00:00:15，如图2-62所示。

图2-60

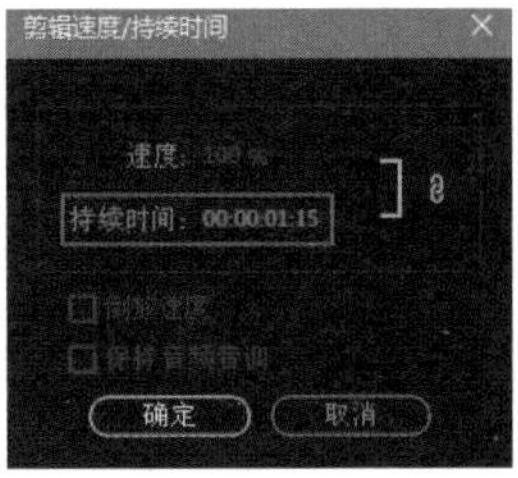

图2-61

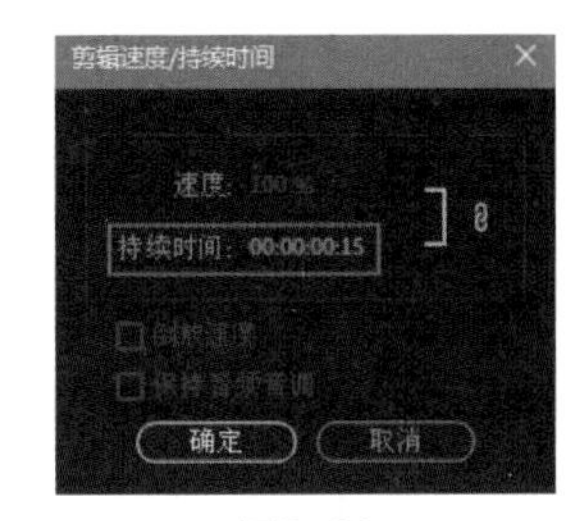

图2-62

2. 嵌套序列

01 → 将【项目】面板中的“图片01.jpg”“图片02.jpg”和“图片03.jpg”素材文件拖曳至视频轨道V1上，如图2-63所示。

02 → 选择序列中的全部素材文件，并执行右键菜单中的【嵌套】命令，如图2-64所示。

03 → 在弹出的【嵌套序列名称】对话框中，使用默认的“嵌套序列01”名称，单击【确定】按钮，如图2-65所示。

图2-63

图2-64

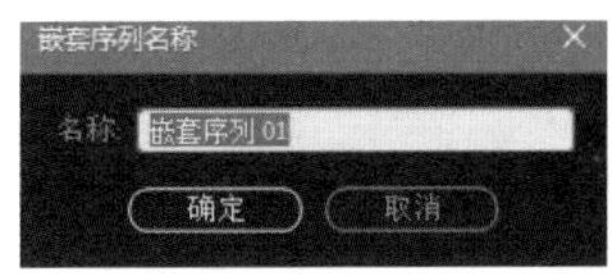

图2-65

3. 新建序列

01 → 选择【项目】面板中的“图片04.jpg”素材，执行右键菜单中的【从剪辑新建序列】命令，素材会在新建的序列中显示，如图2-66所示。

02 → 选择【项目】面板中的“图片05.jpg”～“图片11.jpg”素材文件，拖曳至“图片04.jpg”素材出点位置，如图2-67所示。

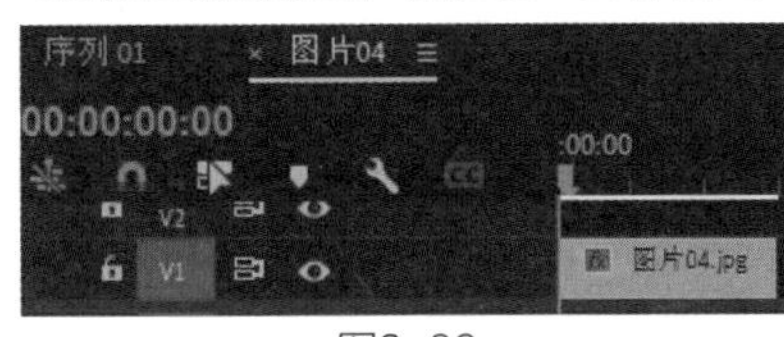

图2-66

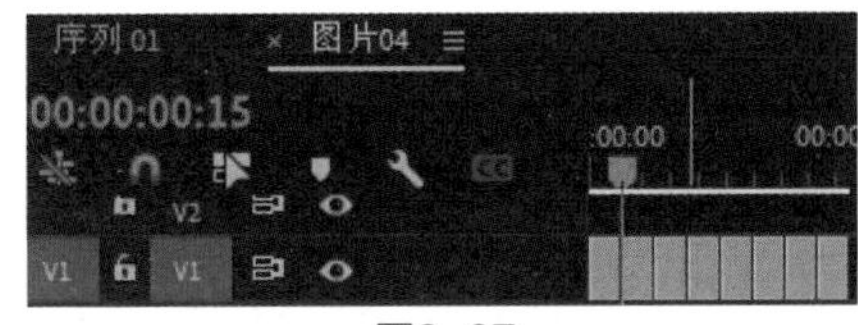

图2-67

03 → 选择【项目】面板中的“图片04”序列文件，执行右键菜单中的【重命名】命令，将其名称命名为“嵌套序列02”，如图2-68所示。

4. 设置“嵌套序列 01”素材

01 → 激活“序列01”，将“嵌套序列 01”素材文件拖曳至视频轨道V2上，如图2-69所示。

图2-68

图2-69

02 → 将【项目】面板中的“图片背景.jpg”素材文件拖曳至视频轨道V1上，并将出点位置与视频轨道V2上的素材对齐，如图2-70所示。

03 → 激活“嵌套序列01”素材的【效果控件】面板，设置【位置】为(445.0,245.0)，【缩放】为22.0，如图2-71所示。

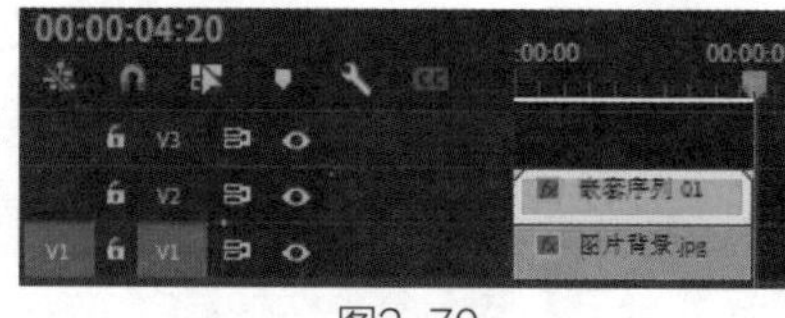

图2-70

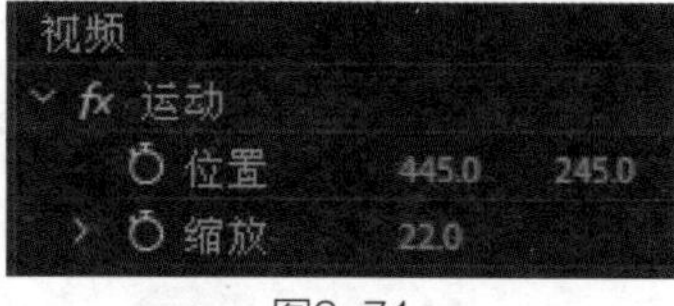

图2-71

5. 设置“嵌套序列 02”素材

01 → 将【项目】面板中的“嵌套序列02”素材文件拖曳至视频轨道V3上。按住Alt键的同时选择音频部分，将其删除，如图2-72所示。

02 → 激活“嵌套序列02”素材的【效果控件】面板，设置【位置】为(87.5,176.0)，【缩放】为8.0，如图2-73所示。

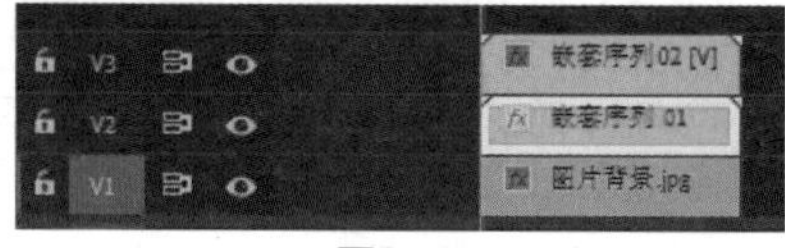

图2-72

图2-73

03 → 将【效果】面板中的【视频效果】>【变换】>【裁剪】效果，拖曳至“嵌套序列02”素材的【效果控件】面板中。设置【裁剪】效果的【顶部】为2.0%，【底部】为2.0%，如图2-74所示。

04 → 将“嵌套序列02”素材移动至视频轨道V5上，创建轨道，如图2-75所示。

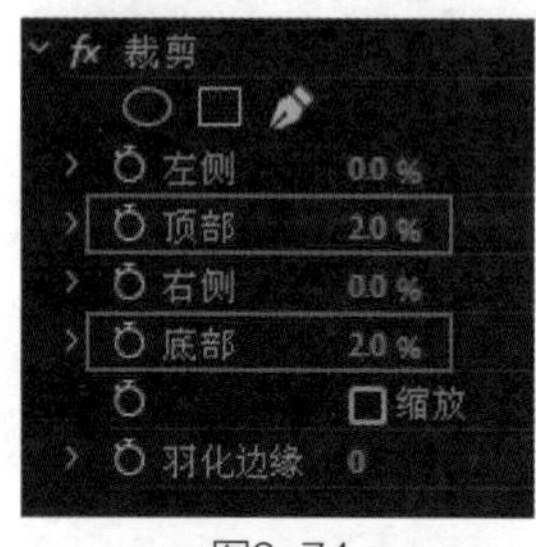

图2-74

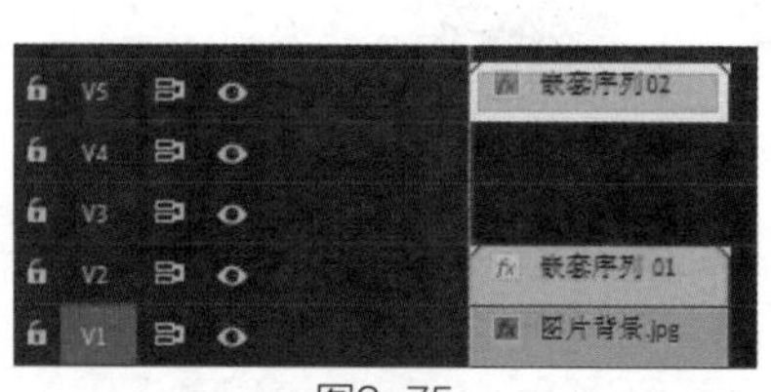

图2-75

提示

将视频素材拖曳至序列轨道上方的空白处，即可快速添加一条视频轨道。

05 → 配合【以此轨道为目标切换轨道】按钮，将“嵌套序列02”素材复制到视频轨道V3和V4上，如图2-76所示。

06 → 激活视频轨道V3上“嵌套序列02”素材的【效果控件】面板，设置【位置】为(87.5,487.5)，【缩放】为8.0，如图2-77所示。

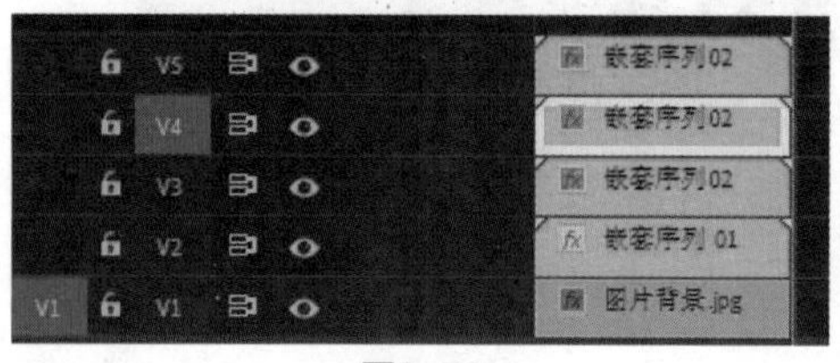

图2-76

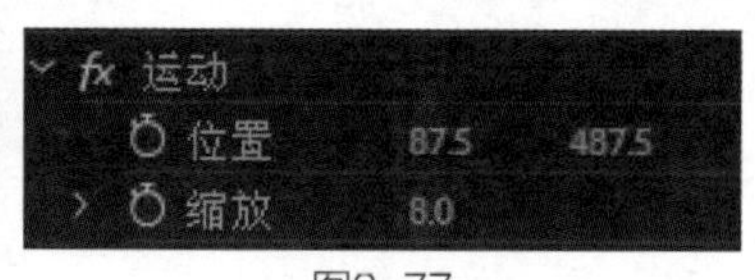

图2-77

提示

粘贴时，会粘贴到【当前时间指示器】右侧。

07 → 激活视频轨道V4上“嵌套序列02”素材的【效果控件】面板，设置【位置】为(87.5, 331.5)，【缩放】为8.0，如图2-78所示。

图2-78

6. 查看最终效果

在【节目监视器】面板中查看最终画面效果，如图2-79所示。

图2-79

技术总结

通过本案例，读者应该已经了解到序列也可以作为素材，在项目制作时应用到其他序列中。序列作为素材可以继续进行多次编辑，但序列不可以作为自身序列中的素材被使用，如在本案例中，“序列01”不会作为素材添加到“序列01”“嵌套序列01”和“嵌套序列02”中，因为这样的操作会影响“序列01”的内容。

2.6 监视器剪辑

教学视频

工程文件：工程文件 / 第 2 章 /2.6 监视器剪辑 .prproj
视频教学：视频教学 / 第 2 章 /2.6 监视器剪辑 .mp4
技术要点：掌握使用监视器剪辑素材的方法

案例思路

本案例通过剪辑4段视频，使读者掌握使用多机位监视器和修剪监视器剪辑视频素材的方法。本案例的制作思路是先使用多机位监视器粗剪素材，再使用修剪监视器调整细节。

制作步骤

1. 设置项目

01 → 新建项目和【HDV 720p25】预设序列。

02 → 双击【项目】面板的空白处，导入“视频01.mp4”～“视频04.mp4”和“背景音乐.mp3”素材文件，如图2-80所示。

03 → 在【项目】面板中，依次选择“视频01.mp4”～“视频04.mp4”素材文件，然后执行右键菜单中的【创建多机位源序列】命令，如图2-81所示。

图2-80

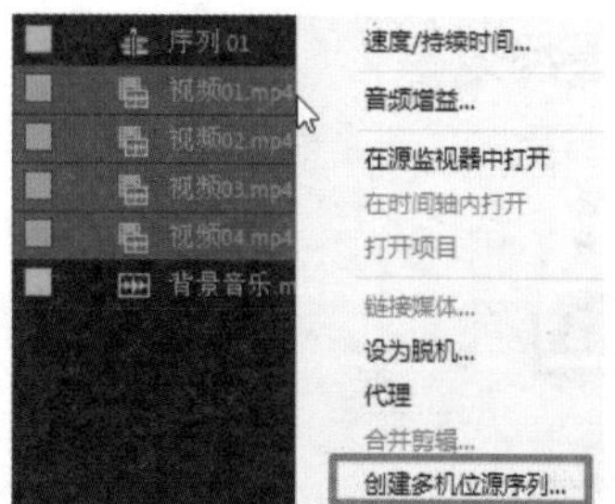

图2-81

04 → 在弹出的【创建多机位源序列】对话框中，设置名称为默认的“多机位”，选择【同步点】为“入点”，单击【确定】按钮，如图2-82所示。

05 → 将【项目】面板中的“视频01.mp4多机位”素材拖曳至序列的视频轨道V1中，如图2-83所示。

图2-82

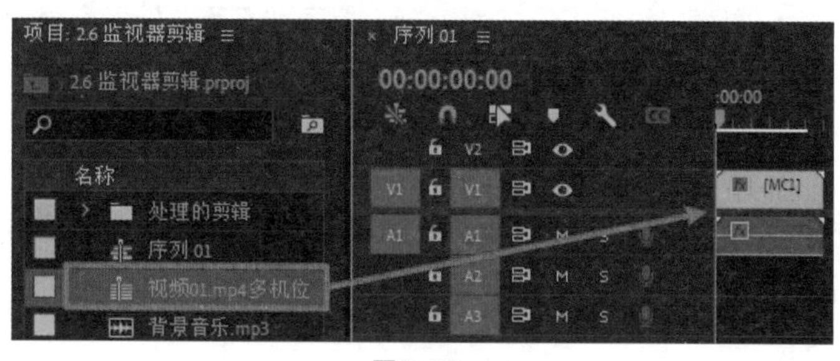

图2-83

2. 设置多机位监视器

01 → 单击【节目监视器】面板的【按钮编辑器】按钮，将【多机位录制开/关】按钮添加到播放控件中，单击【确定】按钮，添加录制按钮，如图2-84所示。

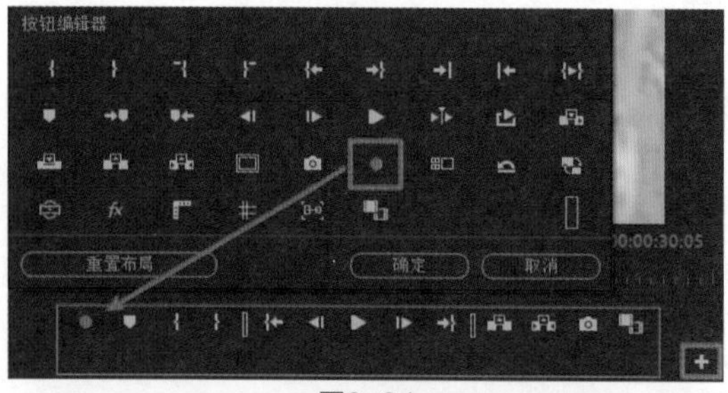

图2-84

02 → 单击【节目监视器】面板中的【设置】按钮，如图2-85所示。

图2-85

03 → 选择菜单中的【多机位】命令，面板会显示【多机位监视器】效果，如图2-86所示。

04 → 单击【多机位录制开/关】按钮，录制视频。再单击【播放】按钮，播放要录制的素材，如图2-87所示。

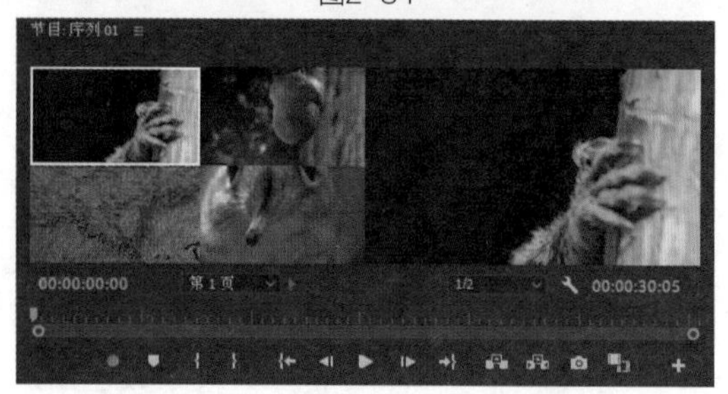

图2-86

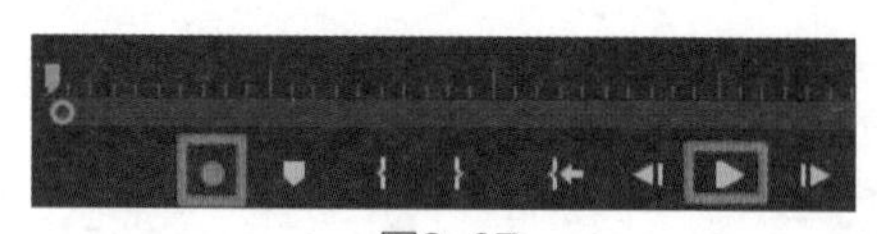

图2-87

05 → 录制开始时，大概在00:00:00:00、00:00:07:00、00:00:14:00和00:00:23:00的位置分别激活“摄像1”～“摄像4”，如图2-88所示。

06 → 查看剪辑好的序列效果，如图2-89所示。

图2-88

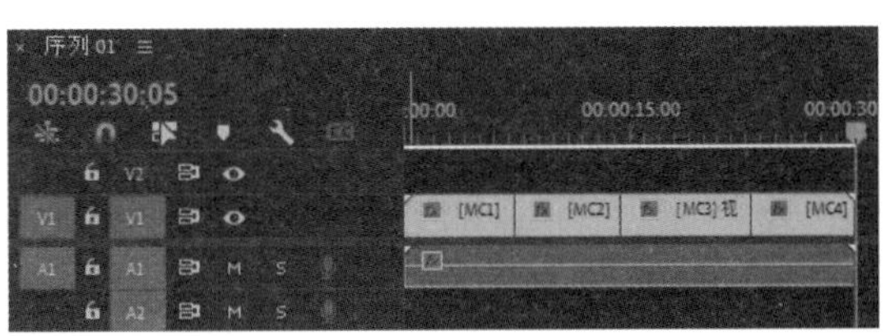

图2-89

3. 设置修剪模式

01 → 双击序列素材之间的第一个剪辑点，如图2-90所示。

02 → 使【节目监视器】进入【修剪模式】，在【节目监视器】中调整剪辑点至00:00:07:00的位置，如图2-91所示。

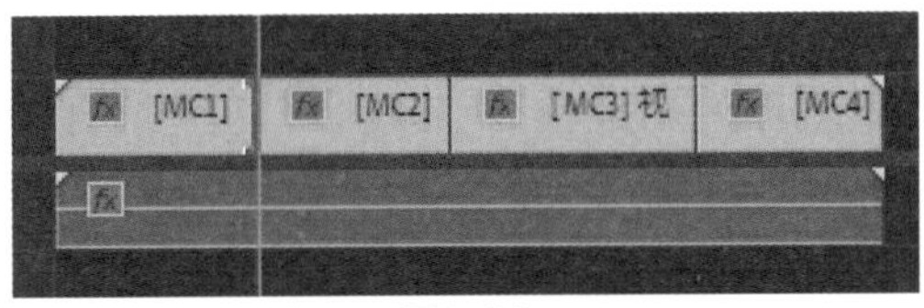

图2-90

图2-91

03 → 在【修剪模式】中依次调整各个剪辑点的位置。

04 → 将【项目】面板中的“背景音乐.mp3”素材添加到序列中，如图2-92所示。

05 → 将音视频轨道中素材的出点调整到00:00:30:00的位置，并执行右键菜单中的【应用默认过渡】命令，如图2-93所示。

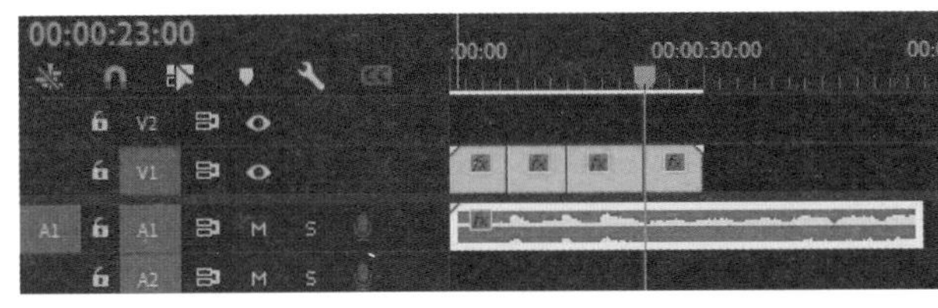

图2-92

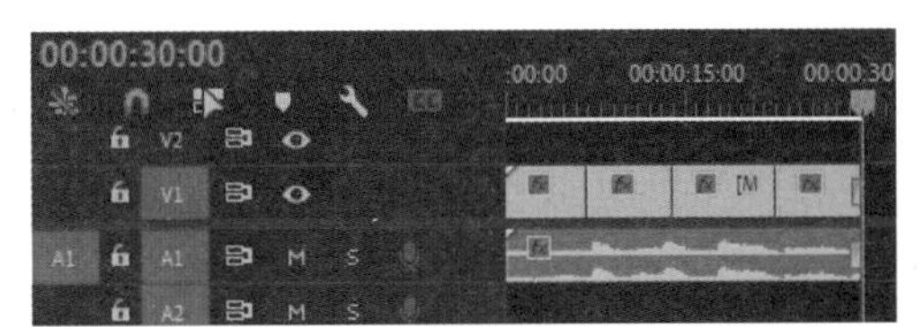

图2-93

4. 查看最终效果

在【节目监视器】面板中，执行右键菜单中的【显示模式】>【合成视频】命令，查看最终画面效果，如图2-94所示。

图2-94

技术总结

通过本案例，读者应该已经掌握多机位监视器和修剪模式的操作方法了。多机位监视器是模拟实况转播时，导演同时观看多角度机位，并且有意图切换镜头的效果。使用多机位剪辑素材，可以使动作镜头组接得更加流畅连贯。

2.7 修剪剪辑

教学视频

工程文件：工程文件 / 第 2 章 /2.7 修剪剪辑 .prproj

视频教学：视频教学 / 第 2 章 /2.7 修剪剪辑 .mp4

技术要点：掌握使用工具和编辑点剪辑素材的方法

案例思路

本案例通过剪辑一段MV视频，将【工具】面板中的剪辑工具与编辑点剪辑结合起来，使读者掌握常用的剪辑方式。

制作步骤

1. 创建项目

01 → 新建项目和【HDV 720p25】预设序列。

02 → 双击【项目】面板的空白处，导入“视频01.jpg”～“视频06.jpg”和“背景音乐.mp3”素材文件，如图2-95所示。

2. 剪辑片段一

01 → 将【项目】面板中的“视频01.mp4”和“视频02.mp4”素材拖曳至序列中，如图2-96所示。

02 → 在【节目监视器】面板中，设置标记入点为00:00:10:00，标记出点为00:00:30:00，单击【提取】按钮，如图2-97所示。

图2-95

图2-96

图2-97

03 → 将“视频03.mp4”素材在【源监视器】面板中显示，设置标记入点为00:00:02:00，标记出点为00:00:11:24，单击【插入】按钮，将剪辑插入序列的00:00:10:00的位置，如图2-98所示。

04 → 将【当前时间指示器】移动至00:00:30:00的位置，选择序列的出点，执行菜单【序列】>【将所选择编辑点扩展到播放指示器】命令，如图2-99所示。

图2-98

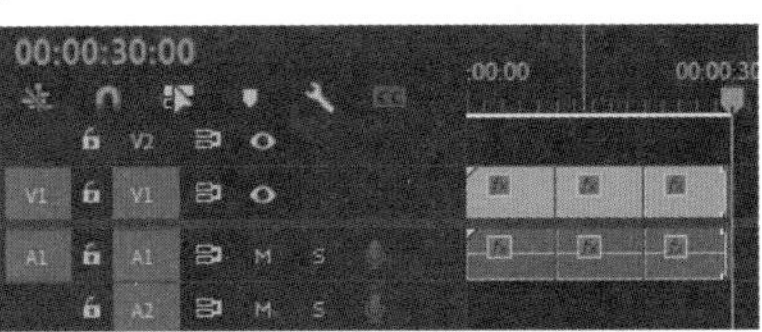

图2-99

05 → 将“视频04.mp4”素材在【源监视器】面板中显示，设置标记入点为00:00:01:00，标记出点为00:00:10:24。使用【仅拖动视频】图标，将剪辑素材拖曳至序列的【当前时间指示器】位置，如图2-100所示。

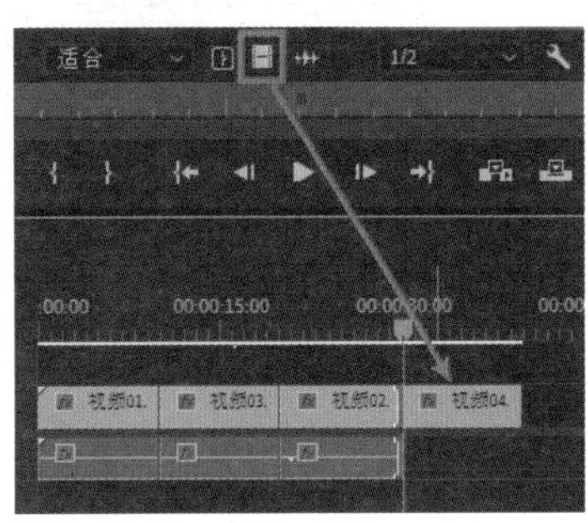

图2-100

3. 剪辑片段二

01 → 将【项目】面板中的“视频05.mp4”素材拖曳至序列的出点位置，如图2-101所示。

02 → 使用【滚动编辑工具】，双击00:00:40:00位置的编辑点，如图2-102所示。

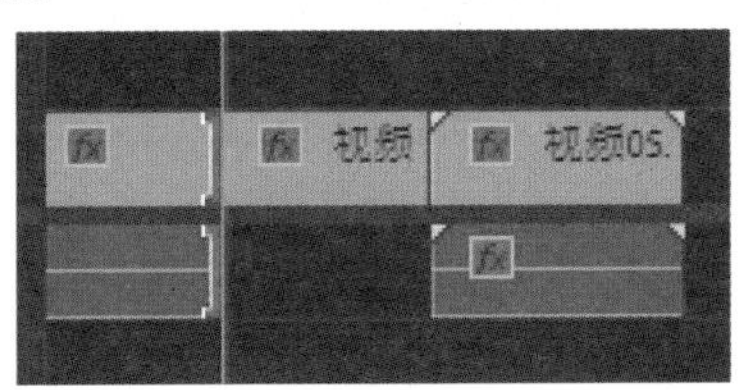

图2-101

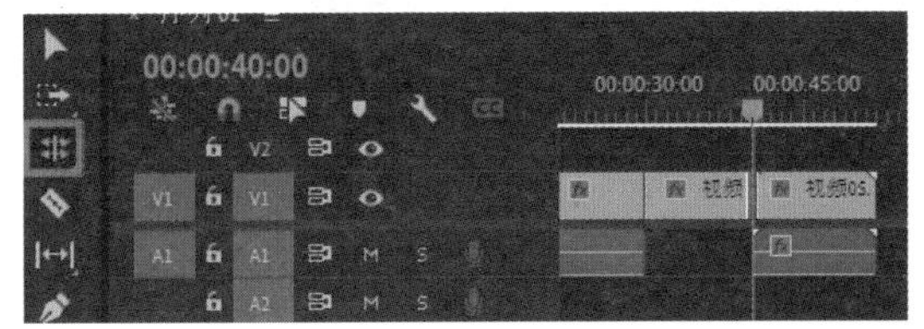

图2-102

03 → 在【节目监视器】面板的修剪模式中，单击【大幅向前修剪】按钮，如图2-103所示。

04 → 将【项目】面板中的“视频06.mp4”素材拖曳至序列的出点位置，如图2-104所示。

图2-103

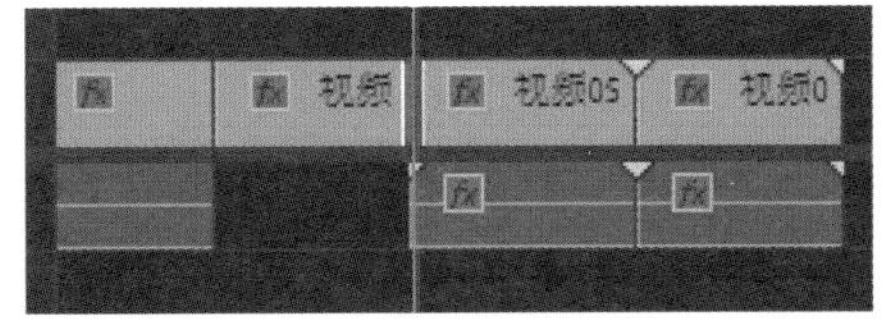

图2-104

05 → 使用【剃刀工具】，分别在00:00:50:00和00:00:53:00的位置裁剪素材，如图2-105所示。

06 → 使用【选择工具】，选择00:00:50:00～00:00:53:00的素材，并执行右键菜单中的【波纹删除】命令，如图2-106所示。

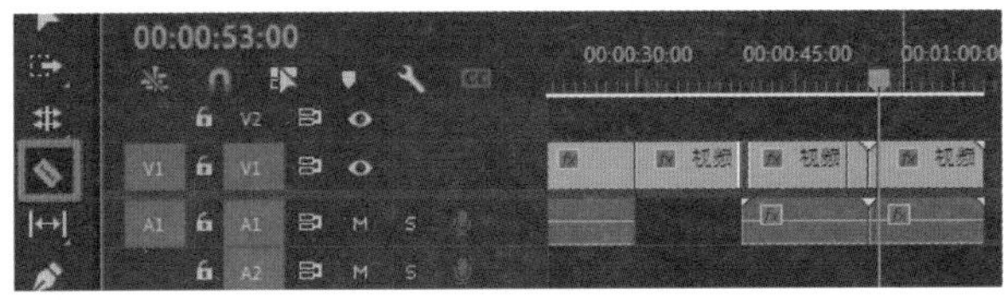

图2-105

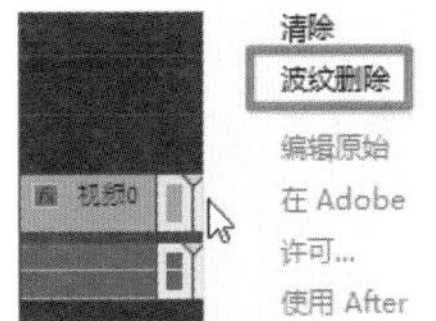

图2-106

07 → 将【项目】面板中的“背景音乐.mp3”素材拖曳至音频轨道A1上，如图2-107所示。

08 → 分别在音视频轨道的出点位置，执行右键菜单中的【应用默认过渡】命令，如图2-108所示。

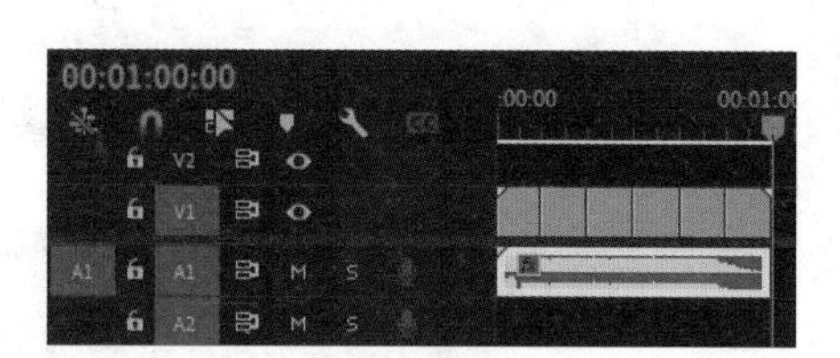

图2-107

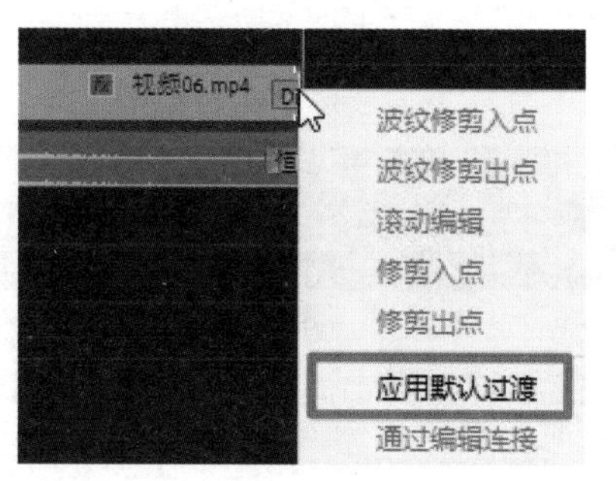

图2-108

4. 查看最终效果

在【节目监视器】面板中查看最终画面效果，如图2-109所示。

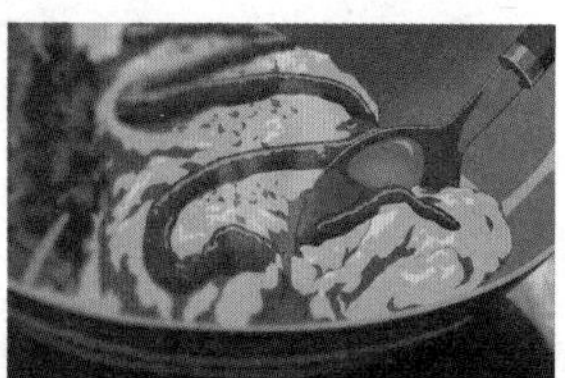

图2-109

技术总结

通过本案例，读者应该已经掌握多种剪辑素材的方式了。其中，在【源监视器】面板中使用出入点剪辑素材是最为常用的剪辑方式之一，可以在【源监视器】面板中精细剪辑素材后，再将剪辑好的素材添加到序列中。【工具】面板中的工具也可以有效地剪辑素材，可根据需要综合使用。

2.8 属性动画

教学视频

工程文件：工程文件 / 第 2 章 /2.8 属性动画 .prproj

视频教学：视频教学 / 第 2 章 /2.8 属性动画 .mp4

技术要点：掌握为素材设置动画的方法

案例思路

本案例通过为图片设置不同方式的动画效果，使读者掌握设置动画关键帧的方法。依据图片的特点，分别为其设置位移动画、缩放动画、渐变动画等。

制作步骤

1. 创建项目

01 → 新建项目和【HDV 720p25】预设序列。

02 → 双击【项目】面板的空白处，导入“背景.jpg”“太阳.png”“桃心.png”“飞船.png”和“气球.png”素材文件，如图2-110所示。

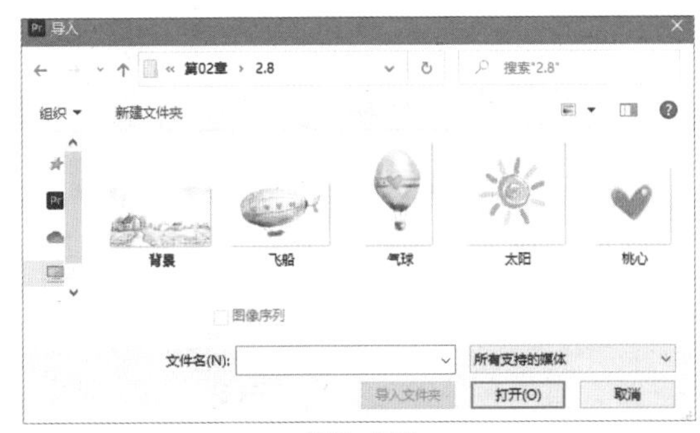

图2-110

2. 设置素材轨道

01 → 分别将【项目】面板中的“背景.jpg”“太阳.png”“气球.png”“飞船.png”和“桃心.png”素材文件拖曳至视频轨道V1～V5中，如图2-111所示。

02 → 选择序列中的所有素材，执行右键菜单中的【速度/持续时间】命令，设置【持续时间】为00:00:08:00，如图2-112所示。

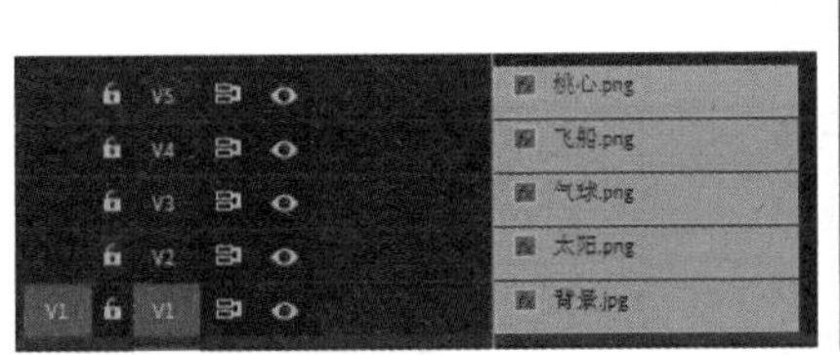

图2-111

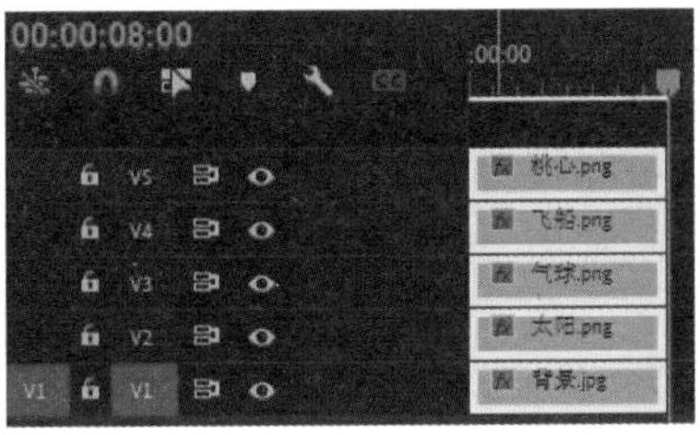

图2-112

提示

【速度/持续时间】命令的快捷键为Ctrl+R。

03 → 激活“背景.jpg”素材的【效果控件】面板，设置【缩放】为67.0，如图2-113所示。

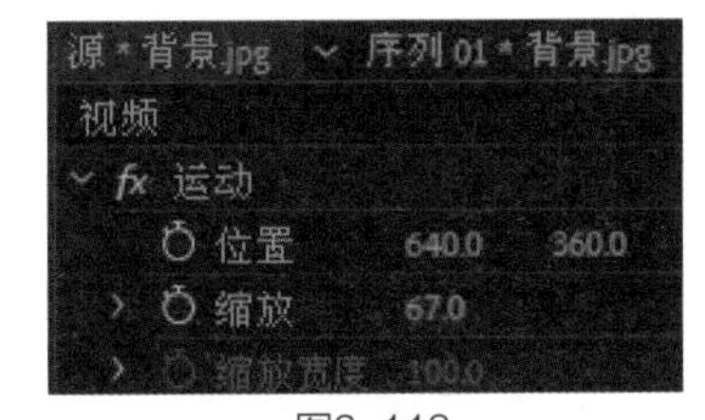

图2-113

3. 设置太阳旋转动画

01 → 激活“太阳.png”素材的【效果控件】面板，设置【位置】为(1150.0,120.0)，【缩放】为70.0。

02 → 将【当前时间指示器】移动至00:00:00:00的位置，打开【旋转】的【切换动画】按钮，设置【旋转】为0.0°；将【当前时间指示器】移动至00:00:08:00的位置，设置【旋转】为1×0.0°，如图2-114所示。

图2-114

4. 设置飞船飞行动画

01 → 激活“飞船.png”素材的【效果控件】面板，将【当前时间指示器】移动至00:00:00:00的位置，打开【位置】和【缩放】的【切换动画】按钮，设置【位置】为(1200.0,350.0)，【缩放】为60.0；将【当前时间指示器】移动至00:00:03:00的位置，设置【位置】为(750.0,350.0)；将【当前时间指示器】移动至00:00:05:00的位置，设置【位置】为(300.0,100.0)；将【当前时间指示器】移动至00:00:08:00的位置，设置【位置】为(20.0,150.0)，【缩放】为50.0，如图2-115所示。

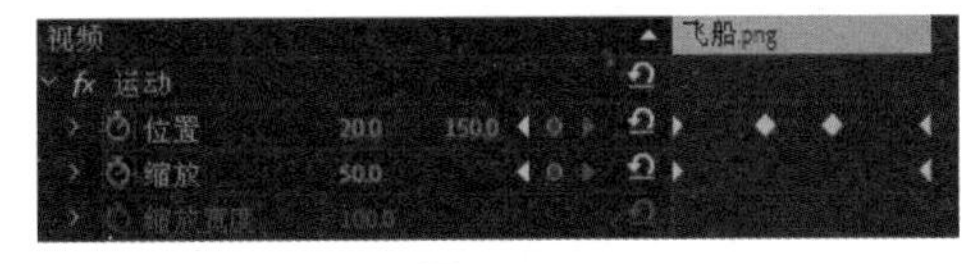

图2-115

02→ 单击【效果控件】面板中的【运动】属性，如图2-116所示。

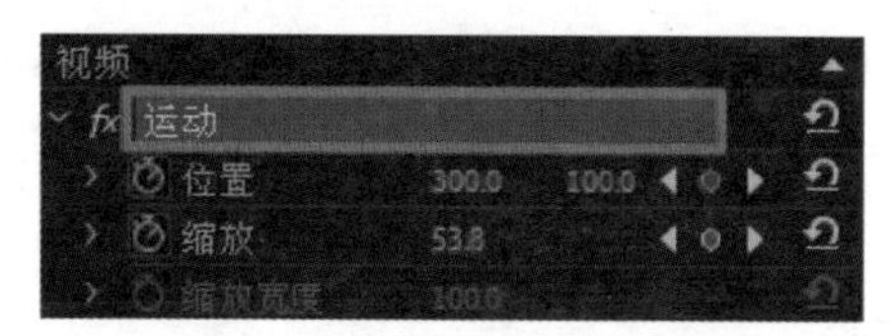

图2-116

03→ 在【节目监视器】面板中，通过曲柄调整位移路径，如图2-117所示。

图2-117

5. 设置气球飘远动画

01→ 选择序列中的“气球.png”素材，双击【效果】面板中的【视频效果】>【模糊与锐化】>【高斯模糊】效果，在【效果控件】面板中查看，如图2-118所示。

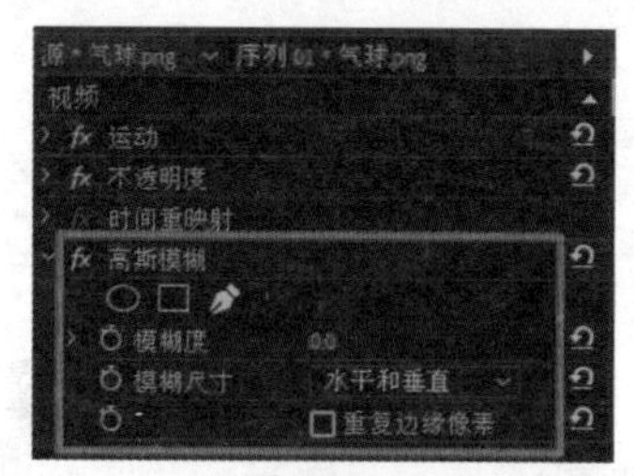

图2-118

02→ 将【当前时间指示器】移动至00:00:00:00的位置，打开【位置】【缩放】【不透明度】和【模糊度】的【切换动画】按钮，设置【位置】为(1000.0,400.0)，【缩放】为60.0，【旋转】为-10.0°，【不透明度】为100.0%，【模糊度】为0.0，如图2-119所示。

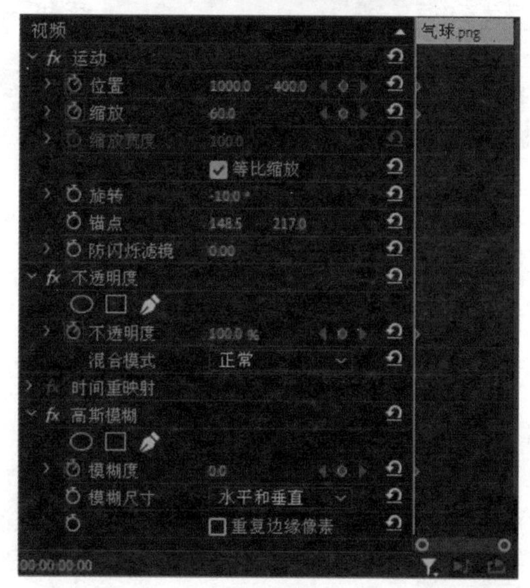

图2-119

03→ 将【当前时间指示器】移动至00:00:08:00的位置，设置【位置】为(800.0,150.0)，【缩放】为50.0，【不透明度】为80.0%，【模糊度】为30.0。

6. 设置小房子桃心烟雾动画

01→ 为“桃心.png”素材添加【高斯模糊】效果。

02→ 激活“桃心.png”素材的【效果控件】面板。

03→ 将【当前时间指示器】移动至00:00:00:00的位置，打开【位置】【缩放】【不透明度】和【模糊度】的【切换动画】按钮，设置【位置】为(915.0,410.0)，【缩放】为50.0，【不透明度】为100.0%，【模糊度】为5.0。

04→ 将【当前时间指示器】移动至00:00:08:00的位置，设置【位置】为(880.0,230.0)，【缩放】为150.0，【不透明度】为0.0%，【模糊度】为15.0，如图2-120所示。

05→ 在序列中按住Alt键，复制调整后的“桃心.png”素材文件，分别放置在视频轨道V6～V8中，并将起始位置依次向后移动2秒，如图2-121所示。

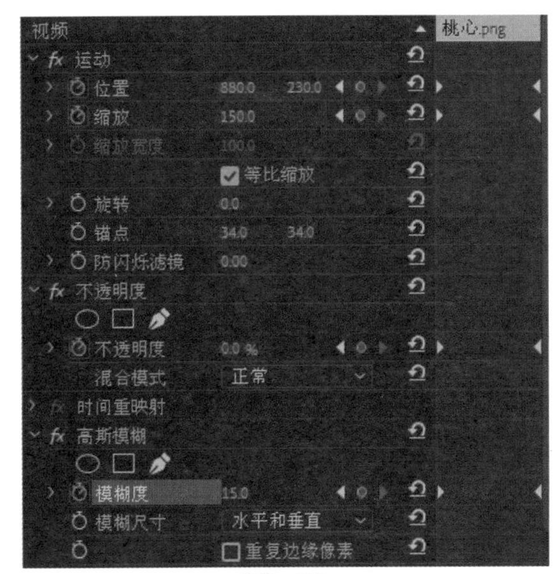

图2-120

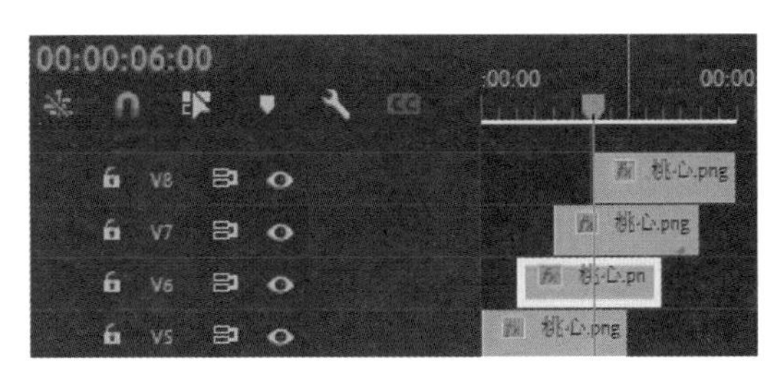

图2-121

06 → 将视频轨道V6～V8中素材的出点移动至00:00:08:00的位置，如图2-122所示。

7. 设置大房子桃心烟雾动画

01 → 将视频轨道V5中的“桃心.png”素材复制到视频轨道V9中，如图2-123所示。

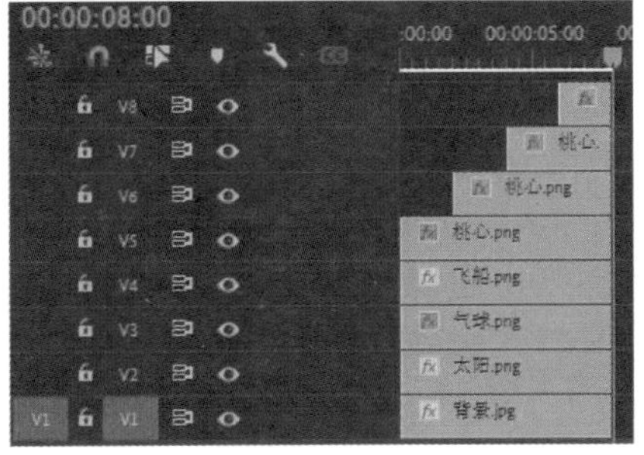

图2-122

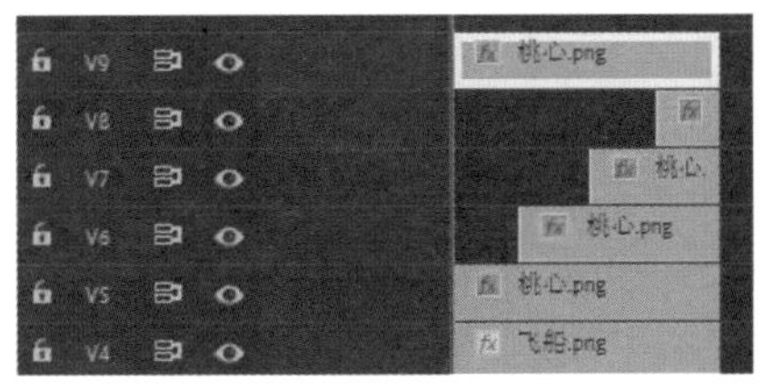

图2-123

02 → 修改视频轨道V9中“桃心.png”素材的动画属性。

03 → 将【当前时间指示器】移动至00:00:00:00的位置，设置【位置】为(260.0,290.0)，【缩放】为100.0，【不透明度】为100.0%，【模糊度】为10.0。

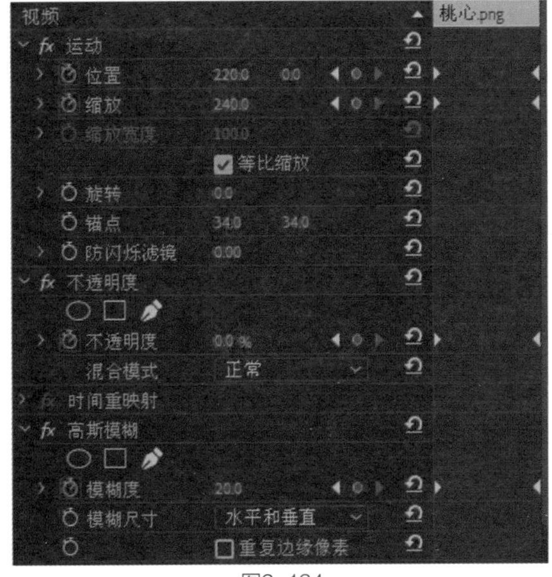

图2-124

04 → 将【当前时间指示器】移动至00:00:08:00的位置，设置【位置】为(220.0,0.0)，【缩放】为240.0，【不透明度】为0.0%，【模糊度】为20.0，如图2-124所示。

05 → 将视频轨道V9中的“桃心.png”素材复制到视频轨道V10～V12中，并将起始位置依次向后移动2秒，出点位置与视频轨道V9中的素材对齐，如图2-125所示。

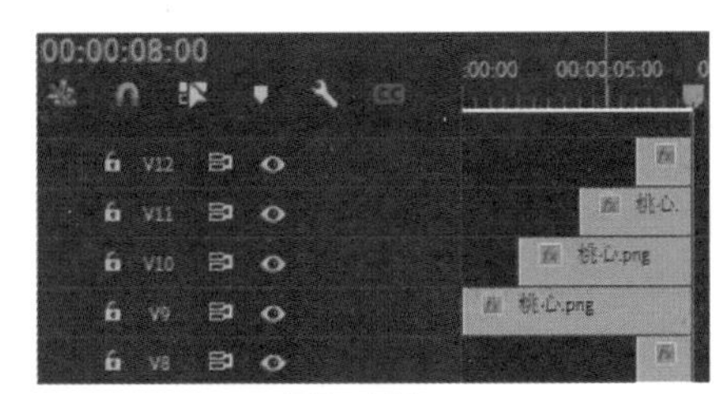

图2-125

8. 查看最终效果

在【节目监视器】面板中查看最终画面效果，如图2-126所示。

图2-126

技术总结

通过本案例，读者应该已经掌握了设置动画关键帧的方法。一般情况下，只要有属性参数是可以改变的，都可以设置关键帧，制作动画效果。本案例中运用了“错帧”的小技巧，顾名思义是错开帧的显示时间，一般会产生较好的画面效果。

第3章 视频效果

本章主要讲解视频效果的使用方法，通过学习读者可以了解颜色校正、视频抠像、图形变换等视频效果的设置方法。通过对8个案例的讲解，使读者掌握【色彩】【保留颜色】【亮度与对比度】【四色渐变】【更改颜色】【放大】【球面化】和【裁剪】等视频效果的具体操作方法和技巧。

3.1 多彩生活照

教学视频

工程文件：工程文件 / 第 3 章 /3.1 多彩生活照 .prproj
视频教学：视频教学 / 第 3 章 /3.1 多彩生活照 .mp4
技术要点：掌握图片调色的方法

案例思路

本案例通过调整多张图片，使读者了解多种调色方法，制作思路是先根据图片情况制作不同的效果，再将这些图片嵌套到照片纸中。

操作步骤

1. 创建项目

01→ 新建项目和【HDV 720p25】预设序列。

02→ 双击【项目】面板的空白处，导入“图片01.jpg”~“图片10.jpg”素材文件，如图3-1所示。

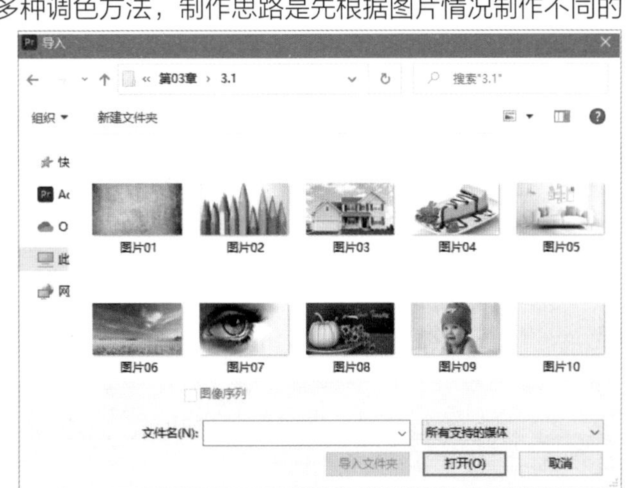

图3-1

03→ 选择“图片01.jpg”~“图片

09.jpg”素材文件，执行右键菜单中的【速度/持续时间】命令，在弹出的对话框中设置【持续时间】为00:00:03:00，如图3-2所示。

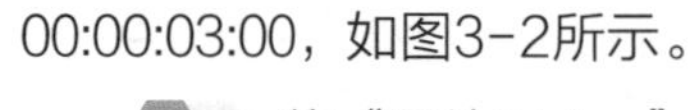

图3-2

04→ 将“图片01.jpg”~“图片08.jpg”素材文件拖曳至视频轨道V1中，将“图片09.jpg”素材拖曳至视频轨道V2中，如图3-3所示。

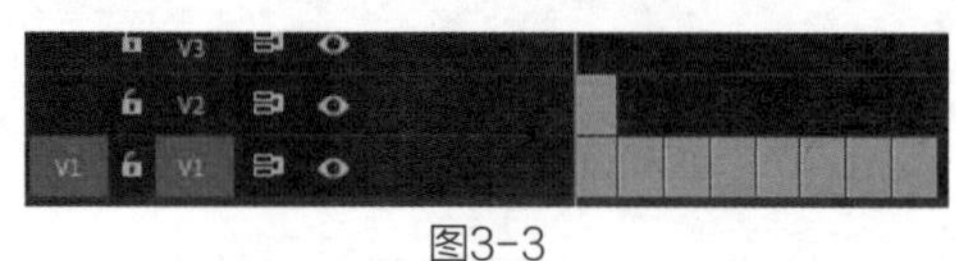

图3-3

2. 设置老照片效果

01→ 激活“图片09.jpg”素材的【效果控件】面板，将【效果】面板中的【视频效果】>【颜色校正】>【色彩】效果拖曳至【效果控件】面板中，如图3-4所示。

02→ 设置【不透明度】>【混合模式】为“强光”，【色彩】>【将白色映射到】为(R:255,G:150,B:0)，【着色量】为100.0%，如图3-5所示。

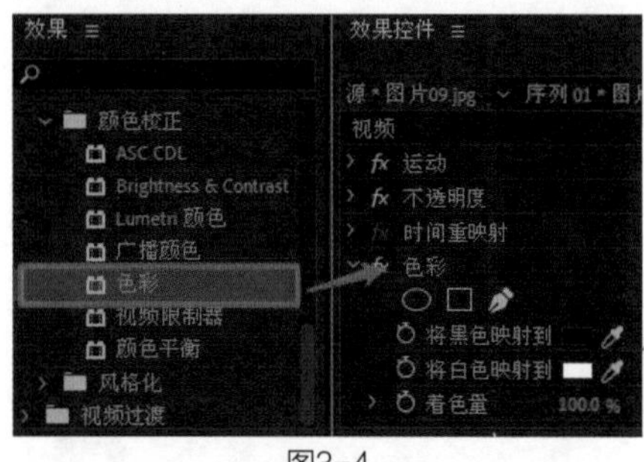

图3-4

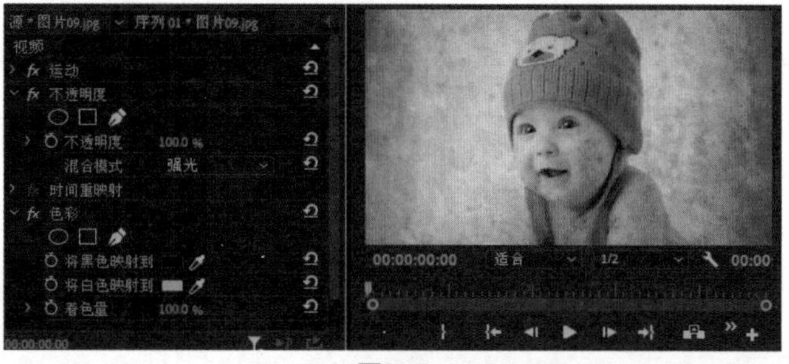

图3-5

03→ 将【项目】面板中的“图片09.jpg”素材拖曳至视频轨道V3中，并将素材出点调整到00:00:02:00的位置，如图3-6所示。

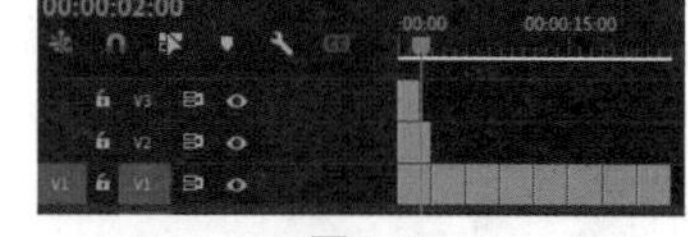

图3-6

04→ 选择【效果】面板中的【溶解】>【交叉溶解】效果，执行右键菜单中的【将所选过渡设置为默认过渡】命令，设置默认过渡效果。

05→ 选择视频轨道V3上“图片09.jpg”素材的出点，执行右键菜单中的【应用默认过渡】命令。双击过渡效果，在弹出的【设置过渡持续时间】对话框中，设置【持续时间】为00:00:02:00，如图3-7所示。

图3-7

3. 设置分色效果

01→ 将【效果】面板中的【视频效果】>【过时】>【保留颜色】效果添加到“图片02.jpg”素材上。

02→ 将【当前时间指示器】移动至00:00:03:00的位置，打开【脱色量】的【切换动画】按钮，设置【脱色量】为0.0%，【要保留的颜色】为(R:15,G:250,B:80)，【容差】为5.0%，【匹配颜色】为“使用色相”，如图3-8所示。

03→ 将【当前时间指示器】移动至00:00:05:00的位置，设置【脱色量】为100.0%，如图3-9所示。

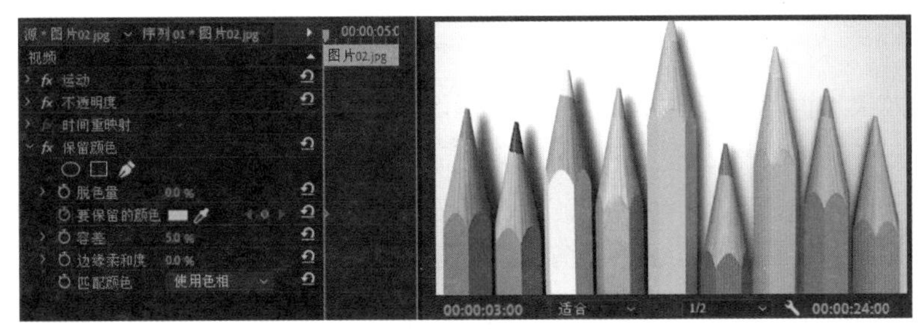

图3-8

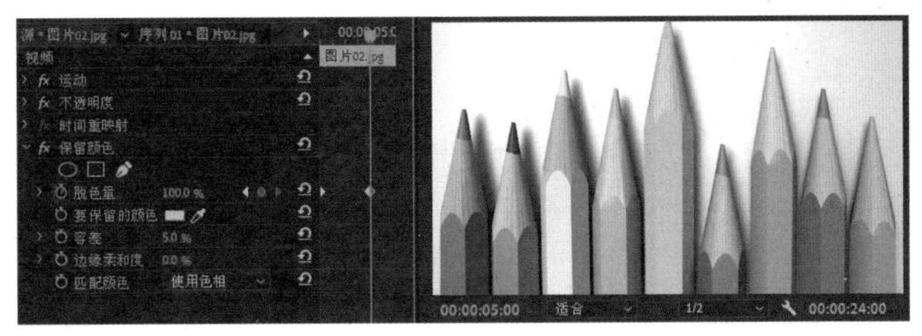

图3-9

4. 设置钢笔画效果

01→ 将【效果】面板中的【视频效果】>【风格化】>【色调分离】效果和【颜色校正】>【色彩】效果添加到“图片03.jpg”素材上。

02→ 设置【色调分离】效果的【级别】为2，【色彩】效果的【将黑色映射到】为(R:65,G:0,B:170)，如图3-10所示。

图3-10

03→ 将【项目】面板中的“图片03.jpg”素材拖曳至视频轨道V2中00:00:06:00的位置，并将素材出点调整至00:00:08:00的位置，如图3-11所示。

04→ 选择视频轨道V2上“图片03.jpg”素材的出点，执行右键菜单中的【应用默认过渡】命令。双击过渡效果，在弹出的【设置过渡持续时间】对话框中，设置【持续时间】为00:00:02:00，如图3-12所示。

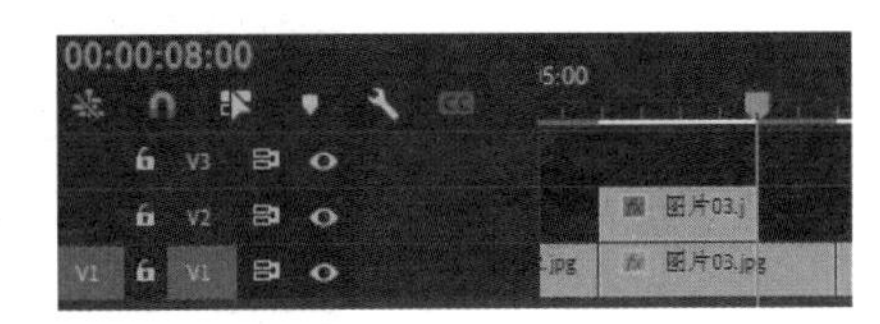

图3-11

图3-12

5. 设置彩铅画效果

01 → 将【效果】面板中的【视频效果】>【风格化】>【查找边缘】效果和【颜色校正】>【Brightness & Contrast（亮度与对比度）】效果添加到“图片04.jpg”素材上。

02 → 将【当前时间指示器】移动至00:00:09:00的位置，打开【与原始图像混合】【亮度】和【对比度】的【切换动画】按钮，设置【与原始图像混合】为100%，【亮度】为0.0，【对比度】为0.0，如图3-13所示。

图3-13

03 → 将【当前时间指示器】移动至00:00:11:00的位置，设置【与原始图像混合】为0%，【亮度】为-50.0，【对比度】为50.0，如图3-14所示。

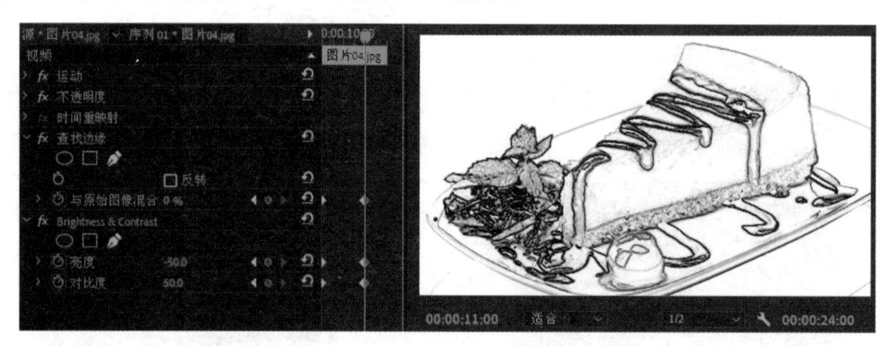

图3-14

6. 设置素描画效果

01 → 复制序列中的“图片04.jpg”素材，然后执行“图片05.jpg”素材右键菜单中的【粘贴属性】命令，如图3-15所示。

02 → 在弹出的【粘贴属性】对话框中，勾选【效果】复选框，单击【确定】按钮，如图3-16所示。

03 → 将【效果】面板中的【视频效果】>【图像控制】>【黑白】效果添加到“图片05.jpg”素材上。

04 → 将【当前时间指示器】移动至00:00:14:00的位置，关闭【与原始图像混合】【亮度】和【对比度】的【切换动画】按钮，如图3-17所示。

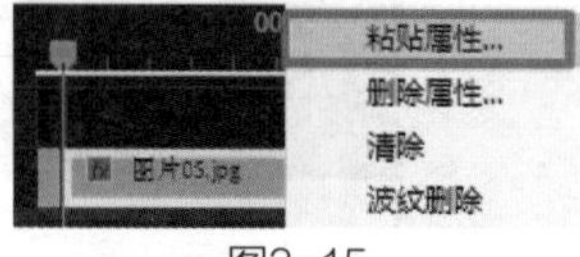

图3-15

图3-16

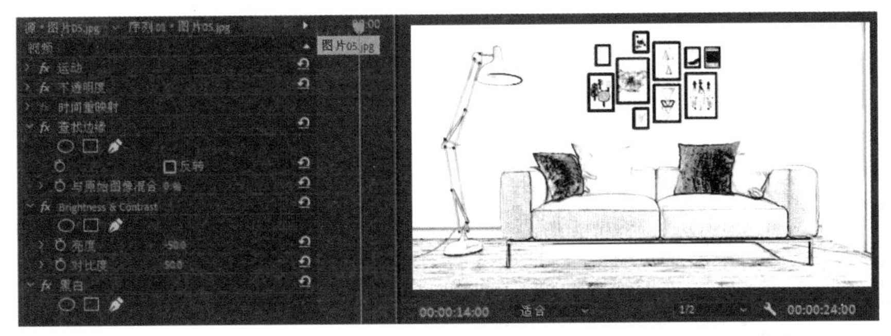

图3-17

05→ 将“图片05.jpg”素材拖曳至视频轨道V2中00:00:14:00的位置，将素材的持续时间和默认过渡效果的持续时间都设置为2秒，如图3-18所示。

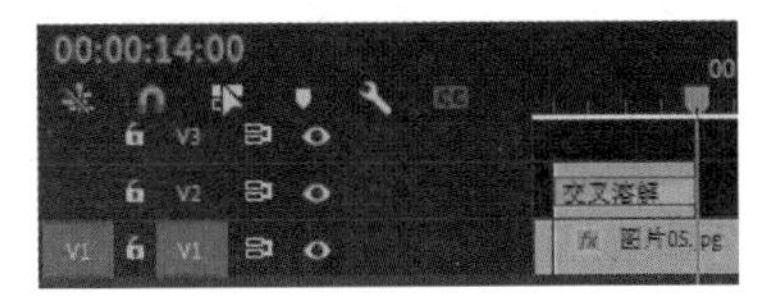

图3-18

7. 设置阴天效果

01→ 将【效果】面板中的【视频效果】>【过时】>【保留颜色】效果和【颜色校正】>【Brightness & Contrast（亮度与对比度）】效果添加到“图片06.jpg”素材上。

02→ 将【当前时间指示器】移动至00:00:15:00的位置，打开【脱色量】【亮度】和【对比度】的【切换动画】按钮，设置【脱色量】为0.0%，【要保留的颜色】为(R:235,G:210,B:10)，【容差】为15.0%，【匹配颜色】为“使用色相”，【亮度】为0.0，【对比度】为0.0，如图3-19所示。

图3-19

03→ 将【当前时间指示器】移动至00:00:17:00的位置，设置【脱色量】为50.0%，【亮度】为-40.0，【对比度】为-20.0，如图3-20所示。

图3-20

8. 设置彩妆效果

01→ 将【效果】面板中的【视频效果】>【生成】>【四色渐变】效果添加到“图片07.jpg”素材上。

02→ 将【当前时间指示器】移动至00:00:18:00的位置，打开【四色渐变】>【不透明度】的【切换动画】按钮，设置【点1】为(120.0,90.0)，【颜色1】为(R:255,G:0,B:255)，【点2】为(600.0,80.0)，【颜色2】为(R:0,G:255,B:255)，【点3】为(350.0,670.0)，【颜色3】为(R:255,G:0,B:30)，【点4】为(650.0,400.0)，【颜色4】为(R:255,G:255, B:130)，【不透明度】为0.0%，【混合模式】为“叠加”，如图3-21所示。

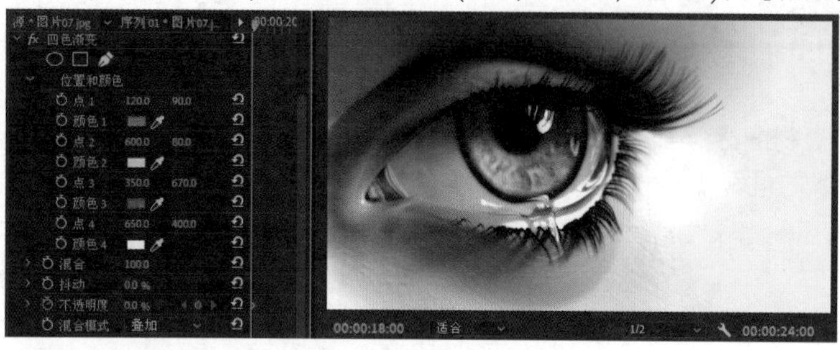

图3-21

03→ 将【当前时间指示器】移动至00:00:20:00的位置，设置【不透明度】为100.0%，如图3-22所示。

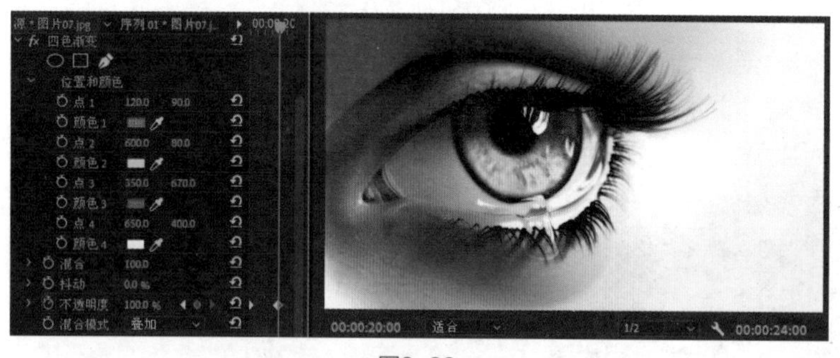

图3-22

9. 设置调节颜色

01→ 将【效果】面板中的【视频效果】>【过时】>【颜色平衡(HLS)】效果添加到“图片08.jpg”素材上。

02→ 将【当前时间指示器】移动至00:00:21:00的位置，打开【色相】【亮度】和【饱和度】的【切换动画】按钮，设置【色相】为0.0°，【亮度】为0.0，【饱和度】为0.0，如图3-23所示。

图3-23

03→ 将【当前时间指示器】移动至00:00:23:00的位置，设置【色相】为-15.0°，【亮度】为25.0，【饱和度】为30.0，如图3-24所示。

图3-24

10. 制作照片效果

01→ 选择序列中的所有素材，执行右键菜单中的【嵌套】命令，将“嵌套序列 01”移动至视频轨道V2中，并将

“图片10.jpg”素材拖曳至视频轨道V1中，将出点与视频轨道V2中的素材对齐，如图3-25所示。

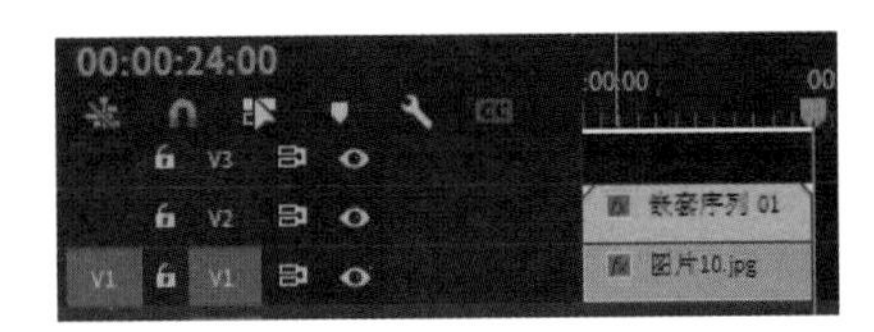

图3-25

02 → 将【效果】面板中的【视频效果】>【风格化】>【粗糙边缘】效果添加到“嵌套序列 01”素材上。

03 → 设置【缩放】为80.0，【边缘类型】为“粗糙色”，【边框】为50.00，【不规则影响】为0.00，如图3-26所示。

图3-26

11. 查看最终效果

在【节目监视器】面板中查看最终画面效果，如图3-27所示。

图3-27

技术总结

通过本案例，读者应该已经掌握多种调整图像颜色效果的方法了。调节颜色的效果有很多，使用不同的效果命令也可以调节出相同的画面效果。这些效果都是作用于单个素材的，不可以作为过渡效果使用。

3.2 变换颜色

教学视频

工程文件：工程文件 / 第 3 章 /3.2 变换颜色 .prproj
视频教学：视频教学 / 第 3 章 /3.2 变换颜色 .mp4
技术要点：掌握更改素材颜色的方法

案例思路

本案例通过模拟汽车游戏界面挑选赛车颜色的模式，使读者掌握使用视频效果更改素材颜色的两种方法。

制作步骤

1. 设置项目

01 → 新建项目和【HDV 720p25】预设序列。

02 → 双击【项目】面板的空白处，导入“图像01.jpg”和“图像02.png”素材文件，如图3-28所示。

03 → 在【项目】面板的空白处，执行右键菜单中的【新建项目】>【颜色遮罩】命令，在弹出的【新建颜色遮罩】对话框中，设置【高度】为30，【宽度】为30，如图3-29所示。

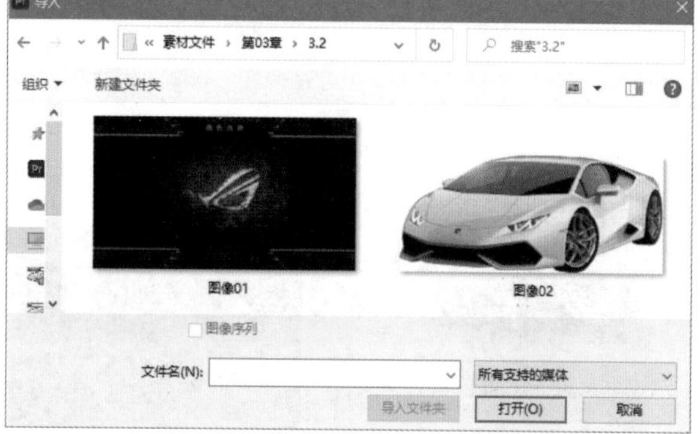

图3-28

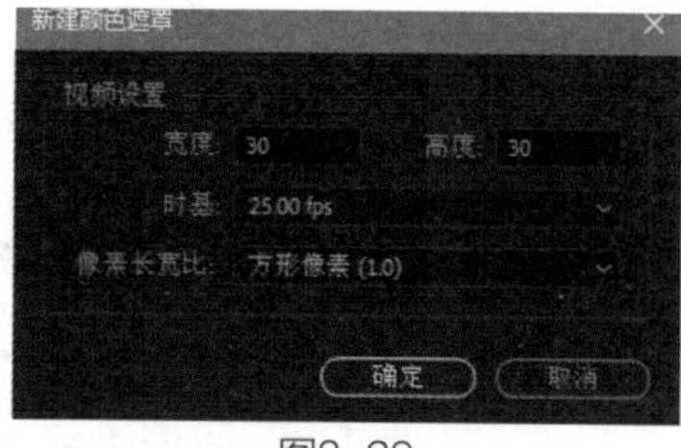

图3-29

04 → 在【拾色器】对话框中，设置颜色为(R:255,G:255,B:0)，如图3-30所示。

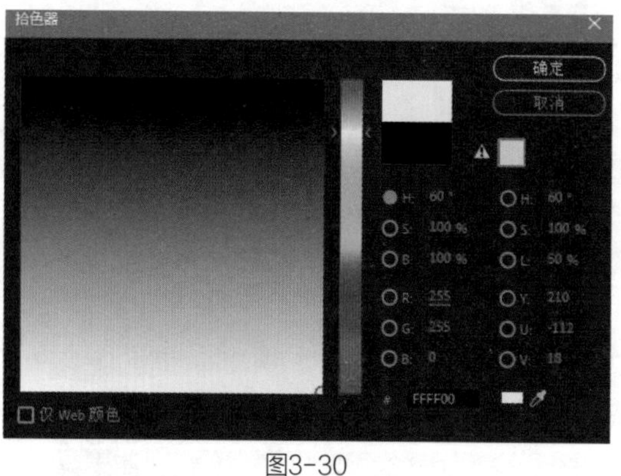

图3-30

05 → 选择【项目】面板中的所有素材，执行右键菜单中的【速度/持续时间】命令，在弹出的对话框中设置【持续时间】为00:00:06:00，如图3-31所示。

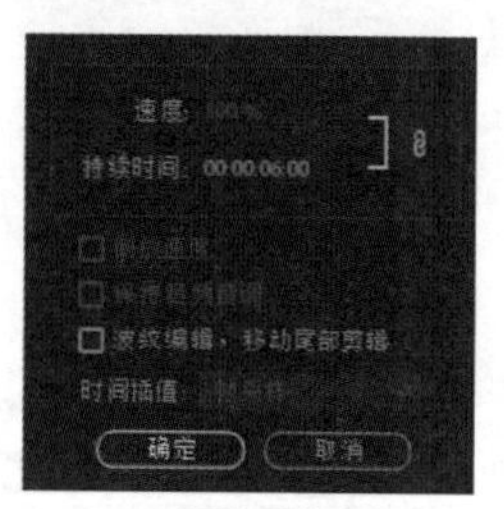

图3-31

2. 设置序列

01 → 将“图像01.jpg”“图像02.png”和“颜色遮罩”素材文件依次添加至视频轨道V1~V3中，如图3-32所示。

02 → 激活“颜色遮罩”素材的【效果控件】面板，将【效果】面板中的【视频效果】>【过时】>【更改颜色】效果拖曳至【效果控件】面板中，如图3-33所示。

03→ 设置【位置】为(640.0,660.0)，【更改颜色】的【色相变换】为60.0，【饱和度变换】为-50.0，【要更改的颜色】为(R:255,G:255,B:0)，如图3-34所示。

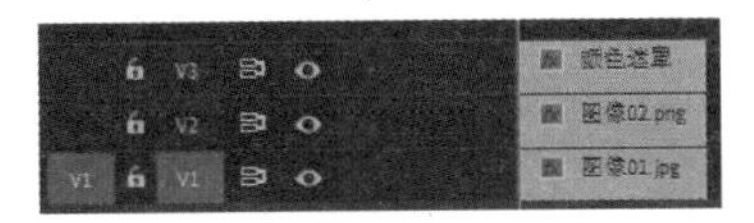

图3-32

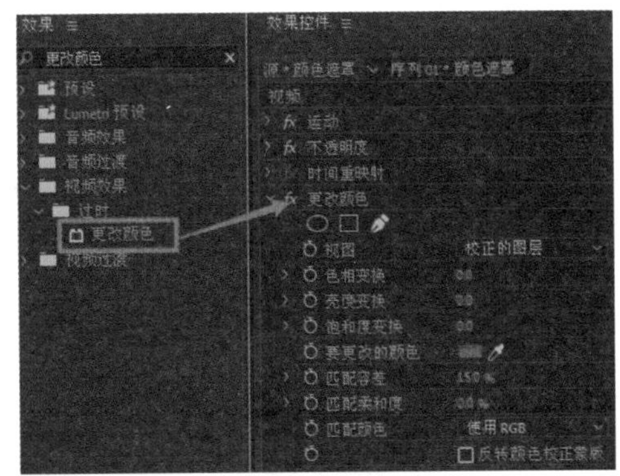

图3-33

图3-34

04→ 按住Alt键的同时，拖曳视频轨道V3的素材至视频轨道V4和V5中，复制素材，如图3-35所示。

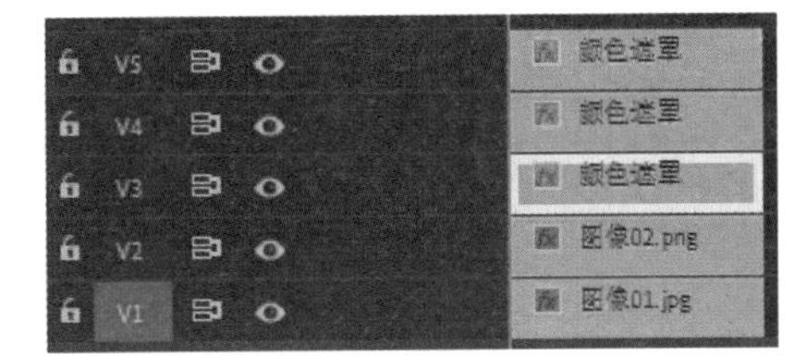

图3-35

3. 设置颜色选项

01→ 激活视频轨道V5素材的【效果控件】面板，设置【位置】为(520.0,660.0)。将【当前时间指示器】移动至00:00:00:00的位置，打开【饱和度变换】的【切换动画】按钮，设置【更改颜色】的【色相变换】为240.0，【饱和度变换】为0.0，如图3-36所示。

图3-36

02→ 将【当前时间指示器】移动至00:00:02:00的位置，设置【饱和度变换】为-50.0。选择所有关键帧，执行右键菜单中的【定格】命令，如图3-37所示。

03 → 激活视频轨道V4素材的【效果控件】面板，设置【位置】为(760.0,660.0)。将【当前时间指示器】移动至00:00:00:00的位置，打开【饱和度变换】的【切换动画】按钮，设置【更改颜色】的【色相变换】为170.0，【饱和度变换】为-50.0，如图3-38所示。

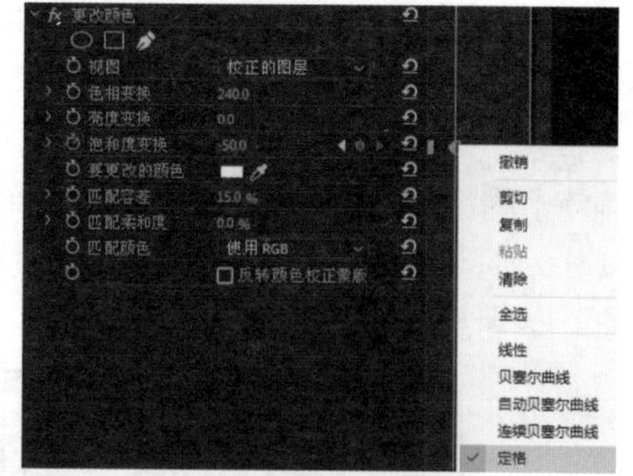

图3-37

图3-38

04 → 将【当前时间指示器】移动至00:00:04:00的位置，设置【饱和度变换】为0.0。选择所有关键帧，执行右键菜单中的【定格】命令，如图3-39所示。

05 → 激活视频轨道V3素材的【效果控件】面板，将【当前时间指示器】移动至00:00:00:00的位置，打开【饱和度变换】的【切换动画】按钮，设置【饱和度变换】为-50.0；将【当前时间指示器】移动至00:00:02:00的位置，设置【饱和度变换】为0.0；将【当前时间指示器】移动至00:00:04:00的位置，设置【饱和度变换】为-50.0；选择所有关键帧，执行右键菜单中的【定格】命令，如图3-40所示。

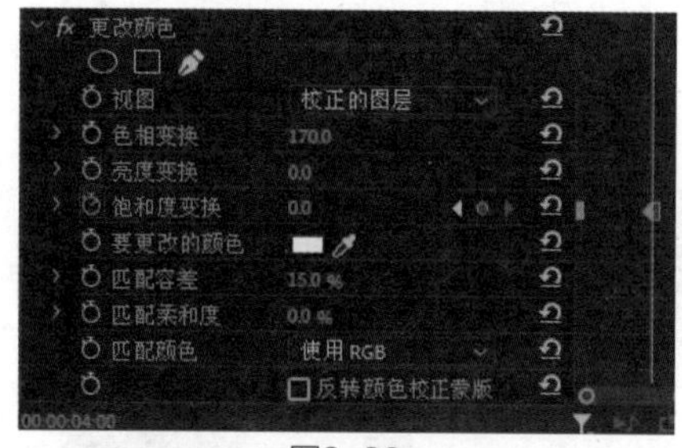

图3-39

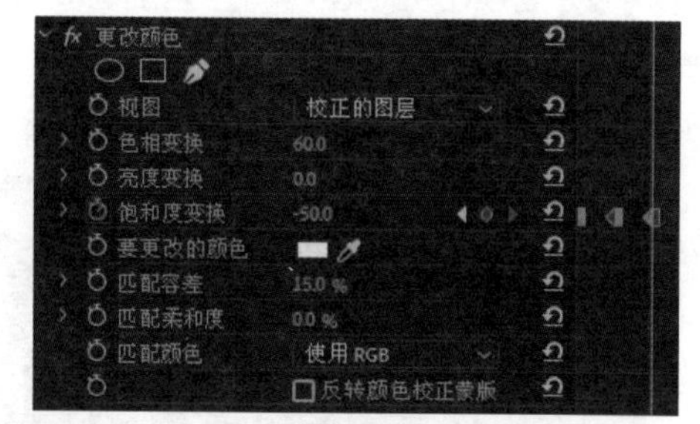

图3-40

4. 设置汽车颜色

01 → 将【效果】面板中的【视频效果】>【过时】>【更改为颜色】效果添加到“图像02.png”素材上。

02 → 将【当前时间指示器】移动至00:00:00:00的位置，打开【至】的【切换动画】按钮，设置【自】为(R:255,G:255,B:0)，【至】为(R:255,G:0,B:255)，【更改】为“色相和饱和度”，【更改方式】为“变换为颜色”，【色相】为100.0%；将【当前时间指示器】移动至00:00:02:00的位置，设置【至】为(R:0,G:255,B:0)；将【当前时间指示器】移动至00:00:04:00的位置，设置【至】为(R:0,G:0,B: 255)。选择所有关键帧，执行右键菜单中的【定格】命令，如图3-41所示。

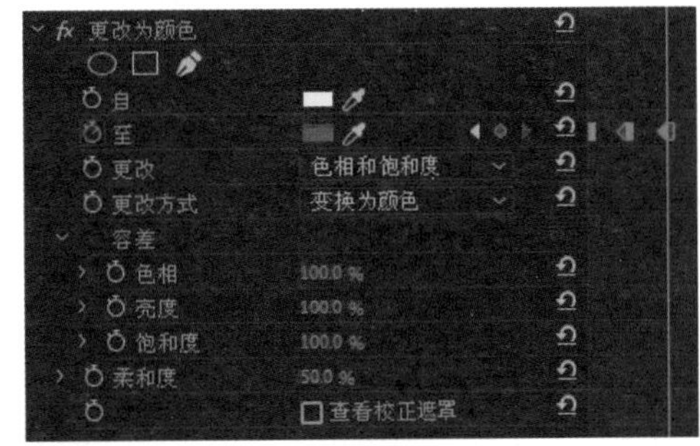

图3-41

5. 查看最终效果

在【节目监视器】面板中查看最终画面效果，如图3-42所示。

图3-42

技术总结

通过本案例，读者应该已经掌握两种更改颜色的方法了。本案例还应用了定格关键帧的技巧，这样的关键帧之间没有过渡效果，适合于切换效果的制作。

3.3 放大藏宝图

教学视频

工程文件：工程文件 / 第 3 章 /3.3 放大藏宝图 .prproj

视频教学：视频教学 / 第 3 章 /3.3 放大藏宝图 .mp4

技术要点：掌握【放大】和【球面化】效果的使用方法

案例思路

本案例通过【放大】和【球面化】功能，对素材图像的局部进行球面放大，模拟一个在藏宝图中使用放大镜寻找宝藏的效果。

制作步骤

1. 创建项目

01→ 双击【项目】面板的空白处，弹出【导入】对话框，导入“图片01.jpg”和“图片02.png”素材文件，新建项目，如图3-43所示。

02→ 选择【项目】面板中的“图片01.jpg”素材，执行右键菜单中的【从剪辑新建序列】命令，新建序列，如图3-44所示。

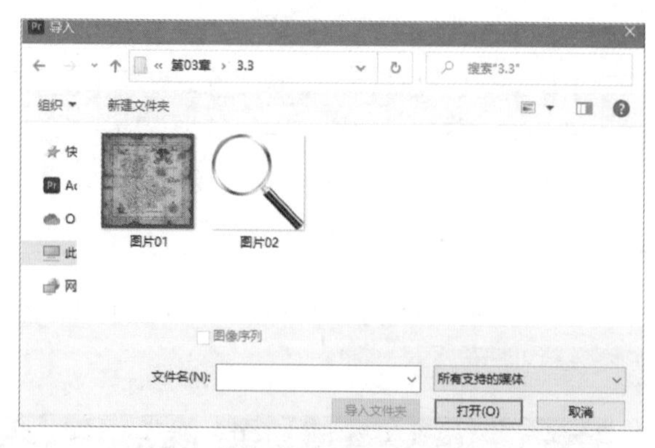

图3-43

2. 设置放大镜效果

01→ 激活“图片01.jpg”素材的【效果控件】面板，将【效果】面板中的【视频效果】>【扭曲】>【放大】效果和【球面化】效果拖曳至【效果控件】面板中，如图3-45所示。

02→ 激活“图片01.jpg”素材的【效果控件】面板，将【当前时间指示器】移动至00:00:01:00的位置，打开【中央】和【球面中心】的【切换动画】按钮。设置【放大】的【中央】为(500.0,730.0)，【放大率】为200.0，【大小】为130.0；设置【球面化】的【半径】为150，【球面中心】为(500.0,730.0)，如图3-46所示。

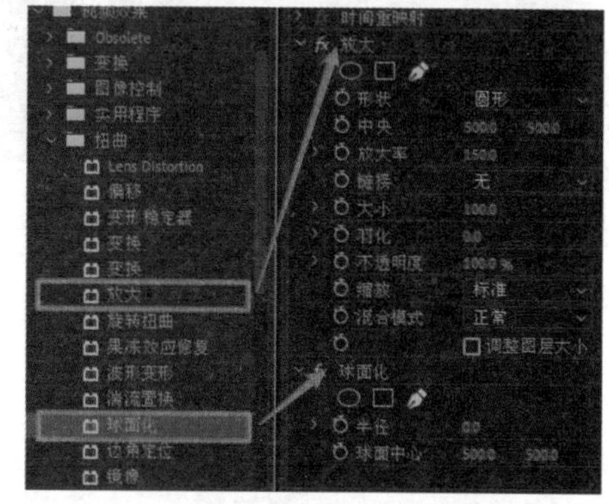

图3-45

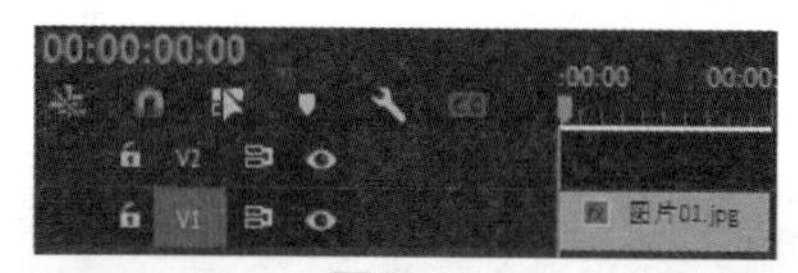

图3-44

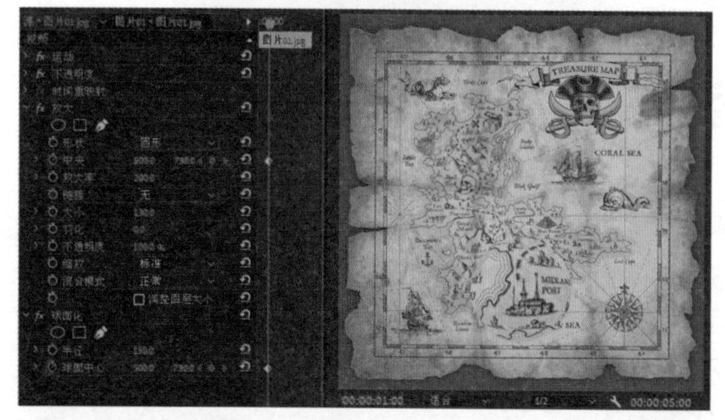

图3-46

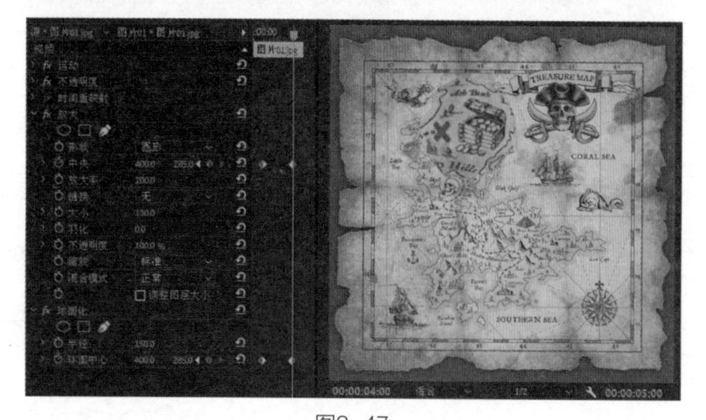

图3-47

03→ 将【当前时间指示器】移动至00:00:04:00的位置，设置【中央】为(400.0,285.0)，【球面中心】为(400.0,285.0)，如图3-47所示。

3. 设置放大镜位置

01→ 将【项目】面板中的“图片02.png”素材拖曳至视频轨道V2上，如图3-48所示。

图3-48

02→ 激活“图片02.png”素材的【效果控件】面板，将【当前时间指示器】移动至00:00:01:00的位置，打开【位置】的【切换动画】按钮，设置【位置】为(575.0,805.0)，【缩放】为45.0，如图3-49所示。

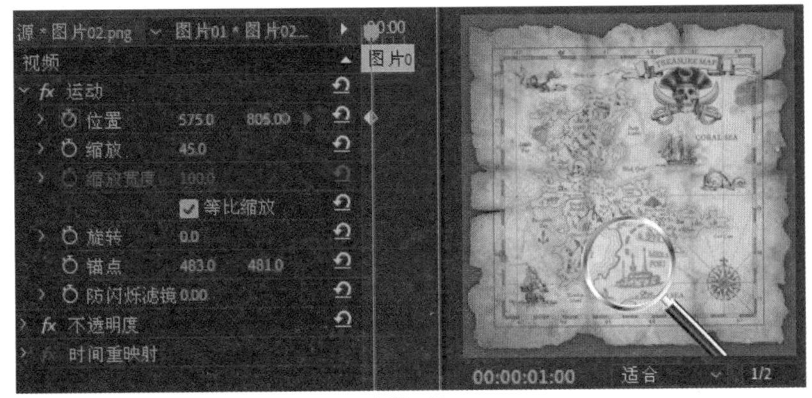

图3-49

03→ 将【当前时间指示器】移动至00:00:04:00的位置，设置【位置】为(475.0,360.0)，如图3-50所示。

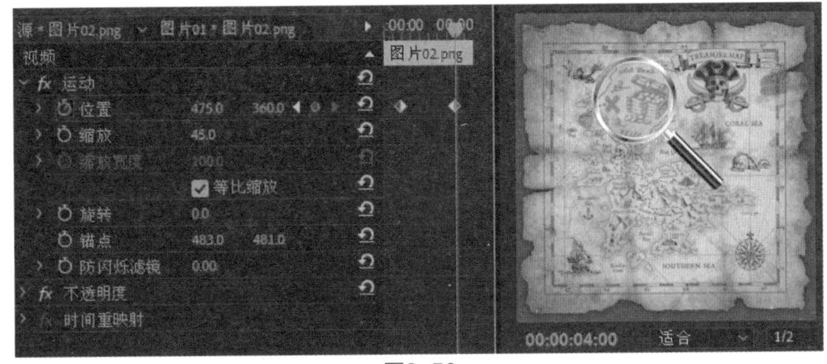

图3-50

4. 查看最终效果

在【节目监视器】面板中查看最终画面效果，如图3-51所示。

图3-51

技术总结

通过本案例，读者应该已经掌握了【放大】和【球面化】效果的使用方法了。本案例中的一个技巧点就是【放大】和【球面化】效果的同步性，两种效果的位移时间和距离需一致。【放大】效果的【大小】属性数值和【球面化】效果的【半径】属性数值需基本一致。

3.4 变形广告

教学视频

工程文件：工程文件 / 第 3 章 /3.4 变形广告 .prproj
视频教学：视频教学 / 第 3 章 /3.4 变形广告 .mp4
技术要点：掌握【边角定位】和【时间码】效果的使用方法

案例思路

本案例先利用【时间码】效果制作一个财富增长的动态广告，然后利用【边角定位】效果将广告放置在广告板上。

制作步骤

1. 创建项目

01 → 新建项目和【HDV 720p25】预设序列。

02 → 双击【项目】面板的空白处，导入“图像01.jpg”和“图像02.jpg”素材文件，如图3-52所示。

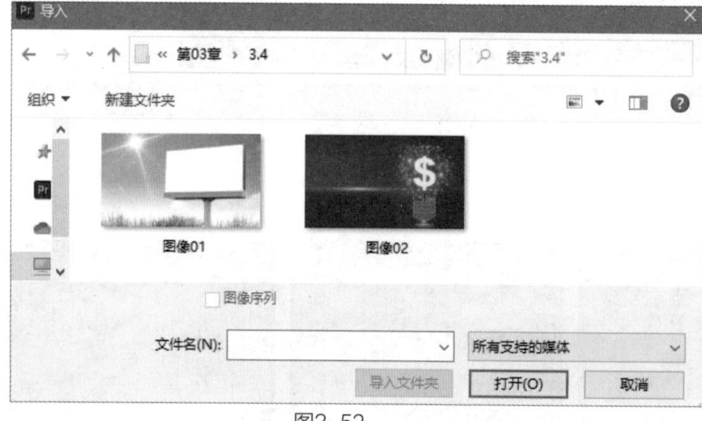

图3-52

03 → 将“图像01.jpg”和“图像02.jpg”素材文件分别拖曳至视频轨道V1和V2上，如图3-53所示。

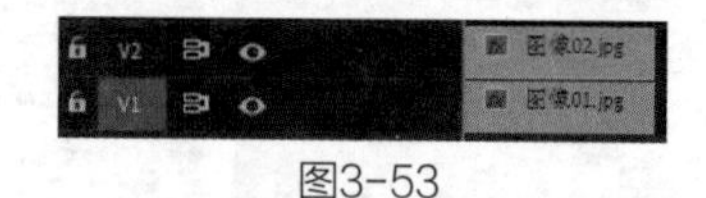

图3-53

2. 制作广告

01 → 激活【时间轴】面板，执行菜单【图形】>【新建图层】>【文本】命令，如图3-54所示。

02 → 设置文本内容为“知识+努力+时间=财富”。激活文本的【效果控件】面板，设置【字体】为“微软雅黑”，【字体样式】为“粗体”，【字体大小】为50，填充为(R:70,G:100,B:170)，【位置】为(230.0,500.0)，如图3-55所示。

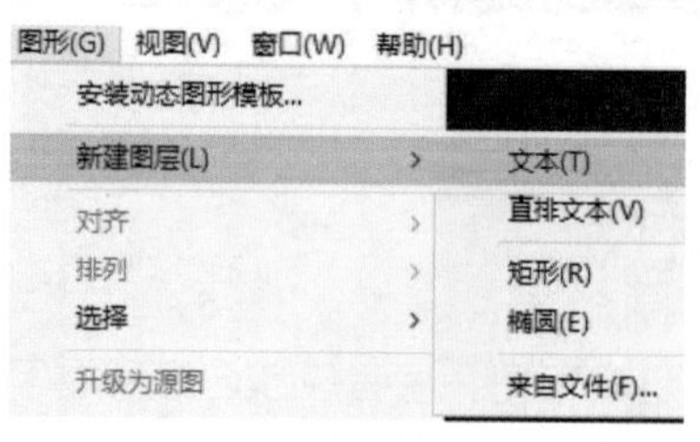

图3-54

图3-55

03→ 激活“图片02.jpg”素材的【效果控件】面板，将【效果】面板中的【视频效果】>【视频】>【时间码】效果拖曳至【效果控件】面板中，如图3-56所示。

04→ 设置【时间码】效果的【位置】为(450.0,280.0)，【大小】为60.0%，【不透明度】为0.0%，取消勾选【场符号】复选框，【格式】为“帧”，【时间码源】为“剪辑”，如图3-57所示。

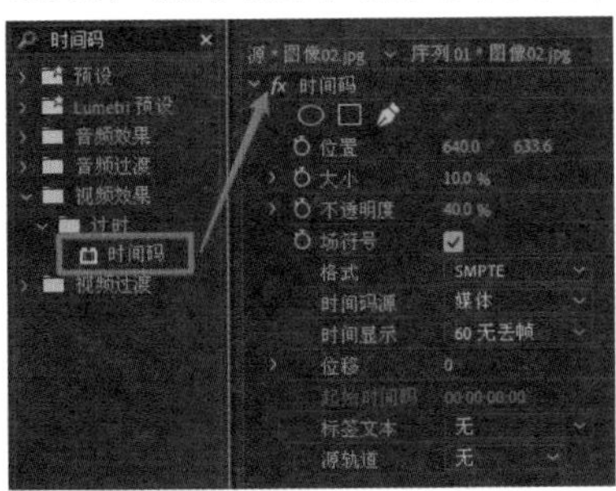

图3-56

图3-57

05→ 选择视频轨道V2和V3中的素材，执行右键菜单中的【嵌套】命令，并使用默认名称“嵌套序列01”，如图3-58所示。

图3-58

3. 制作广告板效果

01→ 将【效果】面板中的【视频效果】>【扭曲】>【边角定位】效果添加到“嵌套序列 01”素材上。

02→ 在“嵌套序列 01”素材的【效果控件】面板中，设置【左上】为(515.0,133.0)，【右上】为(1137.0,75.0)，【左下】为(505.0,458.0)，【右下】为(1136.0,440.0)，如图3-59所示。

图3-59

4. 查看最终效果

在【节目监视器】面板中查看最终画面效果，如图3-60所示。

图3-60

技术总结

通过本案例，读者应该已经掌握【时间码】和【边角定位】效果的使用方法了。本案例巧妙利用了【时间码】效果的【格式】模式。将【时间码】效果的【格式】选择为“帧”后，就有了随着时间数值增长的效果，利用此特征来制作财富增长的效果。所以用户要尽可能地熟悉每一种效果的属性内容，加以变通，使其成为项目制作的良好素材。

3.5 镜头光晕

教学视频

工程文件：工程文件 / 第 3 章 /3.5 镜头光晕 .prproj

视频教学：视频教学 / 第 3 章 /3.5 镜头光晕 .mp4

技术要点：掌握【镜头光晕】效果的使用方法

案例思路

本案例介绍【镜头光晕】效果的两种使用方法。将一张图片校色，并添加夕阳光晕效果，再利用【镜头光晕】效果制作素材之间的转场过渡效果。

制作步骤

1. 设置项目

01 → 新建项目和【HDV 720p25】预设序列。

02 → 双击【项目】面板的空白处，导入“图片01.jpg”“图片02.jpg”和“图片03.jpg”素材文件，如图3-61所示。

03 → 在【项目】面板的空白处，执行右键菜单中的【新建项目】>【黑场视频】命令，添加素材。

04 → 选择【项目】面板中的“图片01.jpg”“图片0.2.jpg”和“图片03.jpg”素材，执行右键菜单中的【速度/持续时间】命令，在弹出的对话框中设置【持续时间】为00:00:03:00，如

图3-62所示。

图3-61

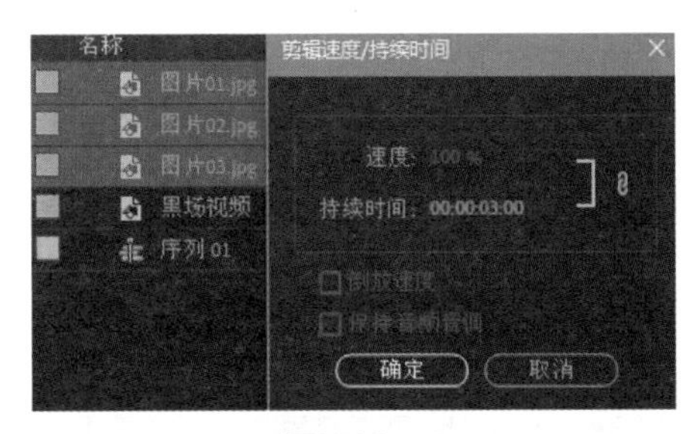

图3-62

05 → 将“图片01.jpg”～“图片03.jpg”素材拖曳至视频轨道V1中，将“黑场视频”素材拖曳至视频轨道V2的00:00:04:00位置，如图3-63所示。

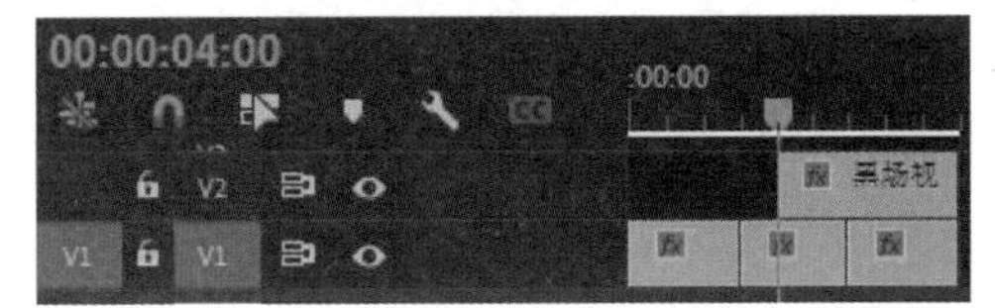

图3-63

2. 调节静帧图片

01 → 激活“图片01.jpg”素材的【效果控件】面板，双击【效果】面板中的【视频效果】>【生成】>【镜头光晕】效果和【颜色校正】>【颜色平衡】效果，添加效果，如图3-64所示。

02 → 设置【镜头光晕】效果的【光晕中心】为(500.0,200.0)，【光晕亮度】为120%，【镜头类型】为“35毫米定焦”，如图3-65所示。

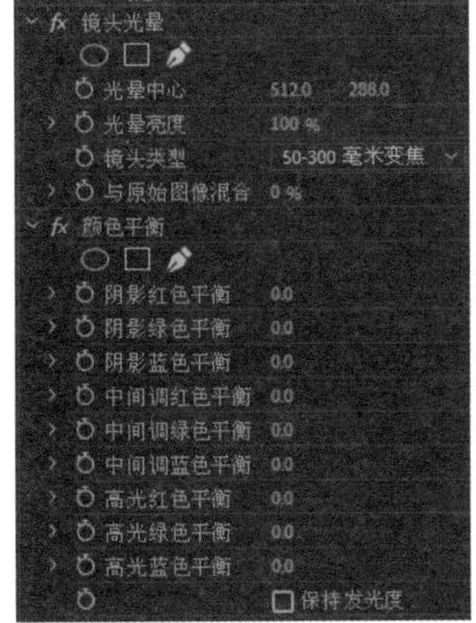

图3-64

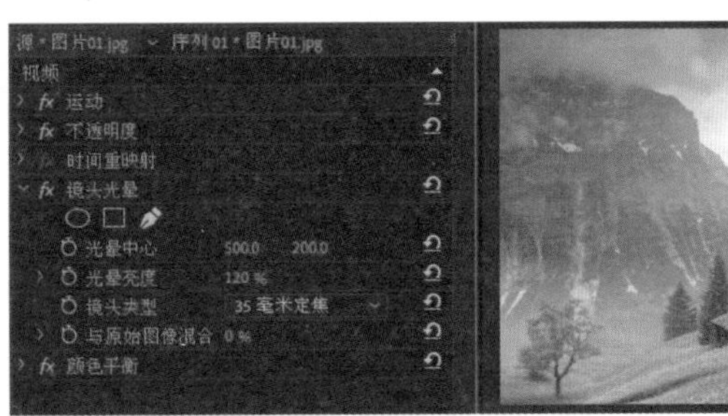

图3-65

03 → 设置【颜色平衡】效果的【阴影红色平衡】为40.0，【阴影绿色平衡】为-10.0，【阴影蓝色平衡】为-20.0，【中间调红色平衡】为30.0，【中间调绿色平衡】为-30.0，【中间调蓝色平衡】为-30.0，【高光红色平衡】为10.0，如图3-66所示。

图3-66

3. 设置转场过渡效果

01 → 将【效果】面板中的【镜头光晕】效果添加到“黑场视频”素材上。

02 → 在“黑场视频”素材的【效果控件】面板中，设置【不透明度】的【混合模式】为“滤色”，如图3-67所示。

03 → 将【当前时间指示器】移动至00:00:05:00的位置，打开【光晕中心】和【光晕亮度】的【切换动画】按钮，设置【光晕中心】为(0.0,288.0)，【光晕亮度】为0%；将【当前时间指示器】移动至00:00:06:00的位置，设置【光晕亮度】为230%；将【当前时间指示器】移动至00:00:07:00的位置，设置【光晕中心】为(1280.0,288.0)，【光晕亮度】为0%，如图3-68所示。

图3-67

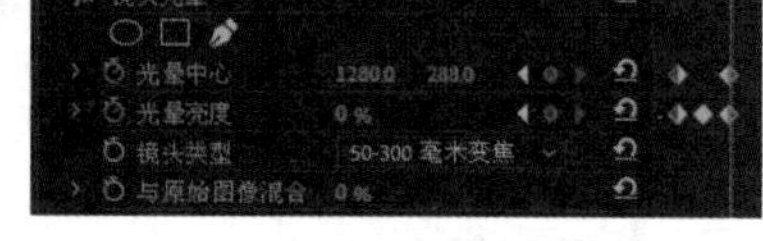

图3-68

4. 查看最终效果

在【节目监视器】面板中查看最终画面效果，如图3-69所示。

图3-69

技术总结

【镜头光晕】效果可以为静止图像添加光晕效果，也可以作用于两个素材，成为转场过渡效果。【镜头光晕】效果在转场时一定要在剪辑点处调大【光晕亮度】的数值，使其产生闪白的转场效果。

3.6 光照油画

教学视频

工程文件：工程文件 / 第 3 章 /3.6 光照油画 .prproj

视频教学：视频教学 / 第 3 章 /3.6 光照油画 .mp4

技术要点：掌握【光照效果】视频效果的使用方法

案例思路

本案例通过将一张图片调整为油画效果，从而使读者熟悉【光照效果】的使用方法。本案例的制作思路是先将图片调整为油画效果，再将其放入油画框中。

制作步骤

1. 设置项目

01 → 新建项目和【HDV 720p25】预设序列。

02 → 双击【项目】面板的空白处，导入“图片01.jpg”和“图片02.jpg”素材文件，如图3-70所示。

图3-70

03 → 将“图片01.jpg”和“图片02.jpg”素材分别拖曳至视频轨道V1和V2中，如图3-71所示。

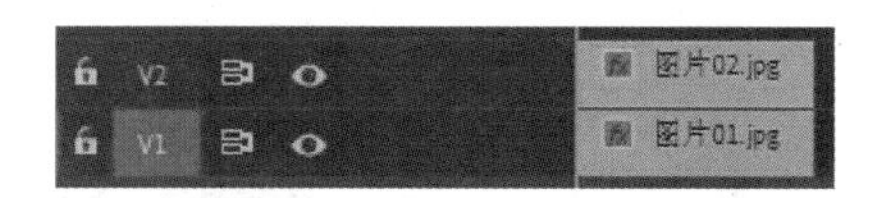

图3-71

2. 制作油画效果

01 → 激活“图片02.jpg”素材的【效果控件】面板，双击【效果】面板中的【视频效果】>【调整】>【光照效果】，添加效果，如图3-72所示。

图3-72

02 → 在【效果控件】面板中，单击【光照效果】视频效果，在【节目监视器】面板中调整【选择缩放级别】选项，手动调整照明角度和范围，如图3-73所示。

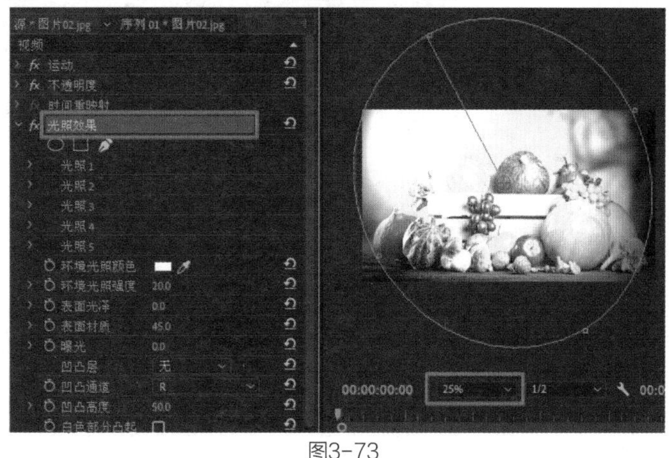

图3-73

03 → 设置【光照效果】的【环境光照颜色】为(R:70,G:0, B:255)，【环境光照强度】为65.0，【表面光泽】为100.0，【表面材质】为50.0，【曝光】为-45.0，【凹凸层】为“视频2”，【凹凸高度】为50.0，勾选【白色部分凸起】复选框，如图3-74所示。

图3-74

04 → 激活“图片02.jpg”素材的【效果控件】面板，设置【缩放】为62.0，如图3-75所示。

图3-75

3. 查看最终效果

在【节目监视器】面板中查看最终画面效果，如图3-76所示。

图3-76

技术总结

通过本案例，读者应该了解了【光照效果】功能为素材添加光线照明效果，统一画面光源的方法。本案例中还应用了一些制作技巧，如直接在【节目监视器】面板中调节部分属性效果，在【效果控件】面板中单击某些效果属性的名称可直接在【节目监视器】面板中调节效果的位置和范围等属性。

3.7 键控抠像

教学视频

工程文件：工程文件 / 第 3 章 /3.7 键控抠像 .prproj
视频教学：视频教学 / 第 3 章 /3.7 键控抠像 .mp4
技术要点：掌握使用【键控】效果抠像的方法

案例思路

本案例通过使用【键控】效果文件夹中的效果，将素材图像中不需要的部分抠除，使读者掌握抠像技术的使用方法。

制作步骤

1. 创建项目

01 → 新建项目和【HDV 720p25】预设序列。

02 → 双击【项目】面板的空白处，导入“图片01.jpg”“图片02.png”和“图片03.jpg”素材文件，如图3-77所示。

图3-77

2. 设置通道

01 → 将“图片01.jpg”和“图片02.png”素材分别拖曳至视频轨道V1和V2上，如图3-78所示。

图3-78

02 → 激活“图片02.png”素材的【效果控件】面板，设置【位置】为(500.0,360.0)，【缩放】为75.0，如图3-79所示。

图3-79

03→ 激活“图片01.jpg”素材的【效果控件】面板，双击【效果】面板中【视频效果】>【键控】>【轨道遮罩键】效果，设置【遮罩】为“视频2”，如图3-80所示。

图3-80

04→ 继续设置“图片01.jpg”素材的【位置】为(1000.0,360.0)，【缩放】为90.0，如图3-81所示。

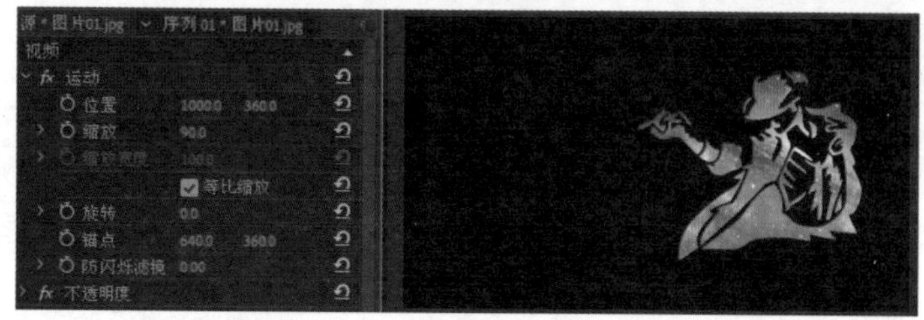

图3-81

3. 提取标题

01→ 将“图片03.jpg”素材拖曳至视频轨道V3上，并将序列中素材的出点移动至00:00:04:00的位置，如图3-82所示。

02→ 为“图片03.jpg”素材添加【视频效果】>【过时】>【非红色键】效果和【键控】>【颜色键】效果，如图3-83所示。

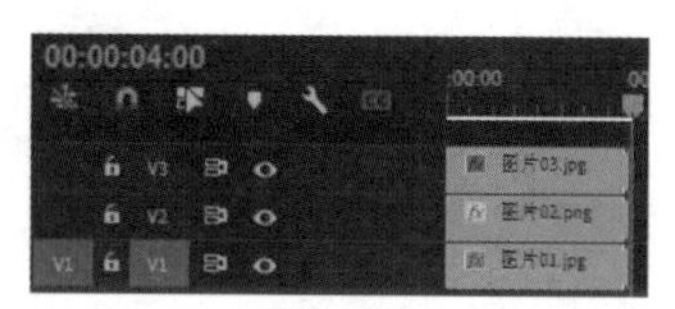

图3-82

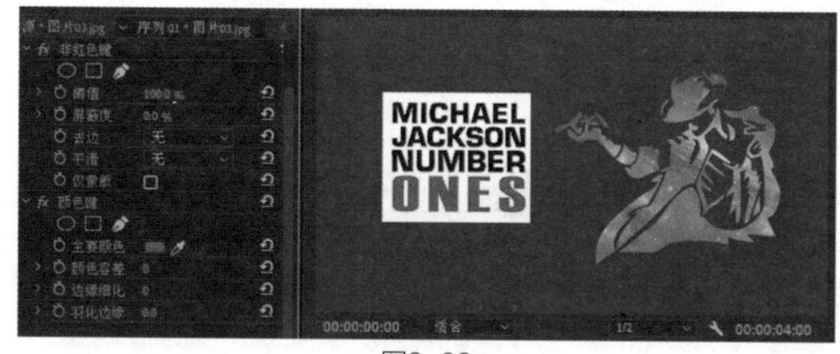

图3-83

03→ 设置【非红色键】效果的【阈值】为50.0%，【颜色键】效果的【主要颜色】为(R:255,G:255,B:255)，【颜色容差】为255，【边缘细化】为-3，如图3-84所示。

提示

【非红色键】效果可以同时去除素材中的蓝色和绿色背景。因为在摄影棚拍摄时，多选用蓝色或绿色作为背景颜色。

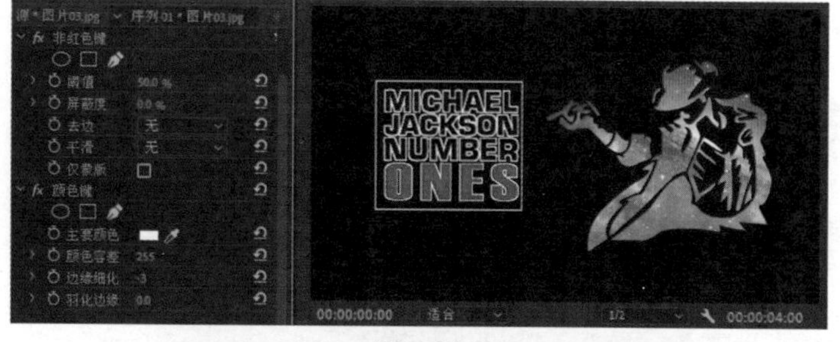

图3-84

4. 查看最终效果

在【节目监视器】面板中查看最终画面效果，如图3-85所示。

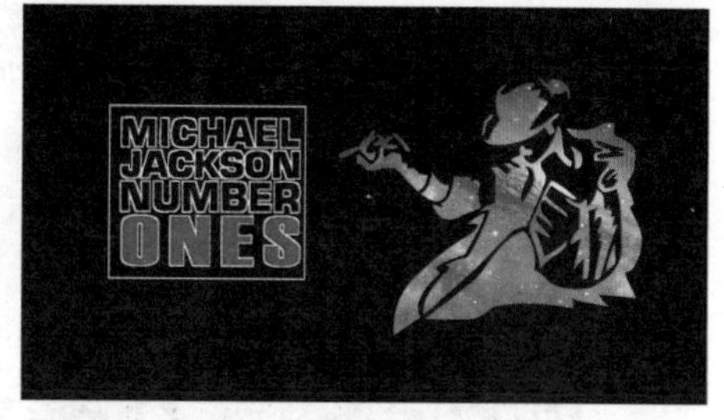

图3-85

技术总结

通过本案例，读者应该了解抠像技术的使用方法了。【轨道遮罩键】效果可以选择遮罩选取的位置和大小，也可以调整所选素材的位置和大小，但这两个所作用的素材是不一样的，所以在操作时需认真分清。【颜色键】效果本身是去除颜色的，但反其道而行之，可以将【边缘细化】数值设为负数，这样就会保留一些原来的颜色，得到描边的效果。

3.8 马赛克效果

教学视频

工程文件：工程文件 / 第 3 章 /3.8 马赛克效果 .prproj

视频教学：视频教学 / 第 3 章 /3.8 马赛克效果 .mp4

技术要点：掌握给视频人物制作【马赛克】效果的方法

案例思路

本案例主要介绍视频中【马赛克】效果的制作方法，思路是先单独提取需要制作【马赛克】效果的部分，使其覆盖在原始图像之上即可。

制作步骤

1. 设置项目

01→ 新建项目，双击【项目】面板的空白处，弹出【导入】对话框，导入“视频01.mp4”素材文件，如图3-86所示。

02→ 选择【项目】面板中的“视频01.mp4”素材，执行右键菜单中的【从剪辑新建序列】命令，素材会在新建的序列中显示，如图3-87所示。

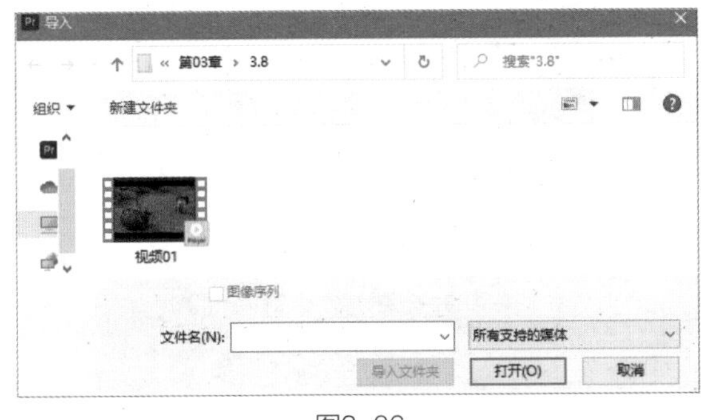

图3-86

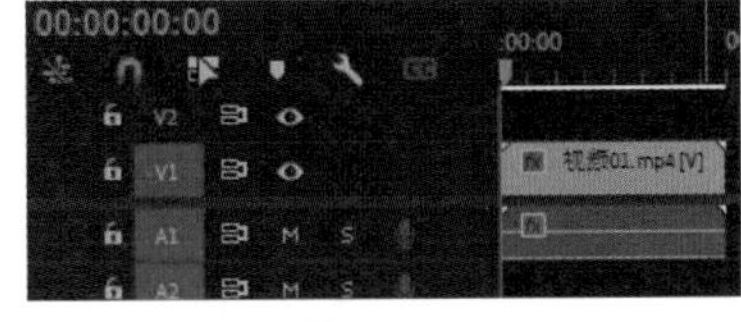

图3-87

03→ 选择音频部分，然后按键盘上的 Delete键，即可删除音频，如图3-88所示。

04→ 按住Alt键的同时将视频轨道V1中的素材拖曳至视频轨道V2中，复制素材，并关闭视频轨道V1的【切换轨道输出】功能，如图3-89所示。

2. 制作局部效果

01 → 添加效果。激活视频轨道V2上“视频01.mp4”素材的【效果控件】面板，双击【效果】面板中的【视频效果】>【变换】>【裁剪】效果和【风格化】>【马赛克】效果，并关闭【马赛克】效果的【切换效果开关】按钮，如图3-90所示。

图3-88

图3-89

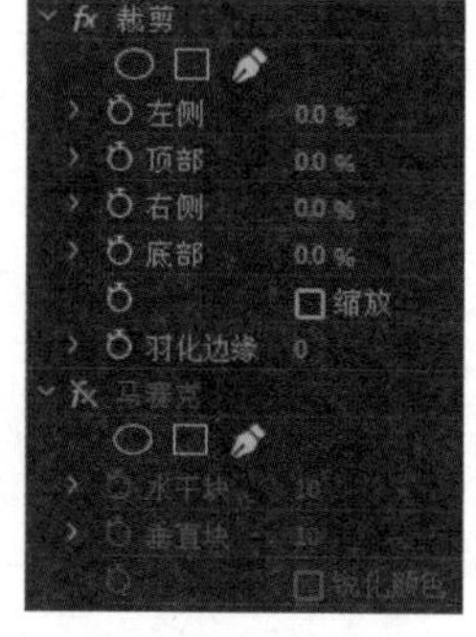

图3-90

02 → 将【当前时间指示器】移动至00:00:01:00的位置，打开【左侧】【顶部】【右侧】和【底部】的【切换动画】按钮，设置【左侧】为68.0%，【顶部】为25.0%，【右侧】为20.0%，【底部】为53.0%，【羽化边缘】为20，如图3-91所示。

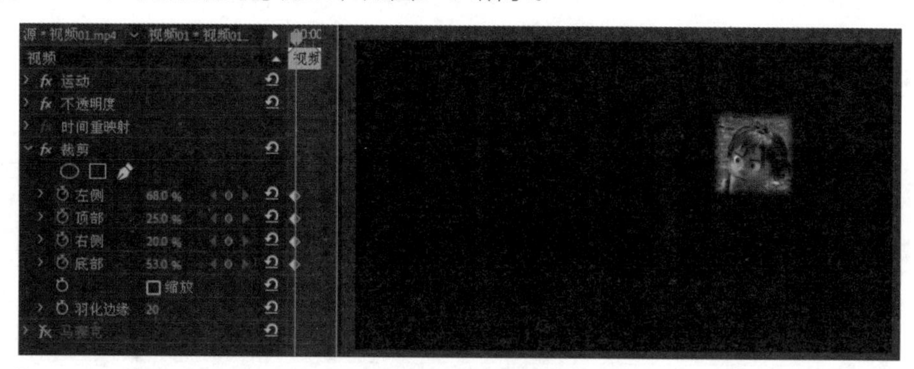

图3-91

03 → 打开视频轨道V1的【切换轨道输出】功能，双击【效果控件】面板中的【裁剪】效果，使其在【节目监视器】面板中显示边界区域。

04 → 将【当前时间指示器】移动至00:00:01:23的位置，设置【左侧】为48.0%，【顶部】为30.0%，【右侧】为38.0%，【底部】为47.0%，如图3-92所示。

图3-92

05 → 将【当前时间指示器】移动至00:00:02:03的位置，设置【左侧】为43.0%，【顶部】为39.0%，【右侧】为43.0%，【底部】为40.0%，如图3-93所示。

图3-93

06→ 将【当前时间指示器】移动至00:00:02:14的位置，设置【左侧】为60.0%，【顶部】为28.0%，【右侧】为25.0%，【底部】为50.0%，如图3-94所示。

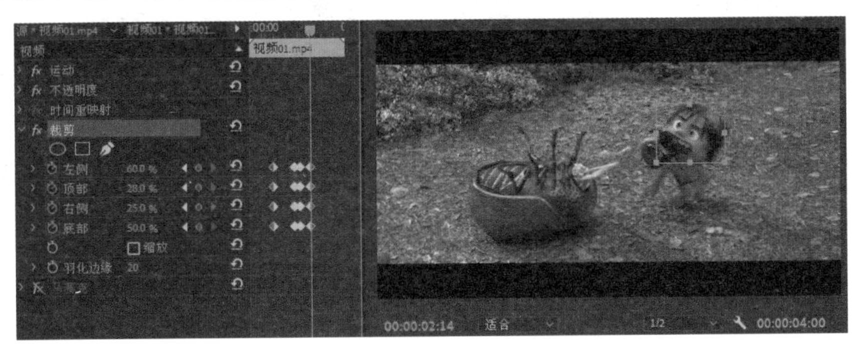

图3-94

07→ 将【当前时间指示器】移动至00:00:02:20的位置，设置【左侧】为65.0%，【顶部】为34.0%，【右侧】为22.0%，【底部】为44.0%，如图3-95所示。

图3-95

08→ 开启【马赛克】效果的【切换效果开关】按钮，设置【水平块】为50，【垂直块】为50，如图3-96所示。

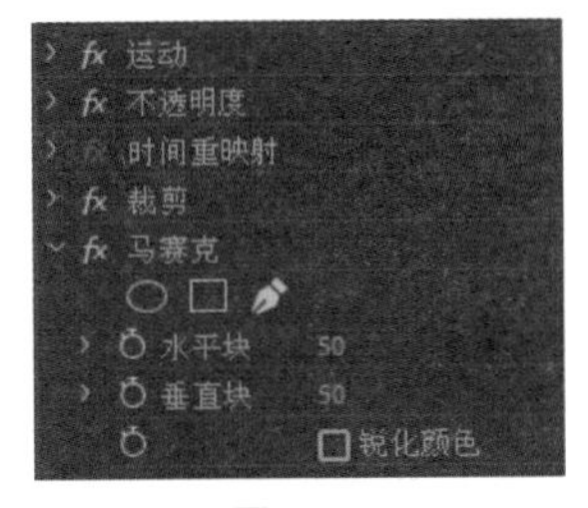

图3-96

3. 查看最终效果

在【节目监视器】面板中查看最终画面效果，如图3-97所示。

图3-97

技术总结

通过本案例，读者应该已经掌握了马赛克效果的制作方法。本案例在制作时有几个小技巧：在裁剪局部画面时，为了明显看出裁剪画面的内容，需关闭显示下层重复的画面内容，以方便查看；在选取关键帧时，要先选择首尾动作变化的帧为关键帧，然后找寻动作转折的帧为关键帧，最后调整画面出现问题较大的帧，这样可以减少关键帧的数量，保证动画的流畅；在观察运动中的截取范围时，可以在【效果控件】面板中双击【裁剪】效果，这样在【节目监视器】中就会显示蓝色的截取范围，方便制作者查看。

第4章 视频过渡

本章主要讲解视频过渡效果的使用方法，通过学习读者可以掌握多个文件夹中的视频过渡效果的应用方法，并可以根据项目的画面内容选择适合的过渡效果。通过对6个案例的讲解，使读者掌握【交叉溶解】【页面剥落】【擦除】【棋盘】【渐变擦除】和【立方体旋转】等视频过渡效果的具体应用方法和操作技巧。

4.1 溶解过渡

教学视频

工程文件：工程文件 / 第 4 章 /4.1 溶解过渡 .prproj
视频教学：视频教学 / 第 4 章 /4.1 溶解过渡 .mp4
技术要点：掌握制作溶解效果的几种方法

案例思路

本案例主要介绍使用默认溶解效果的常用方法，以及默认过渡效果的相关设置。

制作步骤

1. 设置项目

01 → 新建项目和【HDV 720p25】预设序列。

02 → 双击【项目】面板的空白处，导入“图片01.jpg”~“图片08.jpg”素材文件，如图4-1所示。

图4-1

03 → 选择【项目】面板中的“图片01.jpg”～“图片08.jpg”素材，执行右键菜单中的【速度/持续时间】命令，在弹出的对话框中设置【持续时间】为00:00:02:00，如图4-2所示。

04 → 执行菜单【编辑】>【首选项】>【时间轴】命令，在弹出的对话框中设置【视频过渡默认持续时间】为“20帧”，如图4-3所示。

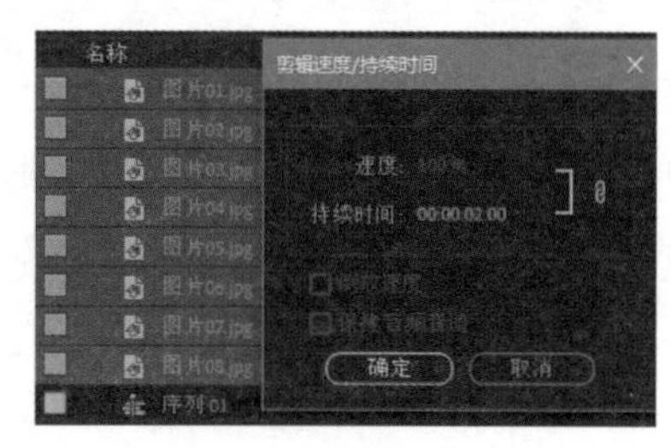
图4-2

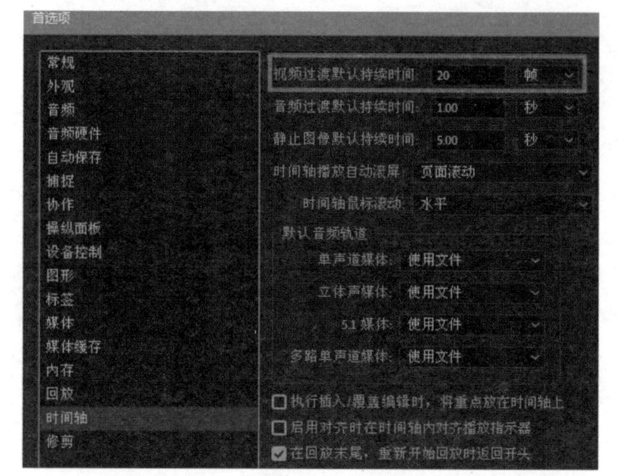
图4-3

05 → 检查【效果】面板中的【溶解】>【交叉溶解】效果是否为默认过渡效果，如果不是，则执行右键菜单中的【将所选过渡设置为默认过渡】命令，如图4-4所示。

2. 设置过渡效果

01 → 选择【项目】面板中的“图片01.jpg”～“图片05.jpg”素材，单击【自动匹配序列】按钮，如图4-5所示。

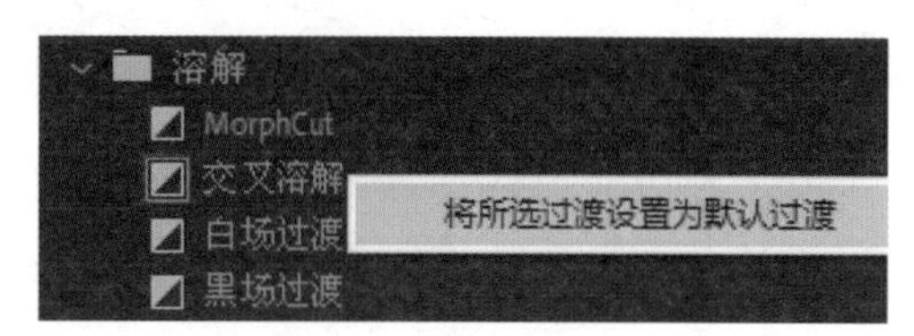

图4-4

图4-5

02 → 在弹出的【序列自动化】对话框中，设置【剪辑重叠】为“20帧”，选择【每个静止剪辑的帧数】选项，并设置为“60帧”，如图4-6所示。

03 → 将“图片06.jpg”～“图片08.jpg”素材拖曳至00:00:08:20的位置，如图4-7所示。

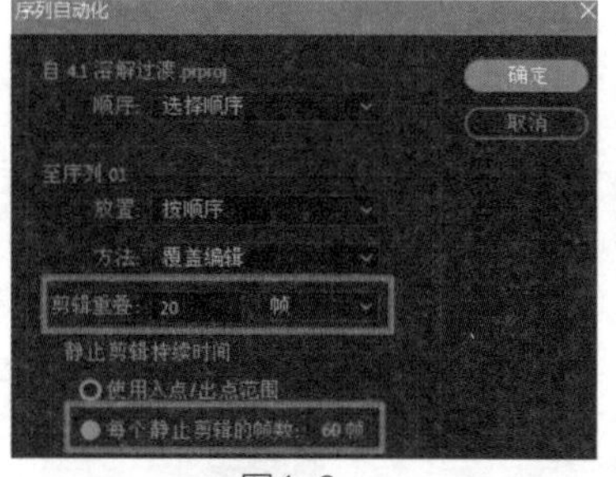
图4-6

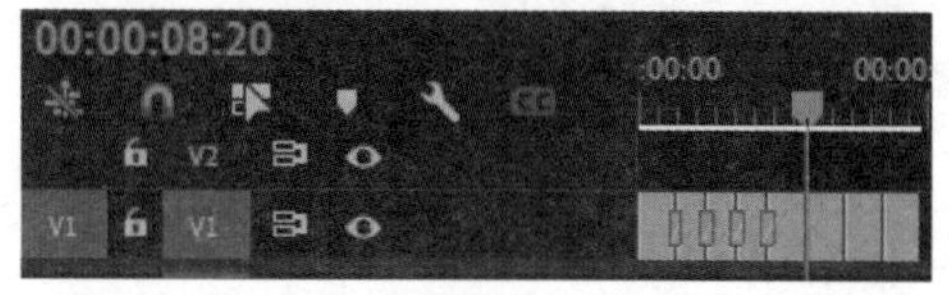

图4-7

04 → 将【效果】面板中的【视频过渡】>【溶解】>【交叉溶解】过渡效果拖曳至素材“图片05.jpg”和“图片06.jpg”素材之间，如图4-8所示。

05 → 将鼠标指针移动至素材“图片06.jpg”和“图片07.jpg”之间的编辑点处，并执行右键菜单中的【应用默认过渡】命令，如图4-9所示。

06 → 激活素材“图片07.jpg”和“图片08.jpg”之间的编辑点，并使用键盘上的快捷键Ctrl+D，如图4-10所示。

07 → 选择序列出点，执行菜单【序列】>【应用视频过渡】命令，双击添加的效果，在弹出的对话框中设置【持续时间】为00:00:01:00，如图4-11所示。

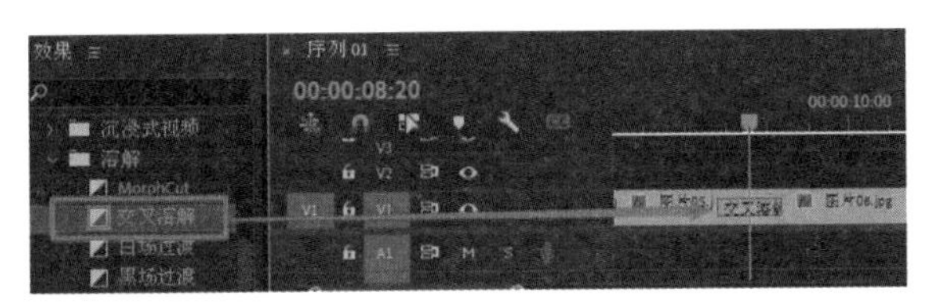

图4-8

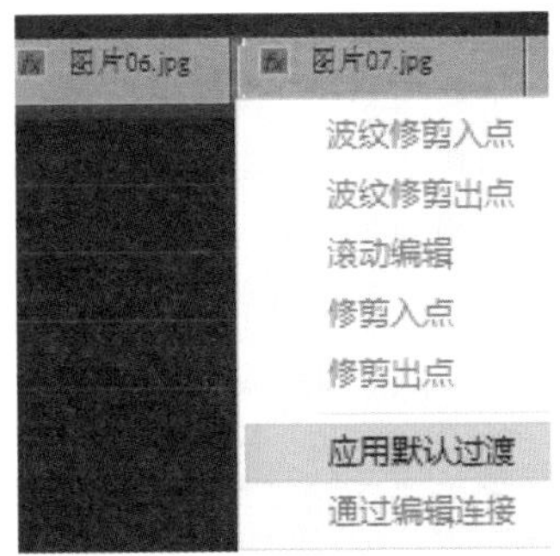

图4-9

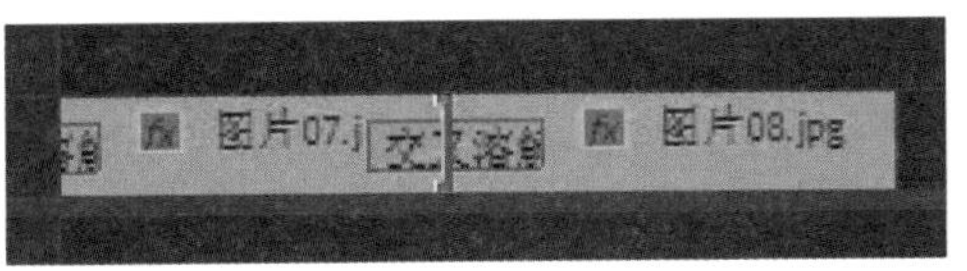

图4-10

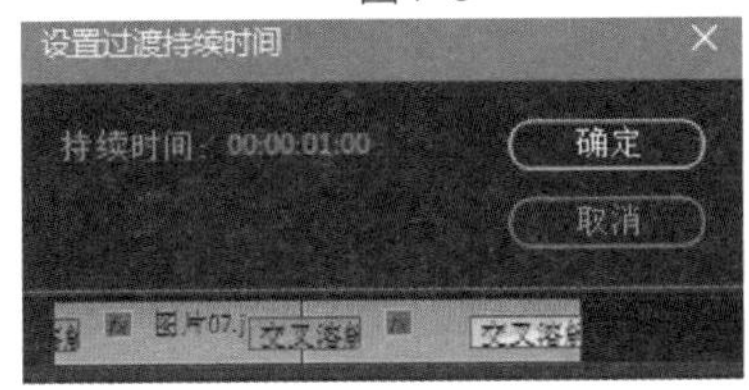

图4-11

3. 查看最终效果

在【节目监视器】面板中查看最终画面效果，如图4-12所示。

图4-12

技术总结

通过本案例，读者应该已经掌握添加默认过渡效果的常用方法了。除了溶解效果，还可以设置其他过渡效果为默认过渡效果，并在【首选项】对话框中事先设置好过渡时长。此外，还有许多其他的方法可以实现渐变叠化的效果，如使用素材的不透明度属性。

4.2 喵的相册

教学视频

工程文件：工程文件 / 第 4 章 /4.2 喵的相册 .prproj
视频教学：视频教学 / 第 4 章 /4.2 喵的相册 .mp4
技术要点：掌握【页面剥落】过渡效果的使用方法

案例思路

本案例利用【页面剥落】过渡效果来模拟翻动相册的效果，思路是先制作一个相册封面，然后依次添加相册内容，最后添加过渡效果。

制作步骤

1. 设置项目

01→ 新建项目和【HDV 720p25】预设序列。

02→ 双击【项目】面板的空白处，导入“图片01.jpg”～“图片06.jpg”素材文件，如图4-13所示。

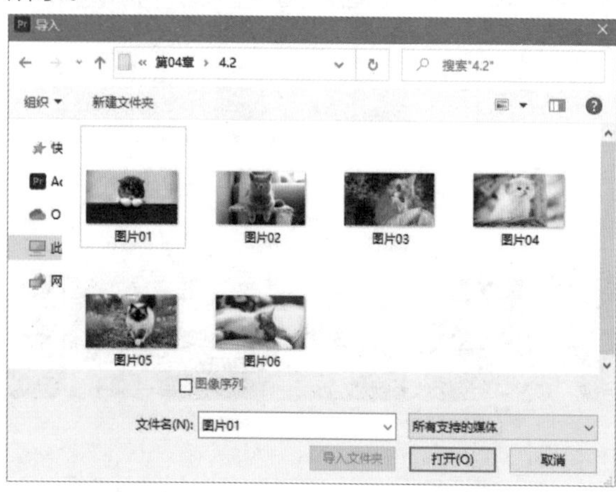

图4-13

03→ 选择【项目】面板中的“图片01.jpg”～“图片06.jpg”素材，执行右键菜单中的【速度/持续时间】命令，在弹出的对话框中设置【持续时间】为00:00:02:00，如图4-14所示。

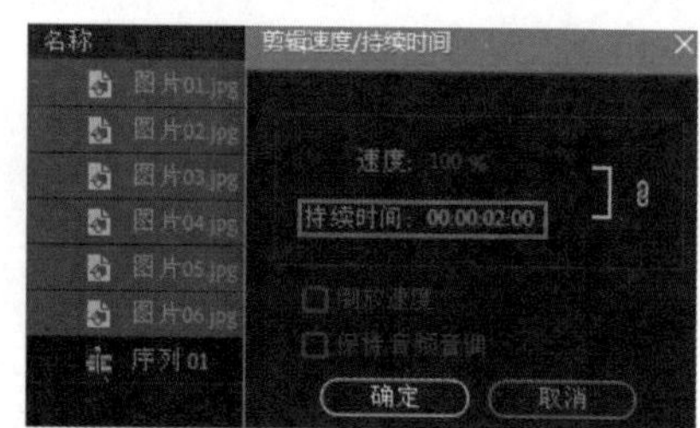

图4-14

04→ 将“图片01.jpg”～“图片06.jpg”素材拖曳至视频轨道V1中，然后执行菜单【图形】>【新建图层】>【文本】命令，并将“新建文本图层”的出点与视频轨道V1中的“图片01.jpg”素材的出点位置对齐，如图4-15所示。

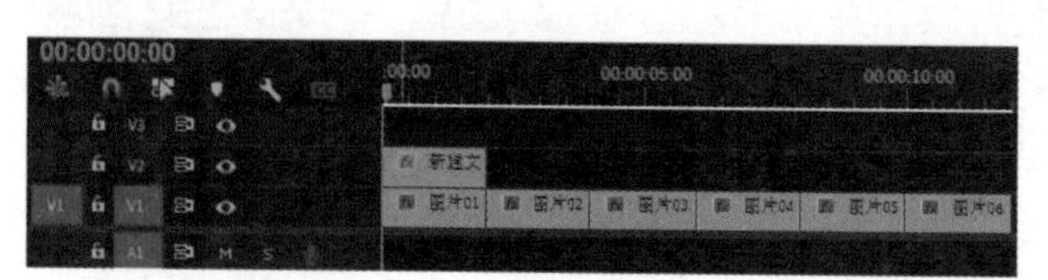

图4-15

2. 制作相册

01→ 在【节目监视器】面板中，设置“新建文本图层”，文本的内容为“喵的相册”，如图4-16所示。

02→ 激活文本的【效果控件】面板，设置【字体】为“微软雅黑”，【字体样式】为“粗体”，【对齐】为“居中对齐文本”，填充为(R:200,G:160,B:150)，【位置】为(640.0,615.0)，如图4-17所示。

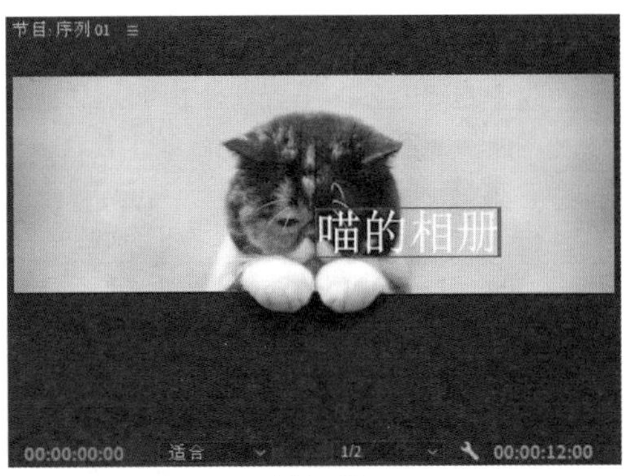

图4-16

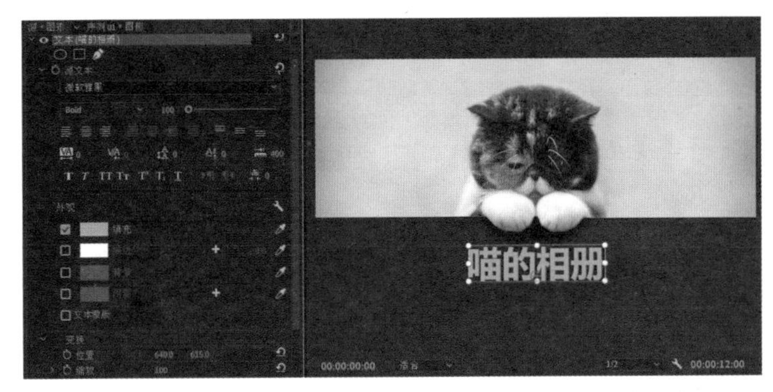

图4-17

03→ 选择序列中的“喵的相册”和“图片01.jpg”素材，执行右键菜单中的【嵌套】命令，序列中会显示新建的“嵌套序列01”素材，如图4-18所示。

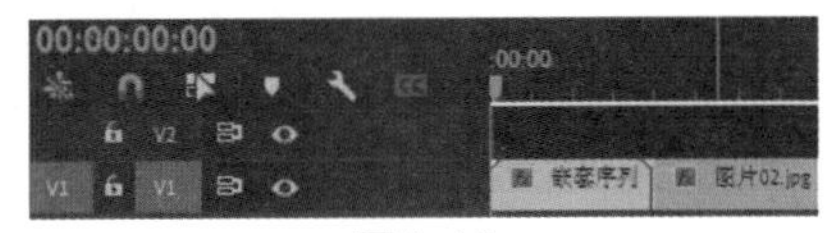

图4-18

04→ 将【效果】面板中的【视频过渡】>【Page Peel（页面剥落）】>【Page Peel（页面剥落）】过渡效果，依次拖曳至00:00:02:00、00:00:04:00、00:00:06:00、00:00:08:00和00:00:10:00的位置，如图4-19所示。

05→ 依次单击序列中的【页面剥落】效果，在【效果控件】面板中设置【边缘选择器】为“自东南向西北”，【对齐】为“终点切入”，【持续时间】为00:00:00:20，如图4-20所示。

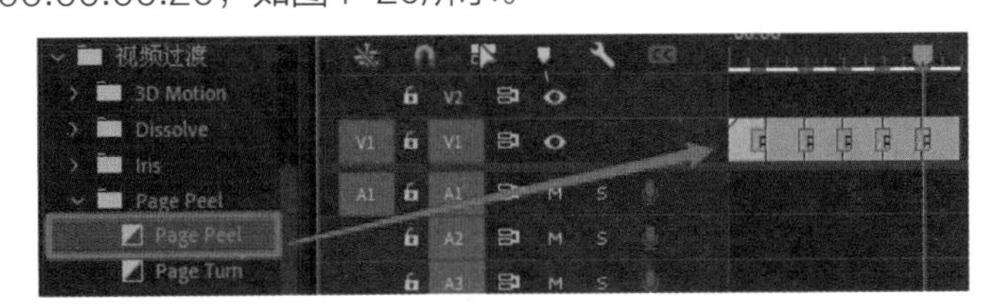

图4-19

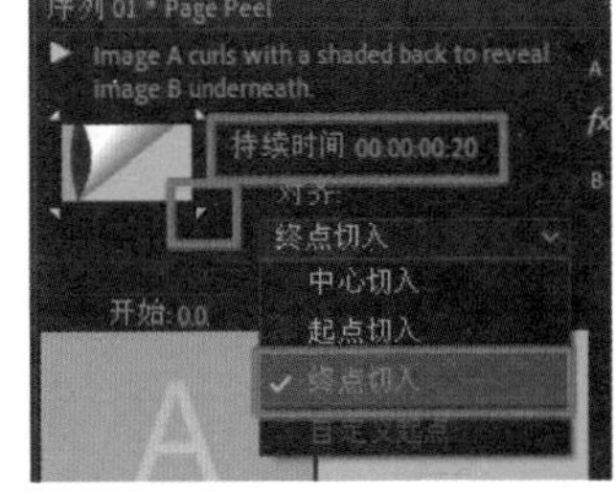

图4-20

提 示

在00:00:02:00中添加过渡效果时，默认的对齐方式为“终点切入”，这是因为软件自动将“嵌套序列 01”素材默认为视频素材，而常规视频素材的长度是固定的，不适合作为过渡效果延伸内容。如果过渡到下一素材，也只是将最后一帧的画面内容进行过渡。

3. 查看最终效果

在【节目监视器】面板中查看最终画面效果，如图4-21所示。

图4-21

技术总结

通过本案例，读者应该掌握【页面剥落】过渡效果的使用方法了。过渡效果可以在【效果控件】面板中详细设置，有些效果还可以设置其过渡的起始方向。

4.3 画卷展开

教学视频

工程文件：工程文件 / 第 4 章 /4.3 画卷展开 .prproj

视频教学：视频教学 / 第 4 章 /4.3 画卷展开 .mp4

技术要点：掌握【擦除】过渡效果的使用方法

案例思路

本案例利用【擦除】过渡效果来模拟画卷展开的效果，思路是先制作两个画轴，遮挡画卷边缘，然后制作展开的效果。

制作步骤

1. 创建项目

01→ 新建项目，然后双击【项目】面板的空白处，弹出【导入】对话框，导入“图像.png”素材文件，如图4-22所示。

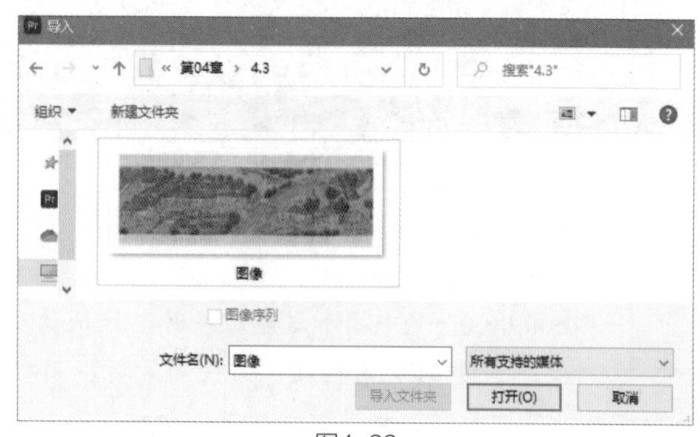

图4-22

02→ 选择【项目】面板中的“图像.png”素材，执行右键菜单中的【从剪辑新建序列】命令，素材会在新建的序列中显示，如图4-23所示。

2. 制作画轴

01→ 右击【项目】面板的空白处，执行右键菜单中的【新建项目】>【黑场视频】命令，在弹出的【新建黑场视频】对话框中设置【宽度】为100，【高度】为720，如图4-24所示。

02→ 将“黑场视频”素材拖曳至视频轨道V2上，如图4-25所示。

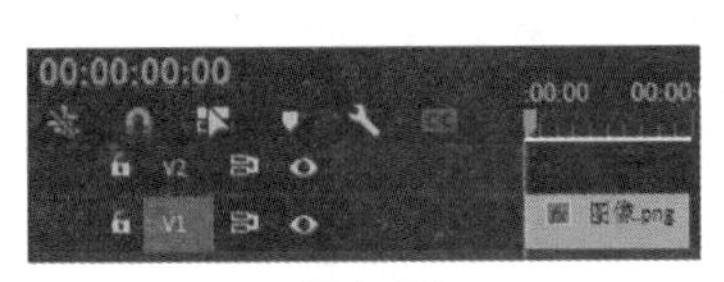

图4-23

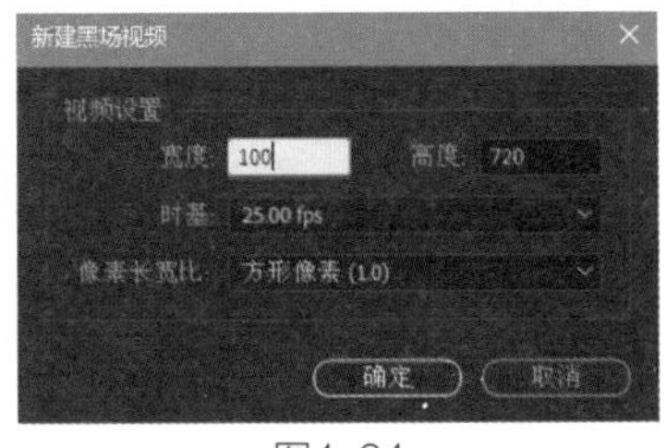

图4-24

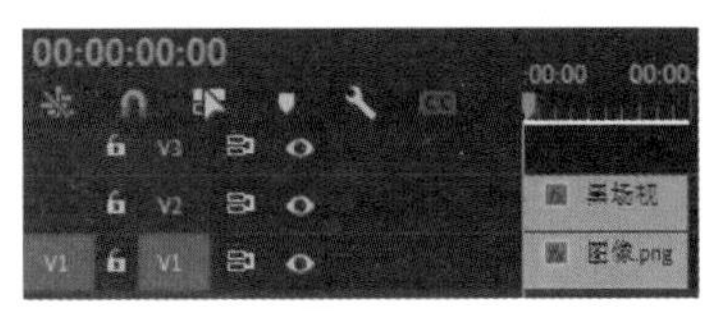

图4-25

03→ 激活“黑场视频”素材的【效果控件】面板，双击【效果】面板中的【视频效果】>【生成】>【渐变】效果和【扭曲】>【镜像】效果，添加效果，如图4-26所示。

图4-26

04→ 设置【渐变】效果的【渐变起点】为(0.0,360.0)，【起始颜色】为(R:60,G:25,B:0)，【渐变终点】为(100.0,360.0)，【结束颜色】为(R:230,G:130,B:0)，【渐变扩散】为200.0；设置【镜像】效果的【反射中心】为(50.0,360.0)，如图4-27所示。

图4-27

05→ 取消勾选【等比缩放】复选框，设置【缩放高度】为88.0，如图4-28所示。

图4-28

06→ 按住Alt键，然后将视频轨道V2上的“黑场视频”素材复制到视频轨道V3上，如图4-29所示。

07→ 将【效果】面板中的【视频效果】>【过时】>【颜色平衡(HLS)】效果添加到视频轨道V2的“黑场视频”素材上。

08→ 设置【缩放高度】为95.0，【缩放宽度】为75.0，【色相】为-10.0°，【亮度】-40.0，【饱和度】为-10.0，如图4-30所示。

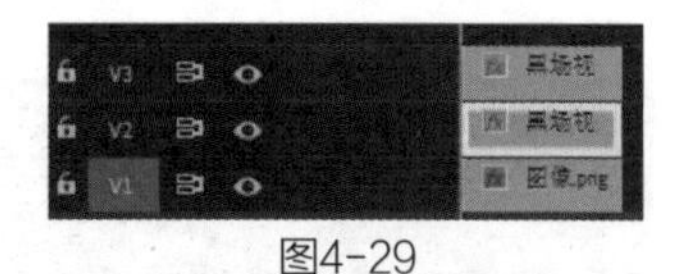

图4-29

图4-30

09→ 选择视频轨道V2和V3中的素材，执行右键菜单中的【嵌套】命令，序列中会显示新建的“嵌套序列01”素材，如图4-31所示。

3. 设置动画

01→ 将【效果】面板中的【视频过渡】>【Wipe（擦除）】>【Wipe（擦除）】过渡效果拖曳至视频轨道V1素材的入点位置，如图4-32所示。

图4-31

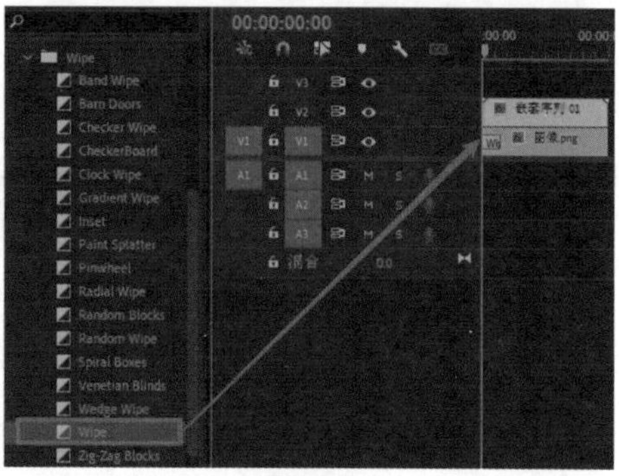

图4-32

02→ 激活【Wipe（擦除）】过渡效果的【效果控件】面板，设置【持续时间】为00:00:05:00，【开始】为2.9，如图4-33所示。

图4-33

03→ 激活“嵌套序列 01”素材的【效果控件】面板，设置【位置】为(60.0,360.0)，如图4-34所示。

图4-34

04→ 按住Alt键，然后将视频轨道V2上的“嵌套序列 01”素材复制到视频轨道V3上，如图4-35

所示。

图4-35

05→ 激活视频轨道V3中“嵌套序列 01”素材的【效果控件】面板，将【当前时间指示器】移动至00:00:00:06的位置，打开【位置】的【切换动画】按钮，设置【位置】为(160.0,360.0)，如图4-36所示。

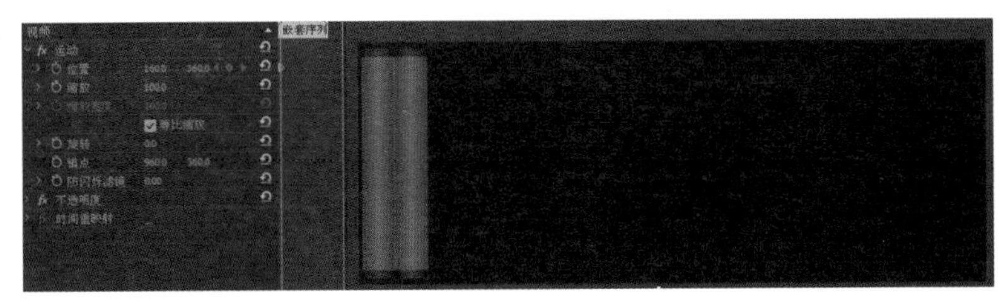
图4-36

06→ 将【当前时间指示器】移动至00:00:04:21的位置，设置【位置】为(1860.0,360.0)，如图4-37所示。

图4-37

4. 查看最终效果

在【节目监视器】面板中查看最终画面效果，如图4-38所示。

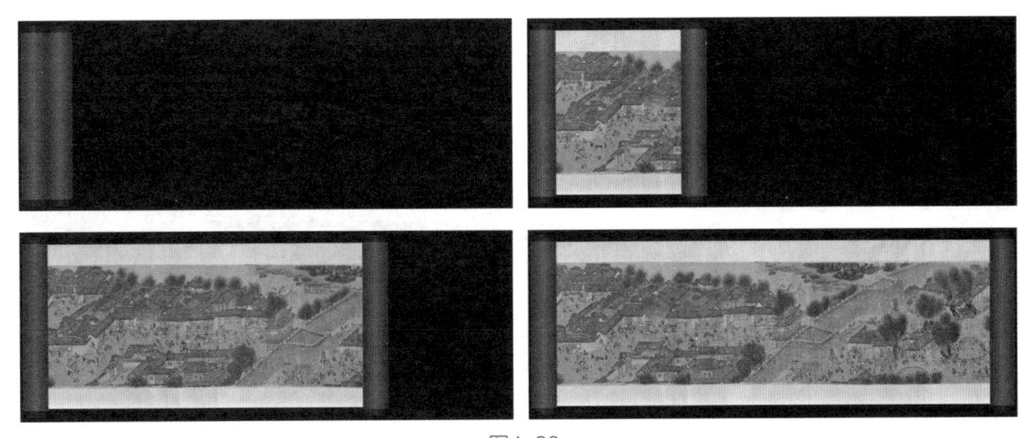
图4-38

技术总结

通过本案例，读者应该已经掌握制作展开画卷的方法了。本案例的技术要点在于画轴的运动速度和位置，必须和底层【擦除】过渡效果的运动速度和位置相匹配。所以，在制作时一定要多观察底层图像的运动速率。

4.4 形状过渡

教学视频

工程文件：工程文件 / 第 4 章 /4.4 形状过渡 .prproj
视频教学：视频教学 / 第 4 章 /4.4 形状过渡 .mp4
技术要点：掌握各种形状过渡效果的使用方法

案例思路

本案例主要介绍各种形状过渡效果的使用方法，并根据素材图像的内容选择合适的过渡效果。

制作步骤

1.创建项目

01 → 新建项目和【HDV 720p25】预设序列。

02 → 双击【项目】面板的空白处，导入“图片01.jpg”～“图片07.jpg”素材文件，如图4-39所示。

图4-39

03 → 选择【项目】面板中的所有素材，执行右键菜单中的【速度/持续时间】命令，在弹出的对话框中设置【持续时间】为00:00:02:00，如图4-40所示。

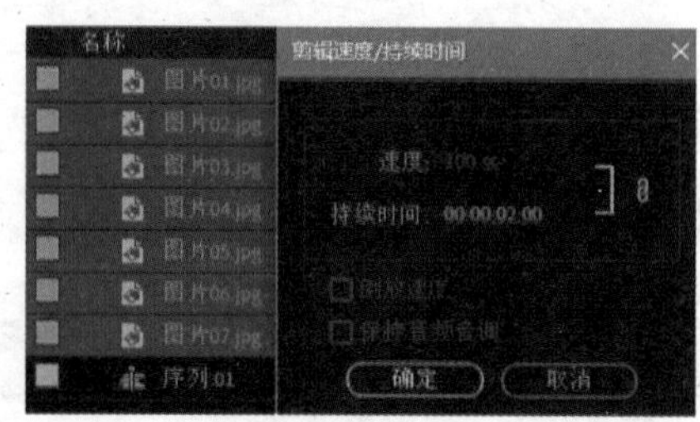
图4-40

04 → 将“图片01.jpg”～“图片07.jpg”素材拖曳至视频轨道V1中，如图4-41所示。

2. 设置过渡效果

01 → 将【效果】面板中的【视频过渡】>【Wipe（擦除）】>【CheckerBoard（棋盘）】过渡效果拖曳至“图片01.jpg”和“图片02.jpg”素材之间，如图4-42所示。

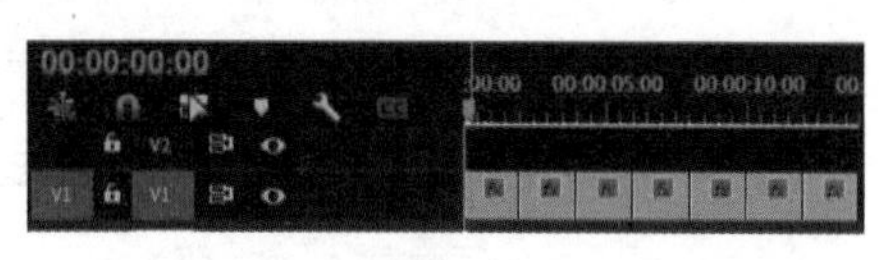
图4-41

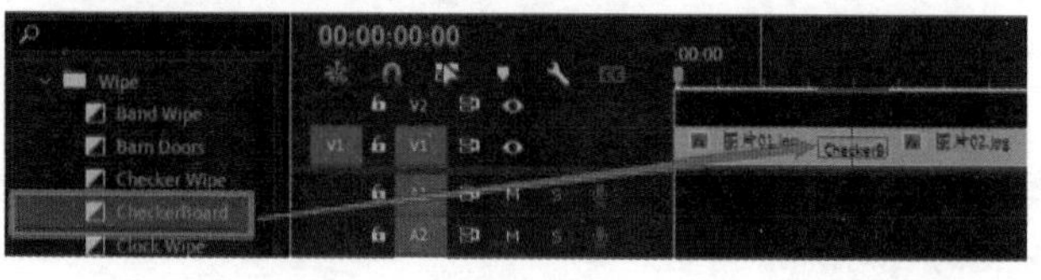
图4-42

02→ 激活【棋盘】过渡效果的【效果控件】面板，单击【自定义】按钮，设置【水平切片】为32，【垂直切片】为32，如图4-43所示。

图4-43

03→ 将【效果】面板中的【视频过渡】>【Wipe（擦除）】>【Clock Wipe（时钟式擦除）】过渡效果拖曳至“图片02.jpg”和“图片03.jpg”素材之间。

04→ 将【效果】面板中的【视频过渡】>【Wipe（擦除）】>【Pinwheel（风车）】过渡效果拖曳至“图片03.jpg”和“图片04.jpg”素材之间。

05→ 激活【风车】过渡效果的【效果控件】面板，单击【自定义】按钮，设置【楔形数量】为12，如图4-44所示。

图4-44

06→ 将【效果】面板中的【视频过渡】>【Wipe（擦除）】>【Gradient Wipe（渐变擦除）】过渡效果拖曳至“图片04.jpg”和“图片05.jpg”素材之间，在弹出的【渐变擦除设置】对话框中单击【选择图像】按钮，选择“图片08.jpg”素材，设置【柔和度】为20，如图4-45所示。

图4-45

07 → 将【效果】面板中的【视频过渡】>【Iris（划像）】>【Iris Round（圆划像）】过渡效果拖曳至“图片05.jpg”和“图片06.jpg”素材之间。

08 → 将【效果】面板中的【视频过渡】>【Iris（划像）】>【Iris Cross（交叉划像）】过渡效果拖曳至“图片06.jpg”和“图片07.jpg”素材之间。

3. 查看最终效果

在【节目监视器】面板中查看最终画面效果，如图4-46所示。

图4-46

技术总结

在视频制作中，制作技巧都是为画面服务的，所以我们需要认真地研究素材画面，选取合适的过渡效果。本案例中的素材图像，都有明显的形状特征，因此选择合适的过渡效果可以使画面转换更加自然流畅。

4.5 滑动广告

教学视频

工程文件：工程文件 / 第 4 章 /4.5 滑动广告 .prproj
视频教学：视频教学 / 第 4 章 /4.5 滑动广告 .mp4
技术要点：掌握【立方体旋转】和【推】过渡效果的使用方法

案例思路

本案例主要使用【立方体旋转】和【推】过渡效果，模拟电子广告屏中关于汽车展示的广告。

制作步骤

1. 创建项目

01→ 新建项目和【HDV 720p25】预设序列。

02→ 双击【项目】面板的空白处，导入“图片01.jpg”～“图片21.jpg”素材文件，如图4-47所示。

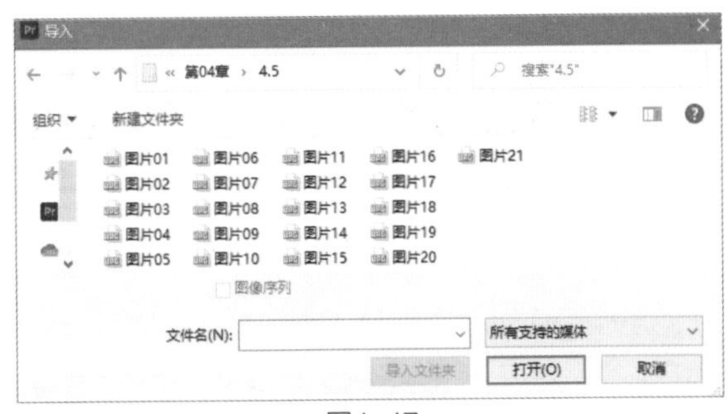

图4-47

03→ 选择【项目】面板中的所有素材，执行右键菜单中的【速度/持续时间】命令，在弹出的对话框中设置【持续时间】为00:00:02:00，如图4-48所示。

图4-48

04→ 按照顺序将“图片01.jpg”～“图片20.jpg”素材拖曳至视频轨道V1中，如图4-49所示。

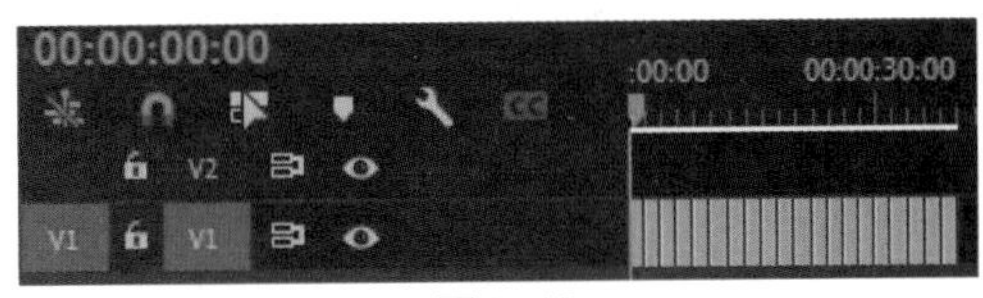

图4-49

2. 设置过渡效果

01→ 将【效果】面板中的【视频过渡】>【3D Motion（3D 运动）】>【Cube Spin（立方体旋转）】过渡效果，依次添加到00:00:02:00、00:00:04:00、00:00:06:00和00:00:08:00的位置，如图4-50所示。

02→ 再将【效果】面板中的【视频过渡】>【Slide（滑动）】>【Push（推）】过渡效果依次添加到00:00:12:00、00:00:14:00、00:00:16:00、00:00:18:00、00:00:22:00、00:00:24:00、00:00:26:00、00:00:28:00、00:00:32:00、00:00:34:00、00:00:36:00和00:00:38:00的位置，如图4-51所示。

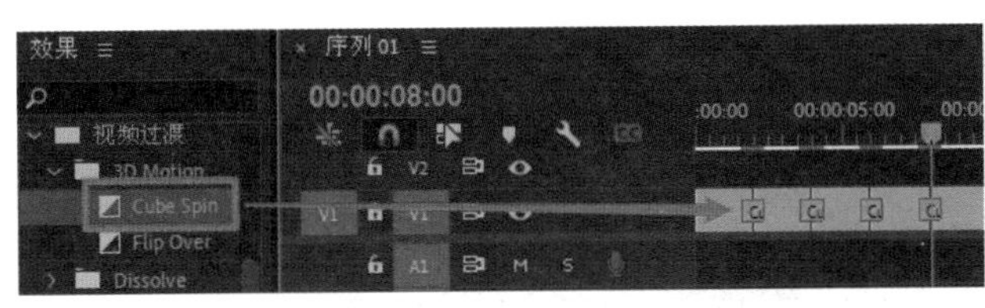

图4-50

图4-51

3. 设置图像位置

01→ 选择00:00:00:00到00:00:10:00之间的素材，执行右键菜单中的【嵌套】命令，设置名称为“嵌套序列 01”；选择00:00:10:00到00:00:20:00之间的素材，执行右键菜单中的【嵌套】命令，设置名称为“嵌套序列 02”；选择00:00:20:00到00:00:30:00之间的素材，执行右键菜单中的【嵌套】命令，设置名称为“嵌套序列 03”；选择00:00:30:00到00:00:40:00之间的素材，执行右键菜单中的【嵌套】命令，设置名称为“嵌套序列 04”，如图4-52所示。

02→ 分别将“嵌套序列 01”～“嵌套序列 04”素材移动至视频轨道V2～V5上。将“图片21.jpg”添加到视频轨道V1中，并将出点位置与视频轨道V2的出点位置对齐。关闭视频轨道V2～V4上的【切换轨道输出】功能，如图4-53所示。

图4-52

图4-53

03→ 激活视频轨道V5中“嵌套序列 04”素材的【效果控件】面板，设置【位置】为(1155.0,330.0)，【缩放】为12.0，如图4-54所示。

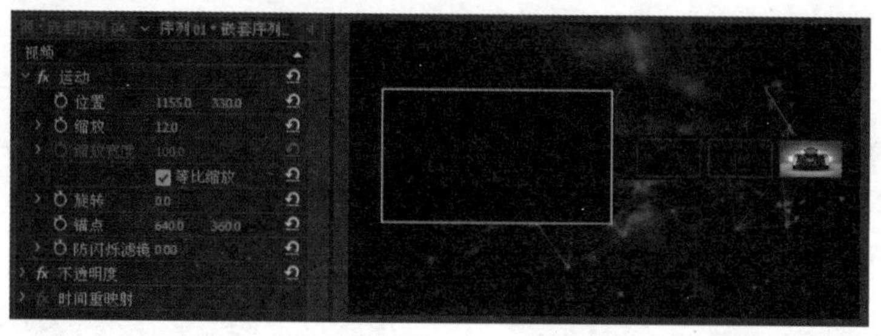

图4-54

04→ 开启视频轨道V4的【切换轨道输出】功能，激活“嵌套序列 03”素材的【效果控件】面板，设置【位置】为(980.0,330.0)，【缩放】为12.0，如图4-55所示。

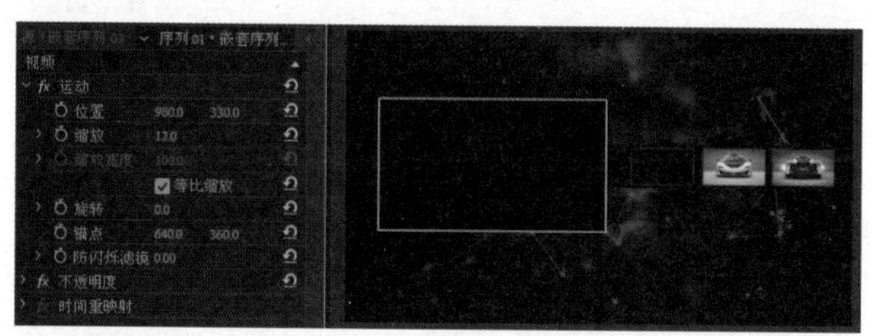

图4-55

05→ 开启视频轨道V3的【切换轨道输出】功能，激活“嵌套序列 02”素材的【效果控件】面板，设置【位置】为(800.0,330.0)，【缩放】为12.0，如图4-56所示。

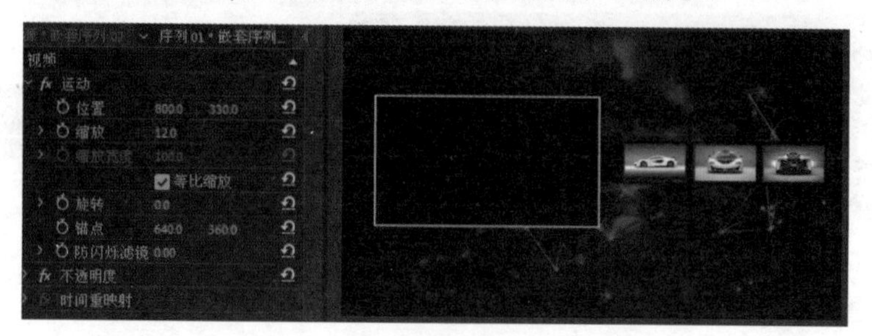

图4-56

06→ 开启视频轨道V2的【切换轨道输出】功能，激活“嵌套序列 01”素材的【效果控件】面板，设置【位置】为(370.0,330.0)，【缩放】为45.0，如图4-57所示。

图4-57

4. 查看最终效果

在【节目监视器】面板中查看最终画面效果，如图4-58所示。

图4-58

技术总结

本案例中虽然图像都是从左向右移出，但是画面效果还是有细微差别的，这样就将主要内容与次要内容区别开来，但还保持节奏的统一。

4.6 渐隐过渡

教学视频

工程文件：工程文件 / 第 4 章 /4.6 渐隐过渡 .prproj
视频教学：视频教学 / 第 4 章 /4.6 渐隐过渡 .mp4
技术要点：掌握使用【黑场过渡】效果制作预告片的方法

案例思路

本案例主要介绍使用【黑场过渡】效果制作电影预告片的方法。【黑场过渡】效果是影视创作中最为常用的转场效果，常被运用于影视宣传片中，本案例通过节奏的变化配合【黑场过渡】效果制作一个影视宣传片。

制作步骤

1. 创建项目

01→ 新建项目和【HDV 720p25】预设序列。

02→ 双击【项目】面板的空白处，导入“图片01.jpg”～“图片11.jpg”素材文件，如图4-59所示。

03→ 右击【项目】面板的空白处，执行右键菜单中的【新建项目】>【黑场视频】命令，新建素材。

图4-59

04→ 选择“图片01.jpg”～“图片03.jpg”素材和“黑场视频”素材文件，执行右键菜单中的【速度/持续时间】命令，在弹出的对话框中设置【持续时间】为00:00:02:00，如图4-60所示。

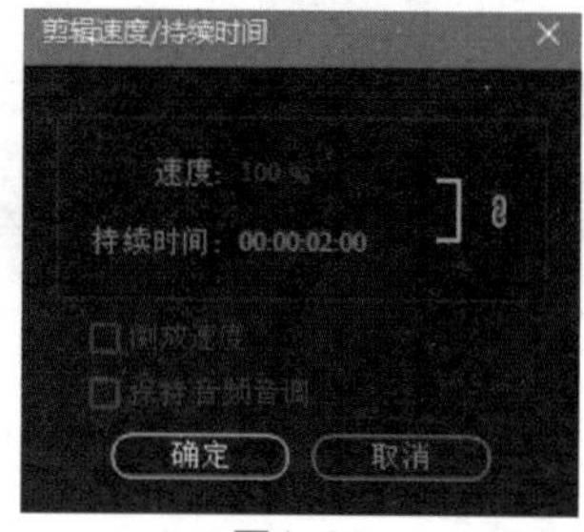

图4-60

2. 设置画面运动效果

01→ 将“图片01.jpg”～“图片03.jpg”素材和“黑场视频”素材文件添加到序列中，如图4-61所示。

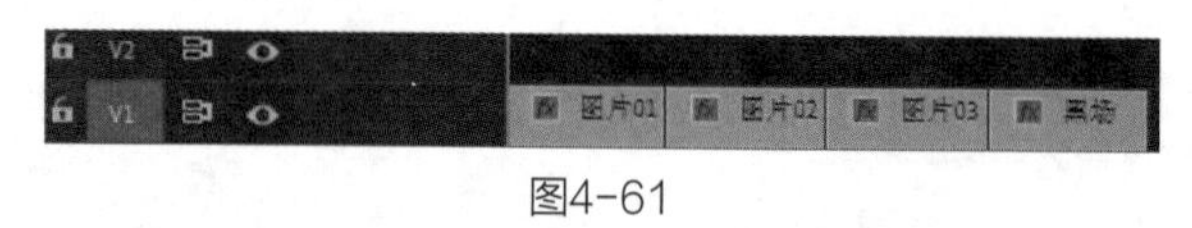

图4-61

02→ 激活“图片01.jpg”素材的【效果控件】面板，将【当前时间指示器】移动至00:00:00:00的位置，打开【缩放】的【切换动画】按钮，设置【缩放】为100.0；将【当前时间指示器】移动至00:00:01:24的位置，设置【缩放】为115.0，如图4-62所示。

03→ 激活“图片02.jpg”素材的【效果控件】面板，将【当前时间指示器】移动至00:00:02:00的位置，打开【位置】的【切换动画】按钮，设置【位置】为(690.0,360.0)，【缩放】为110.0；将【当前时间指示器】移动至00:00:03:24的位置，设置【位置】为(610.0,360.0)，如图4-63所示。

图4-62

图4-63

04→ 激活“图片03.jpg”素材的【效果控件】面板，将【当前时间指示器】移动至00:00:04:00的位置，打开【缩放】的【切换动画】按钮，设置【缩放】为130.0；将【当前时间指示器】移动至00:00:05:24的位置，设置【缩放】为120.0，如图4-64所示。

05→ 将【效果】面板中的【视频过渡】>【溶解】>【黑场过渡】效果依次添加到00:00:02:00、00:00:04:00和00:00:06:00的位置，如图4-65所示。

图4-64

图4-65

3. 设置画面节奏

01→ 选择“图片04.jpg”～“图片07.jpg”素材，执行右键菜单中的【速度/持续时间】命令，在弹出的对话框中设置【持续时间】为00:00:00:20。

02→ 选择“图片08.jpg”～“图片10.jpg”素材，执行右键菜单中的【速度/持续时间】命令，在弹出的对话框中设置【持续时间】为00:00:00:10。

03→ 依次选择“图片04.jpg”～“图片10.jpg”素材、“黑场视频”素材和“图片11.jpg”素材，将其拖曳至00:00:07:00的位置，如图4-66所示。

04→ 激活“图片11.jpg”素材的【效果控件】面板，将【当前时间指示器】移动至00:00:13:10的位置，打开【缩放】的【切换动画】按钮，设置【缩放】为100.0；将【当前时间指示器】移动至00:00:17:00的位置，设置【缩放】为113.0，如图4-67所示。

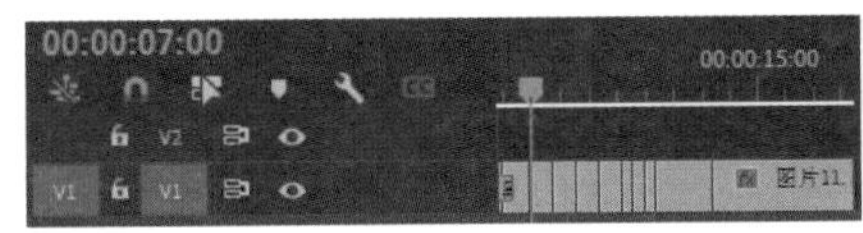

图4-66

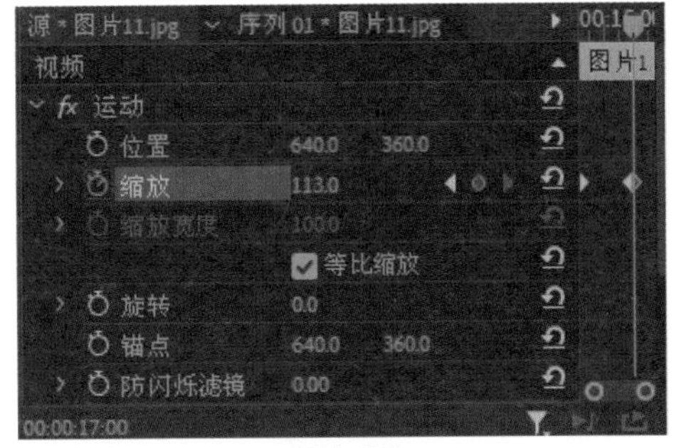

图4-67

05→ 将“图片11.jpg”素材的出点移动至00:00:17:00的位置，并执行右键菜单中的【应用默认过渡】命令，设置过渡的【持续时间】为00:00:01:05，如图4-68所示。

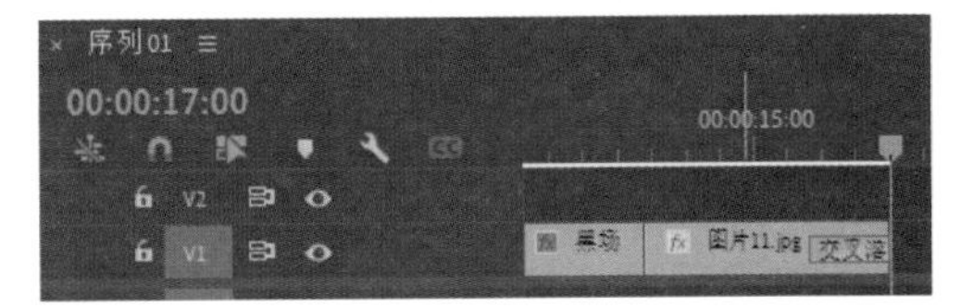

图4-68

4. 查看最终效果

在【节目监视器】面板中查看最终画面效果，如图4-69所示。

图4-69

技术总结

通过本案例，读者应该已经掌握制作**影视宣传片**的方法了。影视宣传片中的内容通常是影片中的精彩片段，画面都是不连贯的，因此镜头之间多用【黑场过渡】**效果衔接。**【黑场过渡】**效果是两个素材之间的过渡效果，无法设置两个镜头之间完全黑色画面的时长，因此使用**“黑场视频”**素材进行占位。在没有其他素材过渡的情况下，**【交叉溶解】**素材也可以产生渐隐的效果。**

第5章 音频效果

本章主要讲解音频效果和音频过渡效果的使用方法，通过学习读者可以掌握使用【基本声音】面板和【音轨混合器】面板等方式编辑声音的方法。通过对6个案例的讲解，使读者掌握【恒定增益】【通道音量】【声像器】等音频效果的应用方法和操作技巧。

5.1 音频剪辑

教学视频

工程文件：工程文件 / 第 5 章 /5.1 音频剪辑 .prproj
视频教学：视频教学 / 第 5 章 /5.1 音频剪辑 .mp4
技术要点：了解音频剪辑的方法

案例思路

本案例主要对音频素材进行简单的剪辑，并添加效果，使读者熟悉音频剪辑的方法。音频剪辑的思路与视频剪辑的思路基本相同。

制作步骤

1. 创建项目

01 新建项目和【HDV 720p25】预设序列。

02 双击【项目】面板的空白处，导入“音频01.mp3”和“音频02.mp3”素材文件，如图5-1所示。

图5-1

03 → 将“音频01.mp3”和“音频02.mp3”素材添加到序列中，如图5-2所示。

2. 查看素材

01 → 双击“音频01.mp3”素材，就会在【源监视器】面板中显示“音频01.mp3”素材的音波图，观察音波曲线变化，如图5-3所示。

图5-2

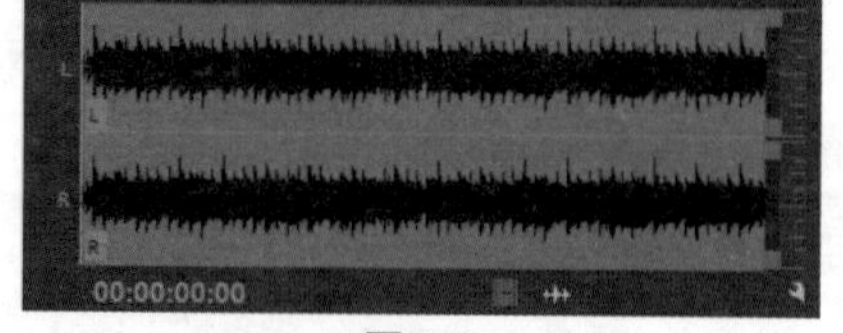

图5-3

02 → 调整音频素材的轨道高度，也可以观察到素材的音波形状，如图5-4所示。

03 → 在【项目】面板中以【列表视图】模式显示素材，观察到音频素材的显示单位与视频素材有所不同，如图5-5所示。

图5-4

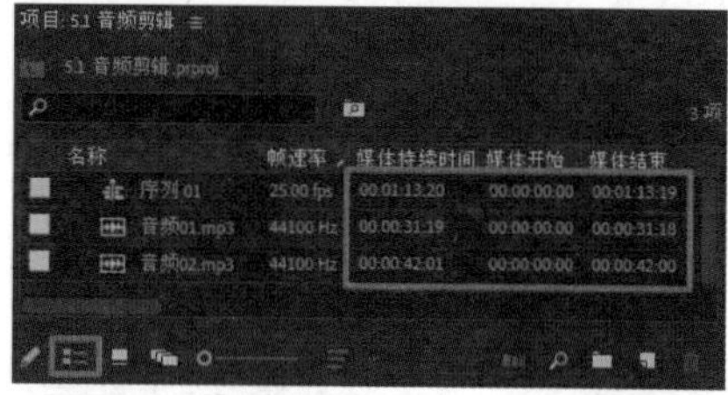

图5-5

04 → 如果需要在【时间轴】面板中显示音频时间单位，则可以单击【序列】旁的【列表】复选框，勾选【显示音频时间单位】选项，如图5-6所示。

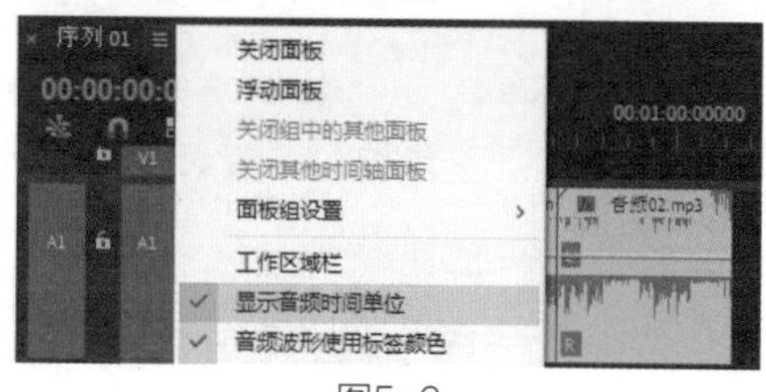

图5-6

3. 添加效果

01 → 通过观察波形，聆听声音，感觉“音频01.mp3”素材的高音分贝音量略高，因此要将高音降低一些。激活“音频01.mp3”素材的【效果控件】面板，将【效果】面板中的【音频效果】>【滤波器和EQ】>【高音】效果拖曳至【效果控件】面板中，如图5-7所示。

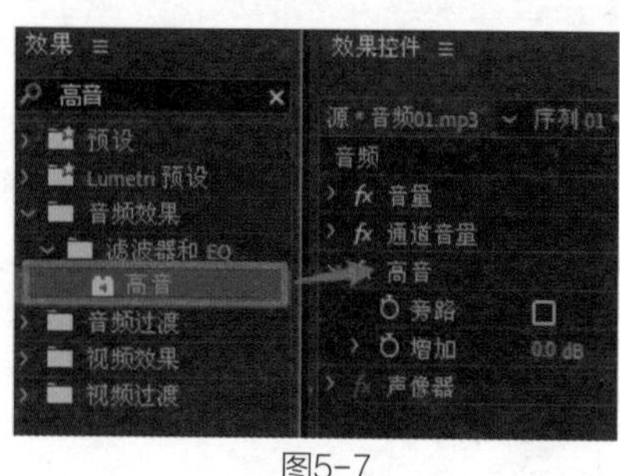

图5-7

02 → 设置【高音】效果的【增加】为-20.0dB，如图5-8所示。

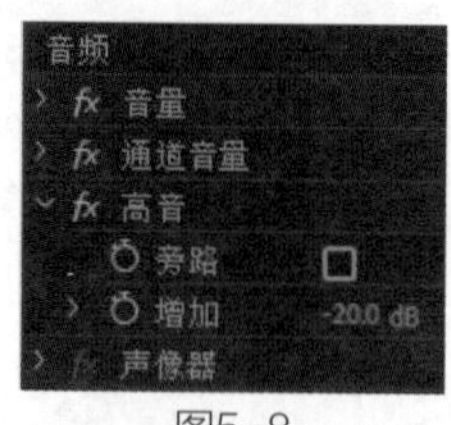

图5-8

03 → 分别在00:00:08:00、00:00:55:00和00:01:04:00的位置，执行菜单【序列】>【添加编辑】命令，如图5-9所示。

04 → 分别选择00:00:08:00到00:00:55:00之间的素材，以及00:01:04:00右侧的素材，执行右键菜单中的【波纹删除】命令，如图5-10所示。

4. 添加过渡效果

01 激活【效果】面板，将【音频过渡】>【交叉淡化】>【恒定增益】效果添加到两个素材之间，如图5-11所示。

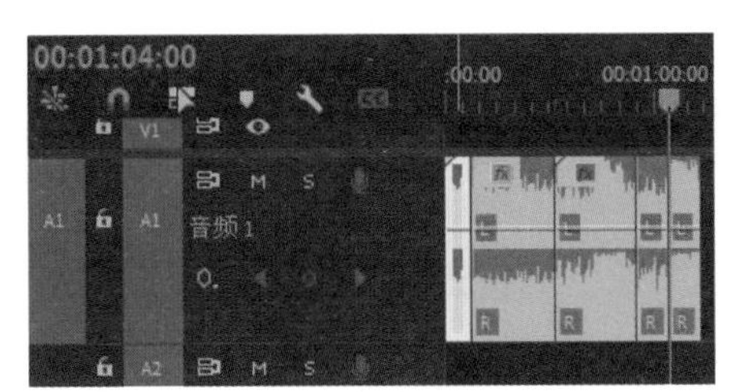

图5-9

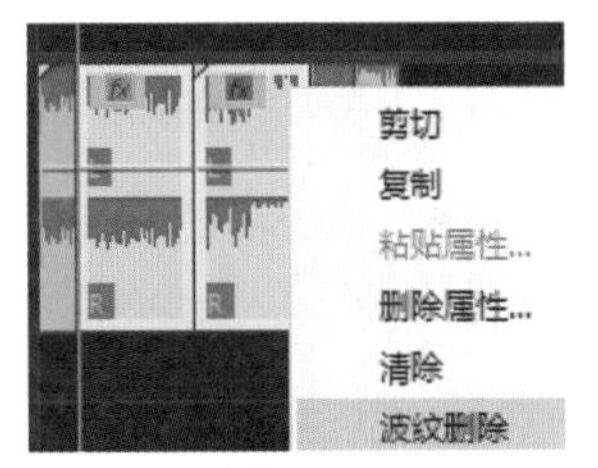

图5-10

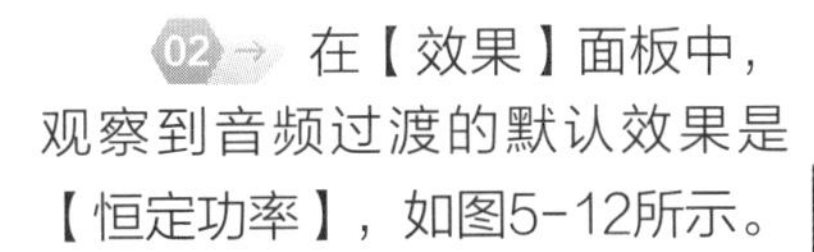

02 在【效果】面板中，观察到音频过渡的默认效果是【恒定功率】，如图5-12所示。

03 在序列出点位置，执行右键菜单中的【应用默认过渡】命令，如图5-13所示。

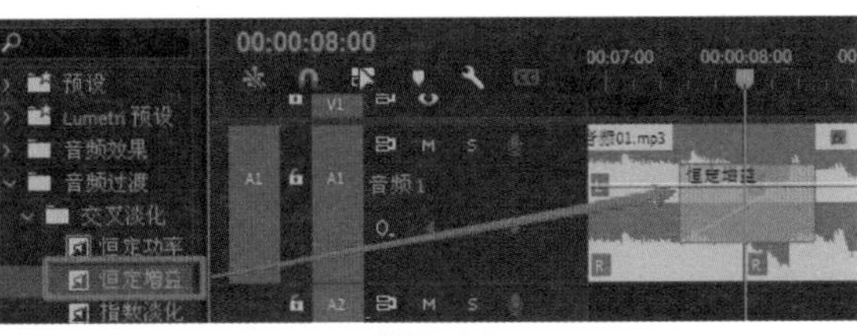

图5-11

图5-12

04 分别单击两种过渡效果，在【效果控件】面板中设置【持续时间】为00:00:04:00，如图5-14所示。

5. 查看最终效果

在【节目监视器】面板中欣赏最终声音效果。

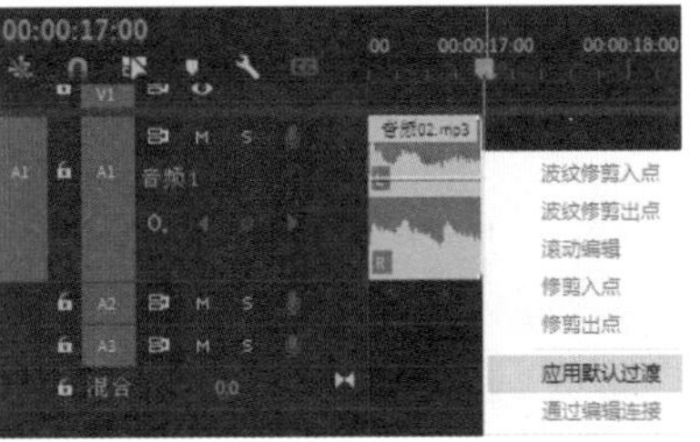

图5-13

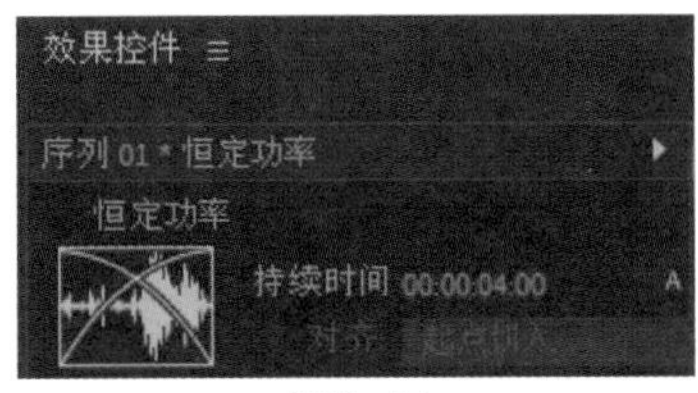

图5-14

技术总结

通过本案例，读者应该已经熟悉音频的剪辑方法了。本案例应用了查看音频波形、监听音频声音、剪辑音频素材、添加音频效果和添加音频过渡效果等制作方法。

5.2 平衡效果

教学视频

工程文件：工程文件 / 第 5 章 /5.2 平衡效果 .prproj

视频教学：视频教学 / 第 5 章 /5.2 平衡效果 .mp4

技术要点：掌握调节左右声道的方法

案例思路

本案例主要介绍调节左右声道音量的方法，通过【通道音量】和【声像器】效果调整左右声道的音量，从而模拟出飞机从左侧向右侧掠过的效果。

制作步骤

1. 创建项目

01 → 新建项目和【HDV 720p25】预设序列。

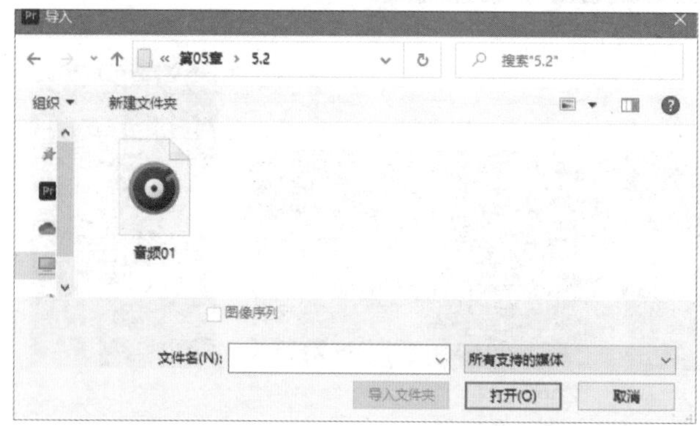

图5-15

02 → 双击【项目】面板的空白处，导入“音频01.mp3”素材文件，如图5-15所示。

03 → 将“音频01.mp3”素材添加到序列中，如图5-16所示。

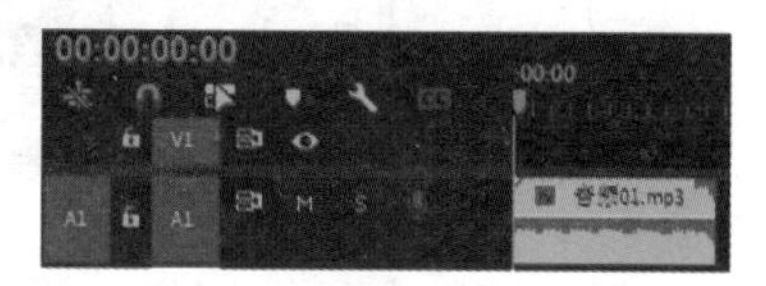

图5-16

2. 设置变化效果

01 → 激活“音频01.mp3”素材的【效果控件】面板，展开【通道音量】效果的【左侧】【右侧】属性和【声像器】效果的【平衡】属性左侧的下拉箭头，如图5-17所示。

02 → 将【当前时间指示器】移动至00:00:00:00的位置，设置【通道音量】效果的【右侧】为-∞，【声像器】效果的【平衡】为-100.0，如图5-18所示。

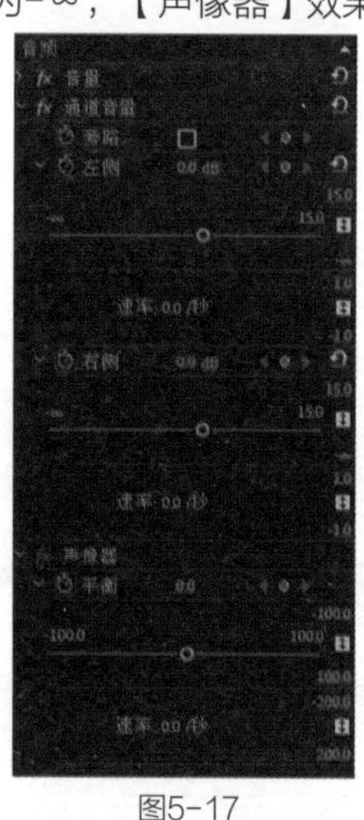

图5-17

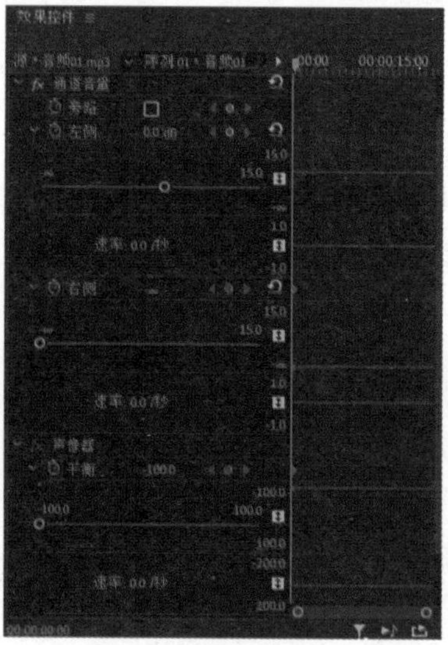

图5-18

提 示

【左侧】【右侧】属性的-∞需要展开属性左侧的下拉箭头，通过移动滑块产生。

03 → 将【当前时间指示器】移动至00:00:10:00的位置，设置【通道音量】效果的【左侧】为0.0dB，【右侧】为0.0dB，如图5-19所示。

04 → 将【当前时间指示器】移动至00:00:21:08的位置，设置【通道音量】效果的【左侧】为-∞，设置【声像器】效果的【平衡】为100.0，如图5-20所示。

3. 查看最终效果

在【节目监视器】面板中欣赏最终声音效果。

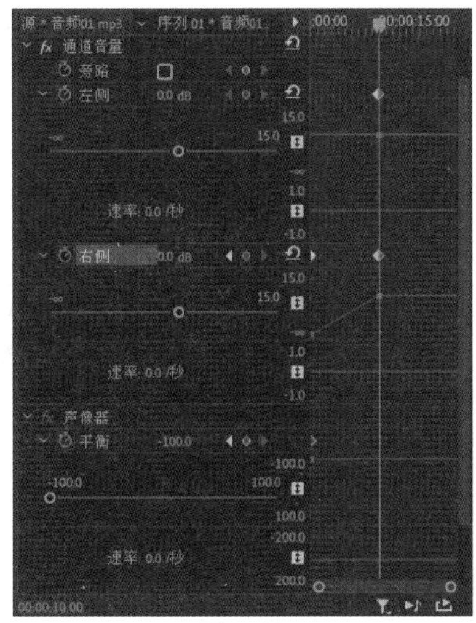

图5-19

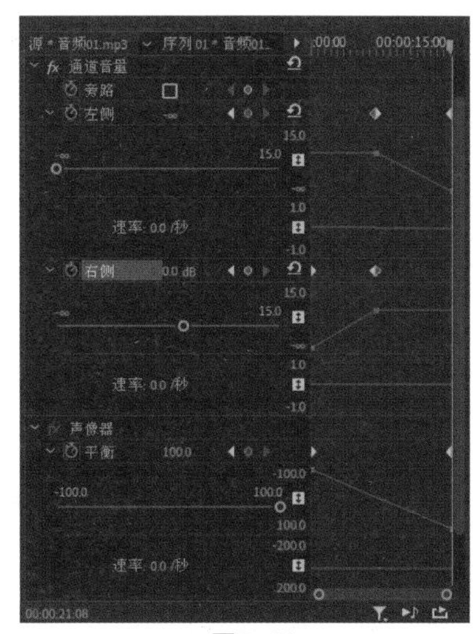

图5-20

技术总结

通过本案例，读者应该已经掌握调节左右声道音量的方法了。本案例通过【声道音量】和【声像器】效果先将素材右声道音量降低，然后在素材中间位置将左右声道音量平衡，最后降低左声道音量，这样就会产生声音由左向右的效果了。

5.3 变调效果

教学视频

工程文件：工程文件 / 第 5 章 /5.3 变调效果 .prproj
视频教学：视频教学 / 第 5 章 /5.3 变调效果 .mp4
技术要点：掌握将人声变调的方法

案例思路

本案例通过【音高换档器】效果使素材音质变得粗重低沉，从而模拟将女声变成男声，然后对素材进行修整和降噪处理。

制作步骤

1. 创建项目

01 → 新建项目和【HDV 720p25】预设序列。

02 → 双击【项目】面板的空白处，导入“音频01.mp3”素材文件，如图5-21所示。

图5-21

03 → 将【项目】面板中的“音频01.mp3”素材文件添加到序列中，如图5-22所示。

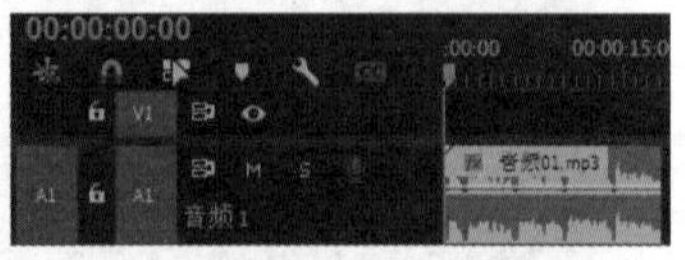

图5-22

2. 制作变调效果

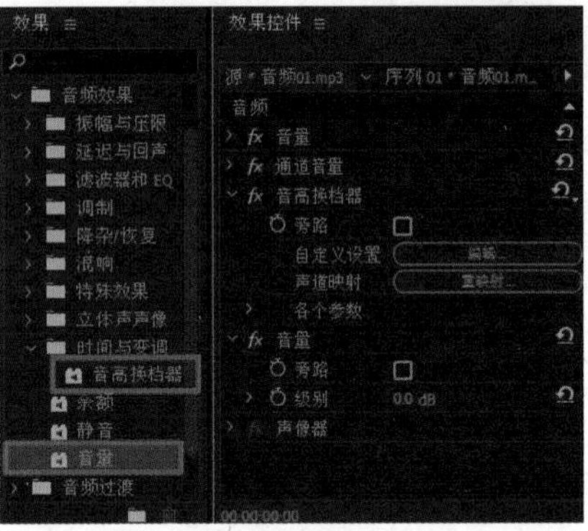

图5-23

01 → 激活“音频01.mp3”素材的【效果控件】面板，双击【效果】面板中的【音频效果】>【时间与变调】>【音高换档器】和【音量】效果，如图5-23所示。

02 → 单击【音高换档器】效果中的【编辑】按钮，如图5-24所示。

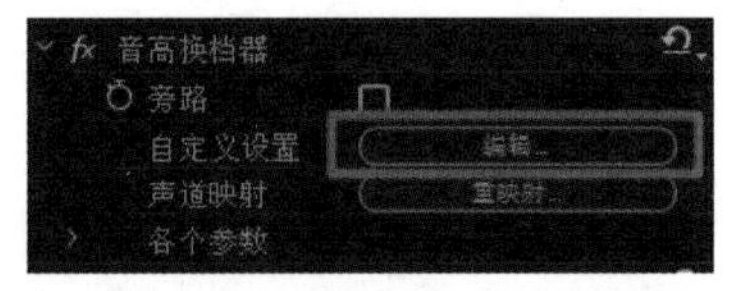

图5-24

03 → 在弹出的【剪辑效果编辑器】对话框中，设置【半音阶】为-10，【音分】为80，【精度】为“高精度”，【拼接频率】为200Hz，【重叠】为35%，如图5-25所示。

04 → 设置【音量】的【级别】为4.0dB，如图5-26所示。

05 → 执行菜单【窗口】>【基本声音】命令，如图5-27所示。

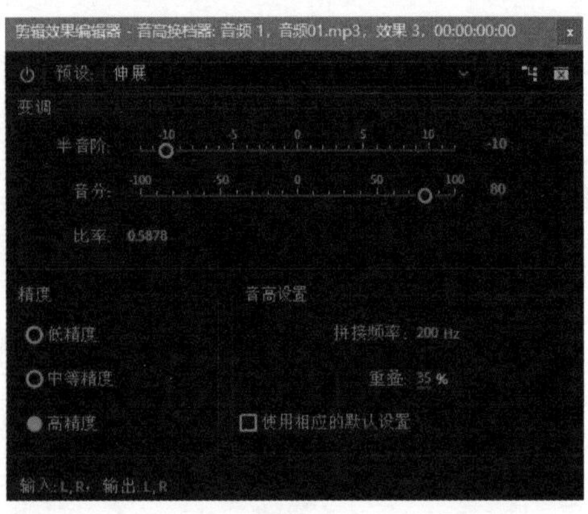

图5-25

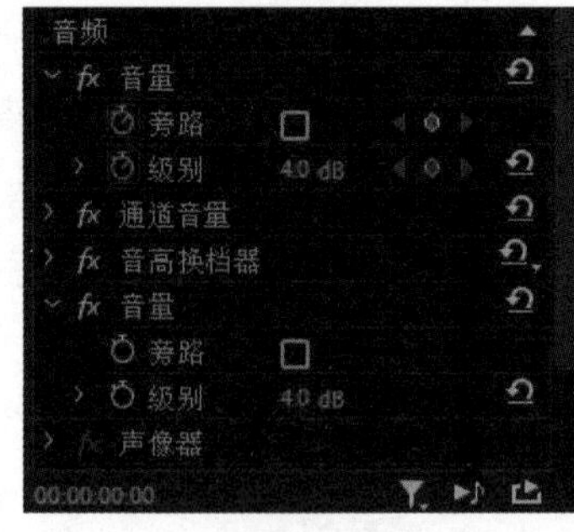

图5-26

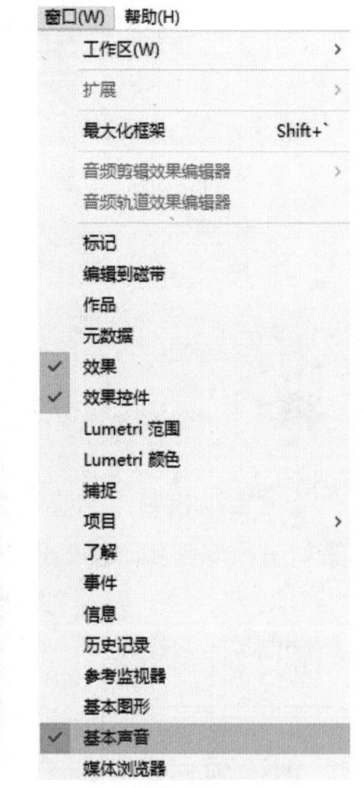

图5-27

06 → 选择序列中的“音频01.mp3”素材，在【基本声音】面板中选择【对话】类型，如图5-28所示。

07 → 在【预设】下拉列表中，选择“平衡的男声”，如图5-29所示。

08 → 设置【响度】为“自动匹配”，设置【修复】下的【减少杂色】为10.0，【降低隆隆声】为10.0，【消除齿音】为10.0，如图5-30所示。

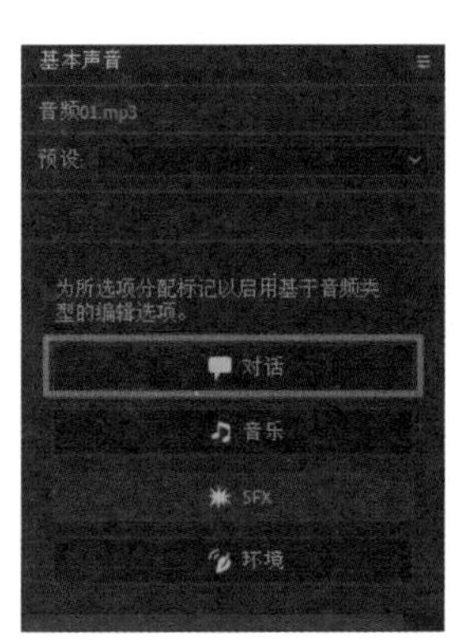

图5-28

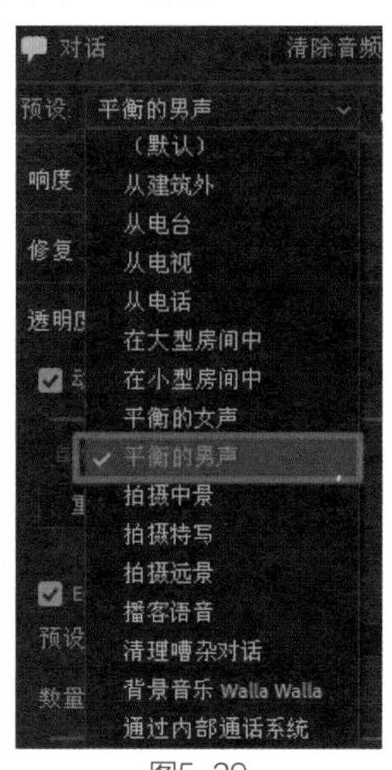

图5-29

图5-30

3. 查看最终效果

在【节目监视器】面板中欣赏最终声音效果。

技术总结

通过本案例，读者应该已经掌握变调效果的使用方法了。【音高换档器】效果的预设中还有许多变调效果，如“愤怒的沙鼠”“黑魔王”等，这些效果都可以产生独特的音质。

5.4 轨道音量

教学视频

工程文件：工程文件 / 第 5 章 /5.4 轨道音量 .prproj

视频教学：视频教学 / 第 5 章 /5.4 轨道音量 .mp4

技术要点：掌握使用【音轨混合器】调整音量的方法

案例思路

本案例将制作配音朗诵的效果，根据朗诵的声音，使用【音轨混合器】面板调节背景音乐的音量。

制作步骤

1. 创建项目

01 → 新建项目和【HDV 720p25】预设序列。

02 → 双击【项目】面板的空白处，导入“音频01.mp3”和“音频02.mp3”素材文件，如图5-31所示。

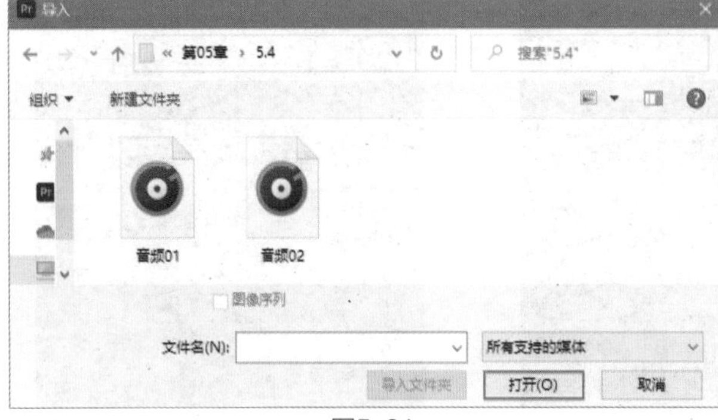

图5-31

03 → 将“音频01.mp3”素材拖曳至音频轨道A1上的00:00:06:00位置；将“音频02.mp3”素材拖曳至音频轨道A2上的00:00:00:00位置，如图5-32所示。

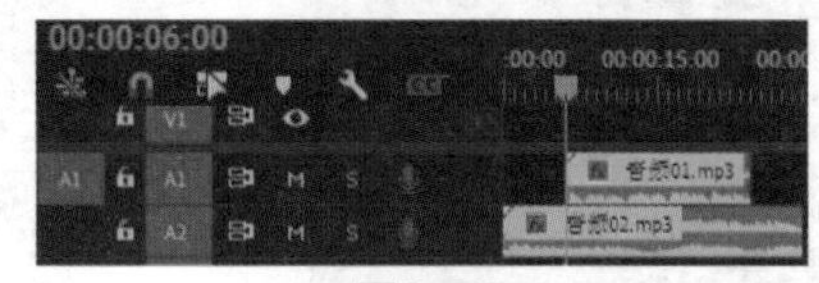

图5-32

2. 调整音量

01 → 调整音频轨道A2的高度，设置【显示关键帧】>【轨道关键帧】为【音量】，如图5-33所示。

02 → 执行菜单【窗口】>【音轨混合器】命令，打开【音轨混合器】面板，选择音频轨道为“音频2”，设置模式为“触动”，如图5-34所示。

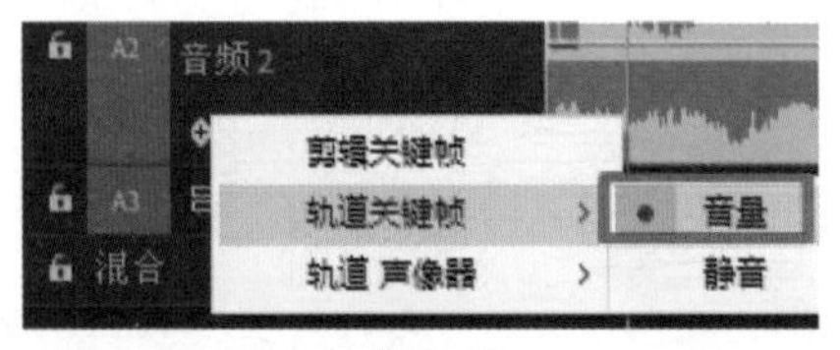

图5-33

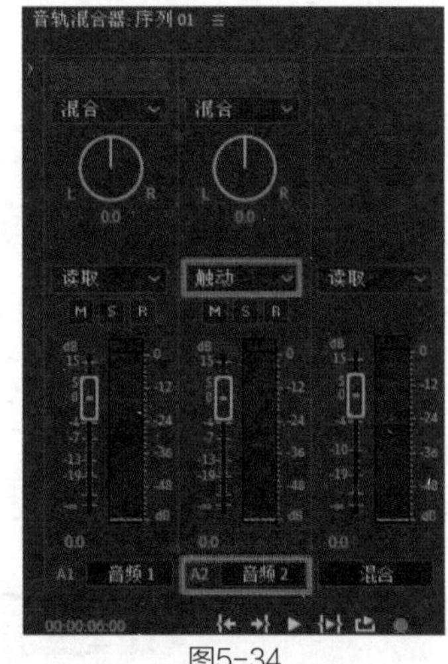

图5-34

03 → 单击【播放-停止切换(Space)】按钮▶进行录制，使用【音量】按钮调整音频轨道【音频2】的录制音量，如图5-35所示。

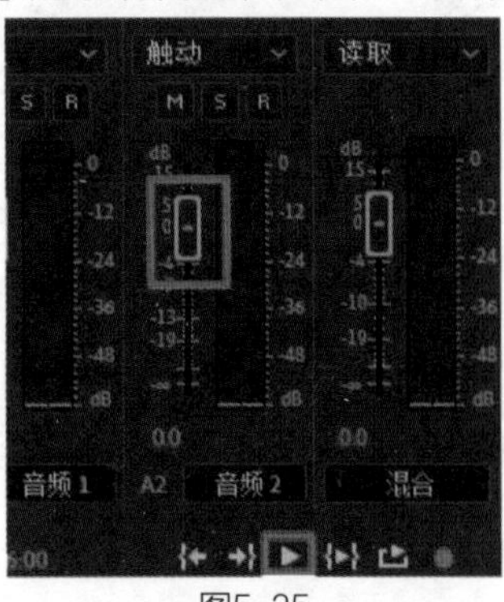

图5-35

04 → 录制结束后，查看音频轨道A2上的轨道关键帧，如图5-36所示。

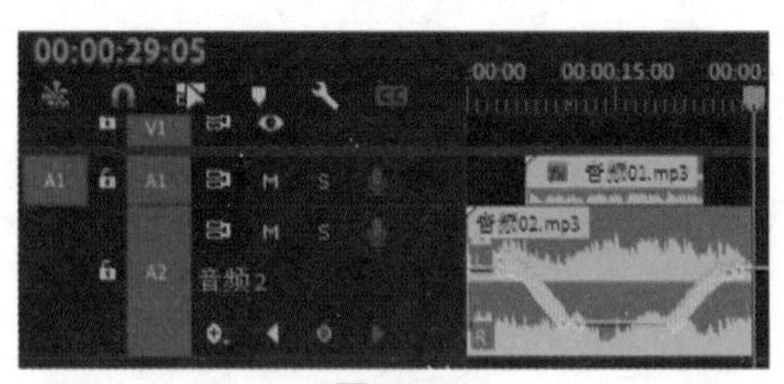

图5-36

05 → 使用【钢笔工具】微调轨道关键帧，如图5-37所示。

06 → 设置【显示关键帧】为“剪辑关键帧”，如图5-38所示。

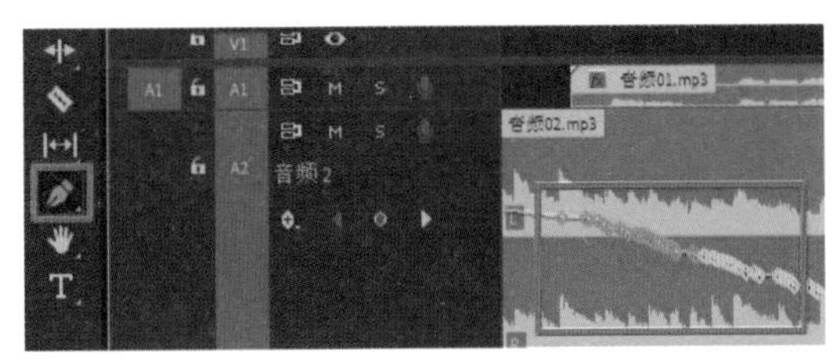

图5-37

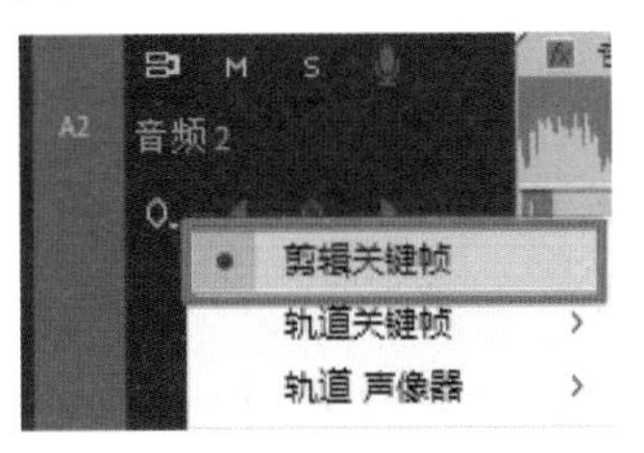

图5-38

07 → 激活【效果】面板，将【音频过渡】>【交叉淡化】>【指数淡化】效果拖曳至“音频02.mp3”素材文件的出点位置，如图5-39所示。

08 → 双击素材上的【指数淡化】效果，设置【持续时间】为00:00:02:00，如图5-40所示。

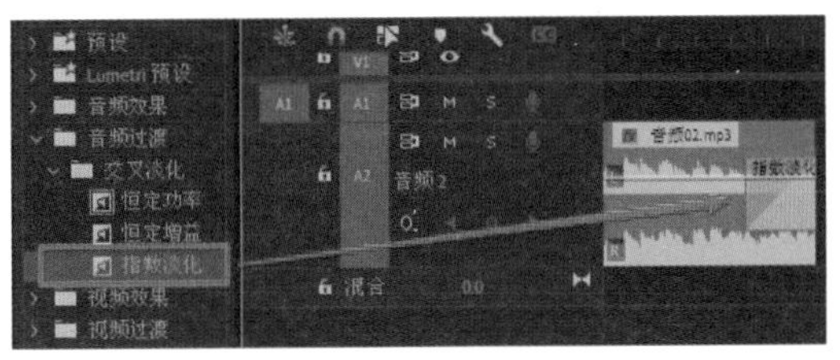

图5-39

图5-40

3. 查看最终效果

在【节目监视器】面板中欣赏最终声音效果。

技术总结

【音轨混合器】面板用于模拟真实的调音台面板，所以在许多操作上也与调音台面板相似。本案例中通过【音轨混合器】面板的音量按钮调节音轨素材的声音音量，可以边听朗读，边调节背景音乐的音量，这样音量具有实时性，会更准确。录制完成后，使用【钢笔工具】调整关键帧，关键帧越少，关键帧轨迹越流畅，声音的变化效果也会越好，音量也会过渡得更加自然。

5.5 混音效果

教学视频

工程文件：工程文件 / 第 5 章 /5.5 混音效果 .prproj
视频教学：视频教学 / 第 5 章 /5.5 混音效果 .mp4
技术要点：掌握【卷积混响】音频效果的使用方法

案例思路

本案例利用【卷积混响】音频效果，使音频素材产生混响的效果。

制作步骤

1. 创建项目

01 → 新建项目和【HDV 720p25】预设序列。

02 → 双击【项目】面板的空白处，导入“音频01.mp3”素材文件，如图5-41所示。

03 → 将【项目】面板中的“音频01.mp3”素材文件添加到序列中，如图5-42所示。

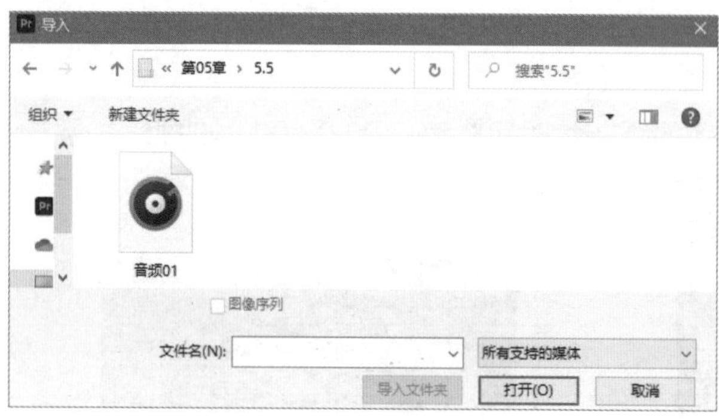

图5-41

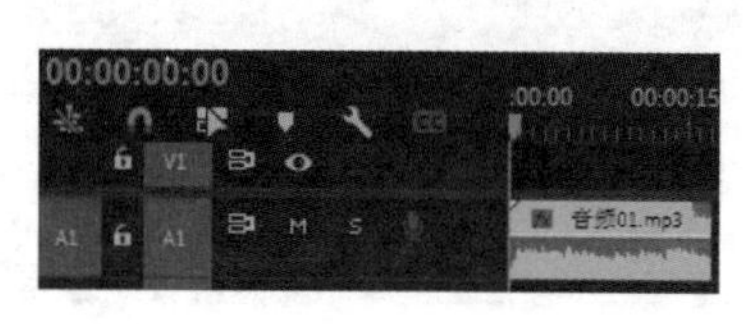

图5-42

2. 设置效果

01 → 激活“音频01.mp3”素材的【效果控件】面板，然后双击【效果】面板中的【音频效果】>【混响】>【卷积混响】效果，如图5-43所示。

02 → 单击【卷积混响】效果中的【编辑】按钮，如图5-44所示。

03 → 在弹出的【剪辑效果编辑器】对话框中，设置【预设】为“班级后面”，【脉冲】为“教室”，如图5-45所示。

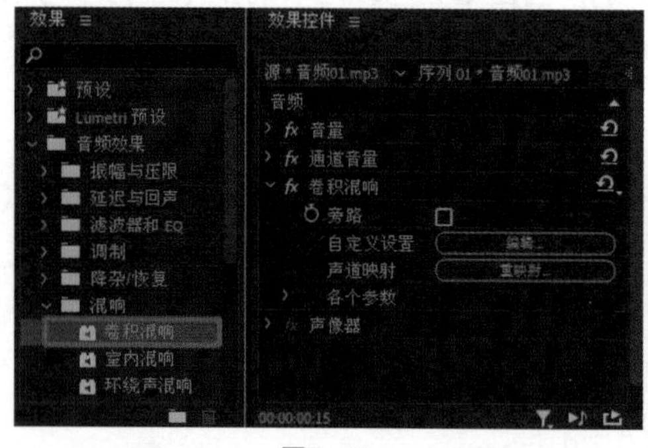

图5-43

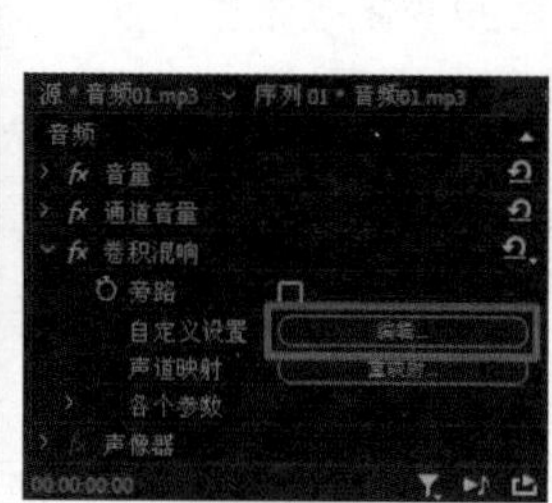

图5-44

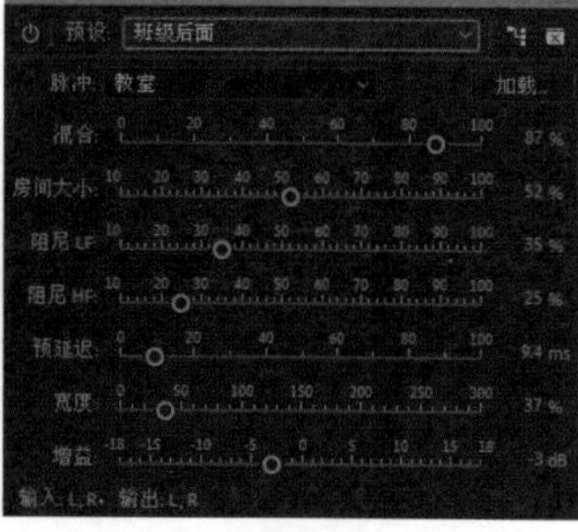

图5-45

3. 查看最终效果

在【节目监视器】面板中欣赏最终声音效果。

技术总结

通过本案例，读者应该已经掌握混响效果的制作方法了。除了【卷积混响】效果，还有【室内混响】和【环绕声混响】等音频效果，都可以使音频素材产生混响的效果。有些效果还预设了多种常用模式，如舞台模式、演唱会模式和大厅模式等。

5.6 延迟效果

教学视频

工程文件：工程文件 / 第 5 章 /5.6 延迟效果 .prproj
视频教学：视频教学 / 第 5 章 /5.6 延迟效果 .mp4
技术要点：掌握【延迟】音频效果的使用方法

案例思路

本案例利用【延迟】音频效果，模拟在山谷中弹琴产生回音的效果。

制作步骤

1. 创建项目

01 新建项目和【HDV 720p25】预设序列。

02 双击【项目】面板的空白处，导入“音频01.mp3”素材文件，如图5-46所示。

03 将【项目】面板中的“音频01.mp3”素材文件添加到序列中，如图5-47所示。

图5-46

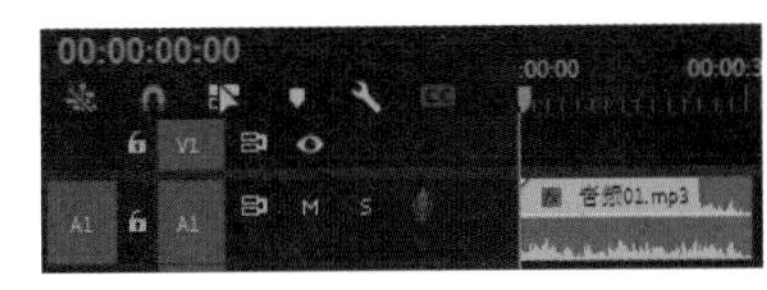

图5-47

2. 设置效果

01 激活“音频01.mp3”素材的【效果控件】面板，然后双击【效果】面板中的【音频效果】>【延迟和回声】>【延迟】效果，如图5-48所示。

02 设置【延迟】效果的【延迟】为0.200秒，【反馈】为50%，【混合】为70.0%，如图5-49所示。

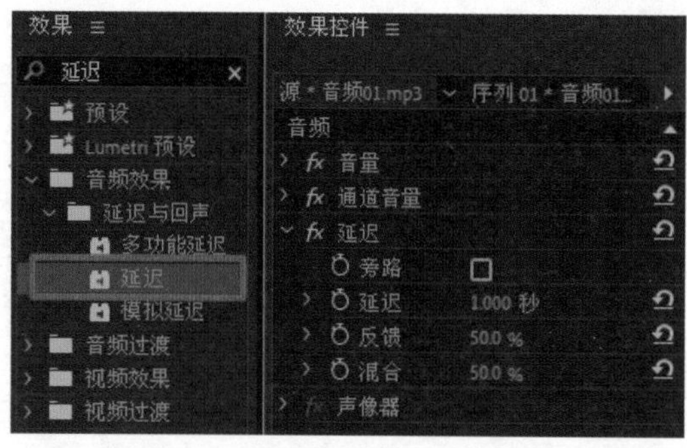

图5-48

图5-49

3. 查看最终效果

在【节目监视器】面板中欣赏最终声音效果。

技术总结

通过本案例，读者应该已经掌握制作声音延迟效果的方法了。【延迟】效果中的【延迟】属性用于设置回声效果的间隔时间，【反馈】属性用于设置回声效果的强度，【混合】属性用于设置混合的程度。

第6章 文本图形

本章主要讲解编辑文本和图形的方法，通过学习读者可以掌握滚动字幕、路径文字，以及其他样式文本和图形的制作方法。通过对8个案例的讲解，使读者掌握在【效果控件】面板、【基本图形】面板和旧版的【字幕】面板中编辑文本和图形的操作方法和技巧。

6.1 四季字幕

教学视频

工程文件：工程文件 / 第 6 章 /6.1 四季字幕 .prproj
视频教学：视频教学 / 第 6 章 /6.1 四季字幕 .mp4
技术要点：掌握添加文字的方法

案例思路

本案例通过给图片素材添加文字，使读者了解多种文字的使用方法。

制作步骤

1. 创建项目

01 新建项目和【HDV 720p25】预设序列。

02 双击【项目】面板的空白处，导入“图片01.jpg”～“图片04.jpg”素材文件，如图6-1所示。

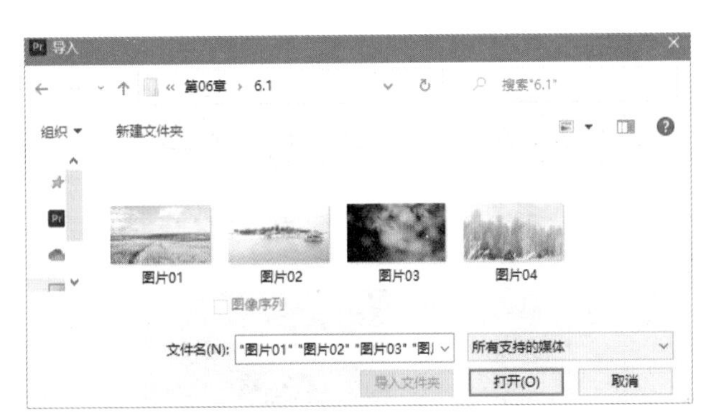

图6-1

03 选择“图片01.jpg”～“图片

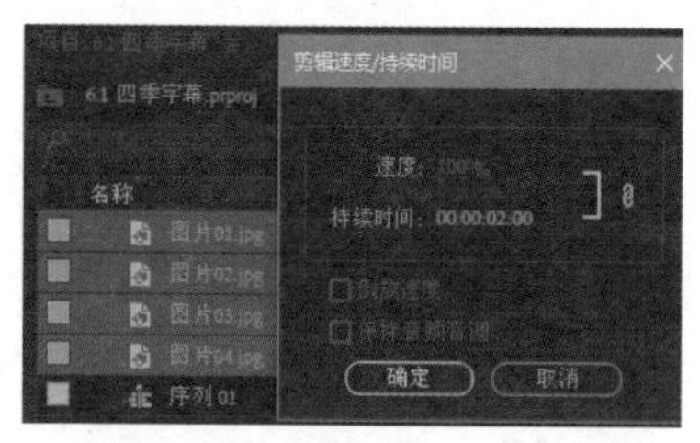
图6-2

04.jpg”素材文件，执行右键菜单中的【速度/持续时间】命令，在弹出的对话框中设置【持续时间】为00:00:02:00，如图6-2所示。

04 将“图片01.jpg”~“图片04.jpg”素材添加到序列中，如图6-3所示。

2. 添加文本“春”

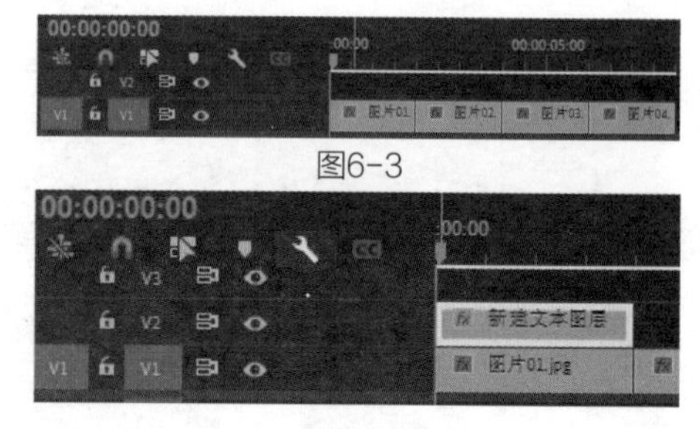
图6-3

图6-4

01 激活【时间轴】面板，执行菜单【图形】>【新建图层】>【文本】命令，将“新建文本图层”素材的出点与视频轨道V1中“图片01.jpg”素材的出点对齐，如图6-4所示。

02 在【节目监视器】面板中，输入文本内容为“春”，另起一行输入内容为Spring，如图6-5所示。

03 激活“春Spring”文本素材的【效果控件】面板，设置【字体】为“华文行楷”，2个文本的【字体大小】为150和62，【填充】为(R:0,G:100,B:0)，【位置】为(200.0,220.0)，如图6-6所示。

图6-5

图6-6

3. 添加文本“夏”

01 选择“春Spring”文本素材，执行菜单【图形】>【升级为源图】命令。此时，【项目】面板中会生成一个“图形”素材，如图6-7所示。

02 在【项目】面板中复制刚刚生成的“图形”素材，然后对新的“图形”素材执行右键菜单中的【重命名】命令，设置名称为“图形夏”，如图6-8所示。

图6-7

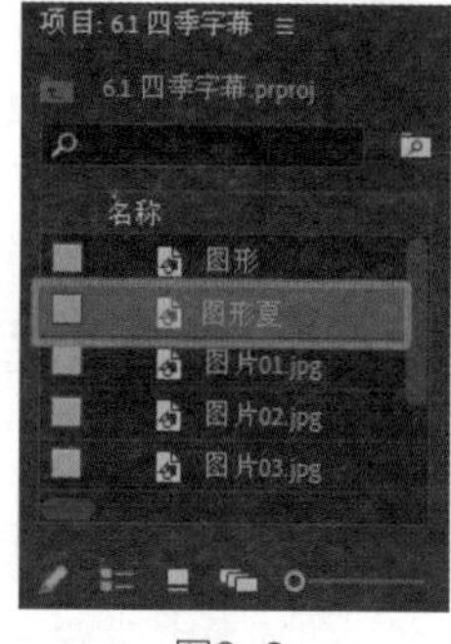
图6-8

03 将“图形夏”素材拖曳至视频轨道V2中的00:00:02:00位置，如图6-9所示。

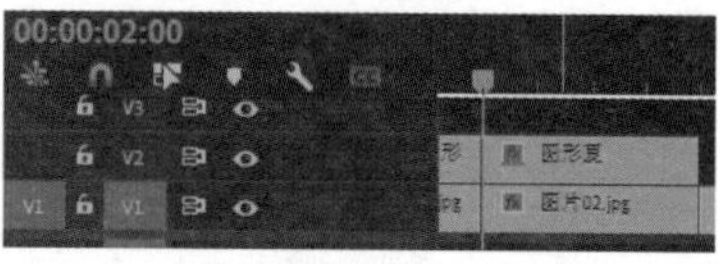
图6-9

04 打开面板，执行菜单【窗口】>【基本图形】命令，如图6-10所示。

05 激活序列中的“图形夏”素材，在【基本图形】面板中单击【编辑】选项卡下的“春Spring”文本，如图6-11所示。

06 在【节目监视器】面板中，设置文本内容为“夏Summer”；在【基本图形】面板中，设置【填充】为(R:0,G:140,B:140)，【位置】为(200.0, 550.0)，如图6-12所示。

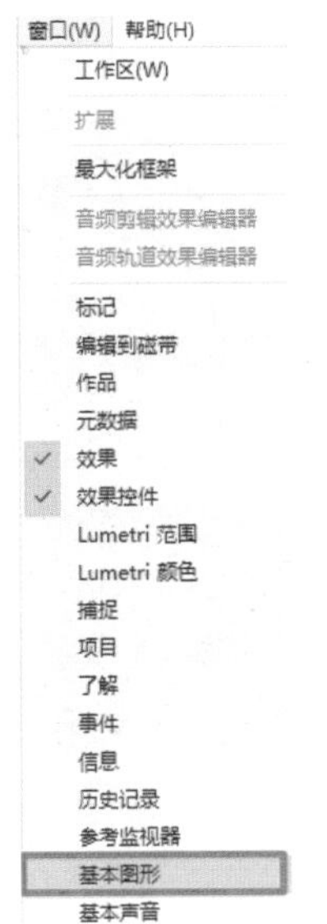

图6-10

图6-11

4. 添加文本“秋”

01 将【当前时间指示器】移动至00:00:04:00的位置，在【基本图形】面板中单击【新建图层】按钮，选择【文本】选项，如图6-13所示。

图6-12

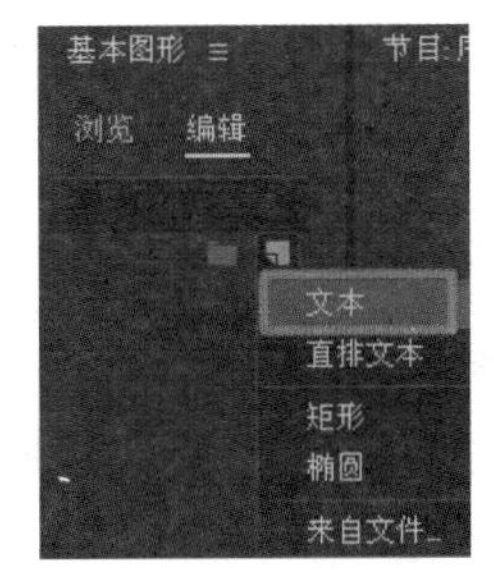

图6-13

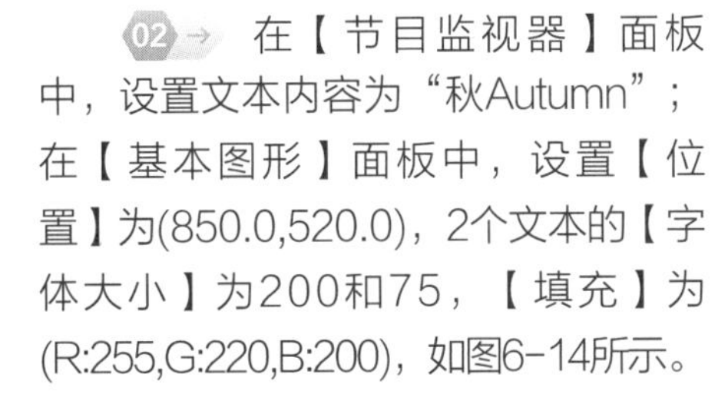

02 在【节目监视器】面板中，设置文本内容为“秋Autumn”；在【基本图形】面板中，设置【位置】为(850.0,520.0)，2个文本的【字体大小】为200和75，【填充】为(R:255,G:220,B:200)，如图6-14所示。

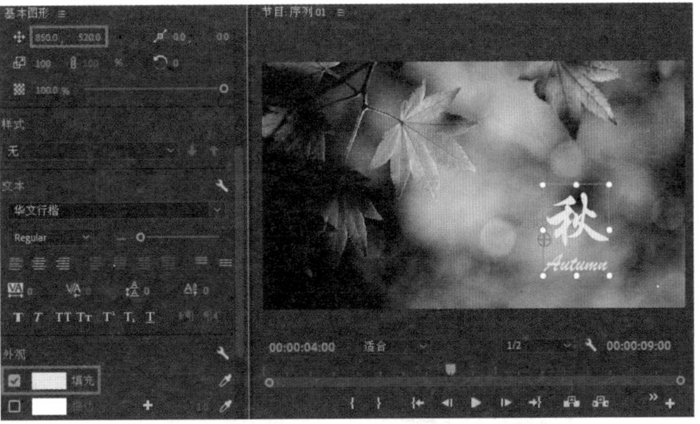

图6-14

5. 添加文本“冬”

01 将“秋Autumn”素材的出点移动至00:00:06:00的位置，然后单击【工具】面板中的【文本工具】，如图6-15所示。

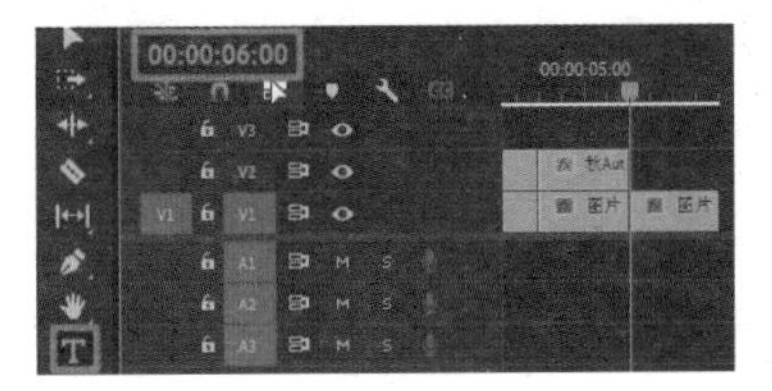

图6-15

02 使用【文本工具】在【节目监视器】面板中，输入文本“冬Winter”；在【基本图形】面板中，设置【位置】为(850.0,300.0)，两个文本的【字体大小】为200和90，【填充】为(R:75,G:100,B:150)，如图6-16所示。

图6-16

6. 调整序列

01 → 将“冬Winter”素材的出点移动至00:00:08:00的位置，如图6-17所示。

02 → 分别在00:00:02:00、00:00:04:00和00:00:06:00的编辑点处，执行右键菜单中的【应用默认过渡】命令，如图6-18所示。

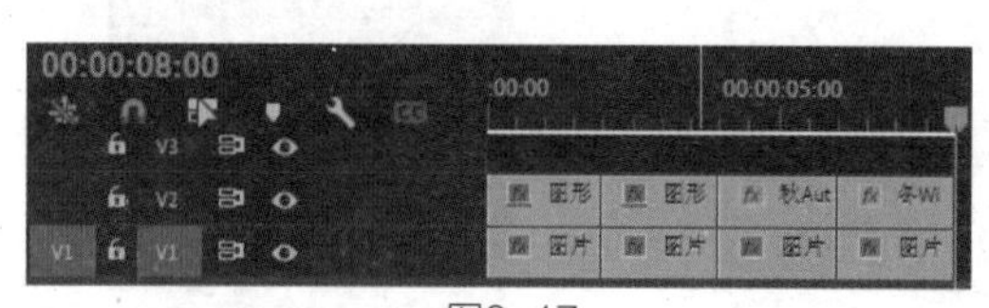

图6-17

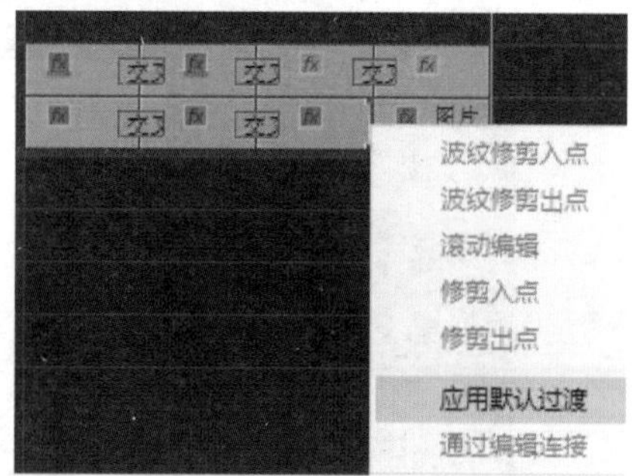

图6-18

7. 查看最终效果

在【节目监视器】面板中查看最终画面效果，如图6-19所示。

图6-19

技术总结

通过本案例，读者应该掌握了常用的添加和编辑文本字幕的方法。文本字幕可以在【效果控件】面板中编辑，也可以在专门的【基本图形】面板中编辑。文本素材可以当作素材使用，但不会出现在【项目】面板中，只有升级为主图后才会在【项目】面板中出现。

6.2 图形图像

教学视频

工程文件：工程文件 / 第 6 章 /6.2 图形图像 .prproj

视频教学：视频教学 / 第 6 章 /6.2 图形图像 .mp4

技术要点：掌握绘制图形的方法

案例思路

本案例主要介绍绘制图形的方法，通过矩形和椭圆形绘制一个动态LOGO，使读者掌握在【基本图形】面板中绘制图形的方法。

制作步骤

1. 创建项目

01 → 新建项目和【HDV 720p25】预设序列。

02 → 在【项目】面板的空白处执行右键菜单中的【颜色遮罩】命令，在弹出的对话框中设置颜色为(R:230,G:215,B:180)，如图6-20所示。

03 → 将“颜色遮罩”素材拖曳至视频轨道V1上，如图6-21所示。

2. 创建素材

01 → 激活【时间轴】面板，执行菜单【图形】>【新建图层】>【椭圆】命令。此时，【节目监视器】面板中会生成一个椭圆形素材，如图6-22所示。

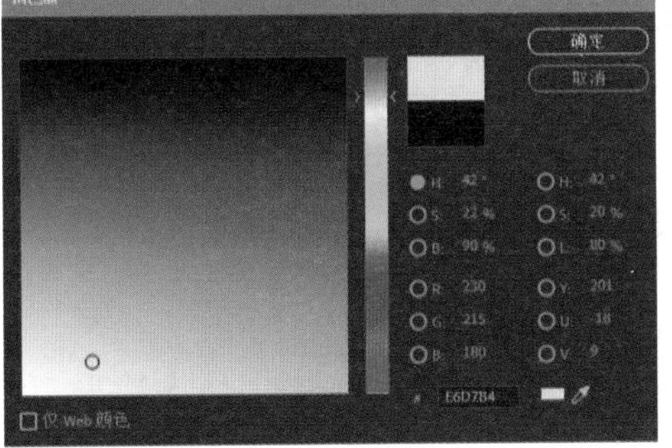

图6-20

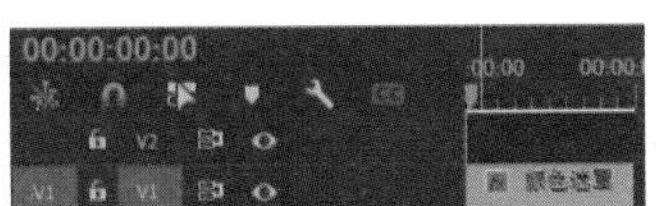

图6-21

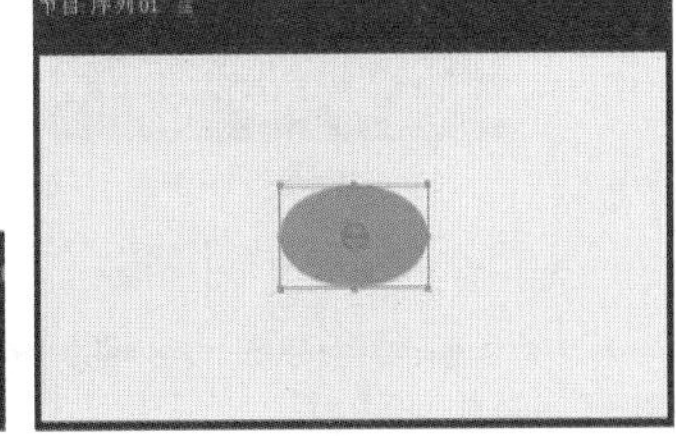

图6-22

02 → 设置【锚点】为(150.0,100.0)，关闭【设置缩放锁定】功能，再设置【缩放】为(245,165)，【填充】为(R:80,G:40,B:0)，如图6-23所示。

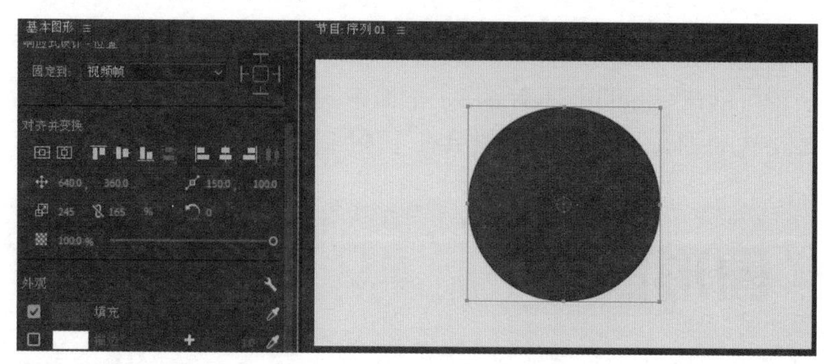

图6-23

03 → 按住Alt键的同时拖曳视频轨道V2上的素材到视频轨道V4上，复制素材。分别在视频轨道V2和V4素材上执行右键菜单中的【重命名】命令，并分别设置【剪辑名称】为“底层图形”和“顶层圆环”，如图6-24所示。

04 → 在【基本图形】面板中修改“顶层圆环”素材，设置【缩放】为(265,180)，取消勾选【填充】复选框，勾选【描边】复选框，设置【描边】为(R:80,G:40,B:0)，【描边宽度】为10.0，如图6-25所示。

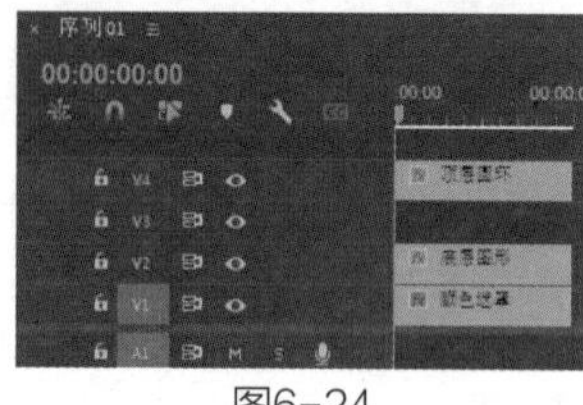

图6-24

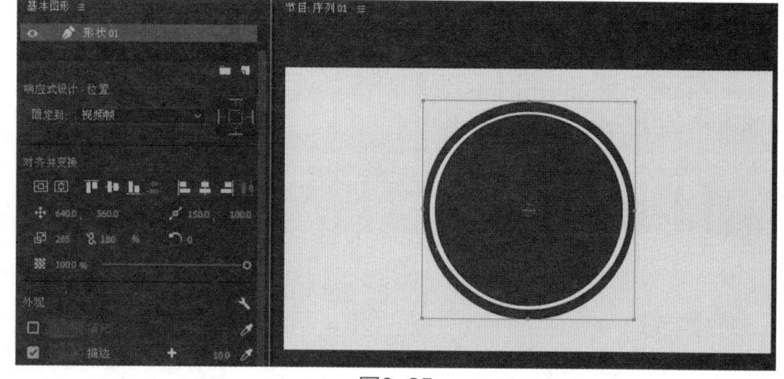

图6-25

05 → 在【基本图形】面板中复制“形状01”图层，将复制出来的图层重新命名为“形状02”，如图6-26所示。

06 → 激活“形状02”图层，设置【缩放】为(250,170)，【描边】为(R:230,G:215,B:180)，【描边宽度】为5.0，如图6-27所示。

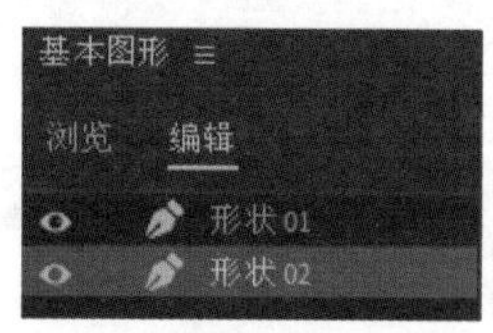

图6-26

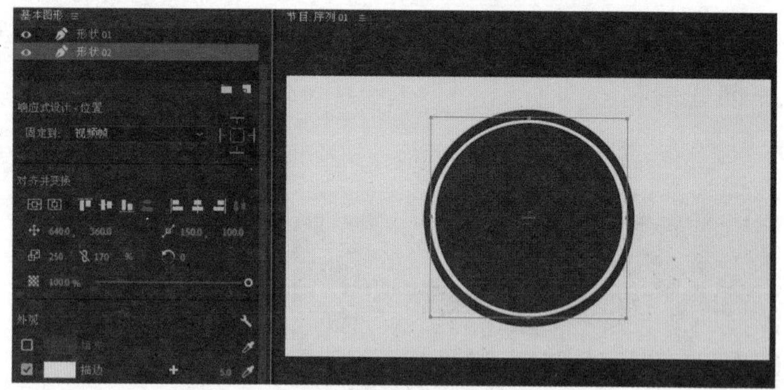

图6-27

07 → 单击【时间轴】面板的空白处，执行菜单【图形】>【新建图层】>【矩形】命令，将“矩形”素材移动至视频轨道V3上，如图6-28所示。

08 → 在【基本图形】面板中设置【锚点】为(150.0,100.0)，关闭【设置缩放锁定】功能，再设置【缩放】为(65,170)，【填充】为(R:80,G:40,B:0)，【描边】为(R:230,G:215,B:180)，【描边宽度】为5.0，如图6-29所示。

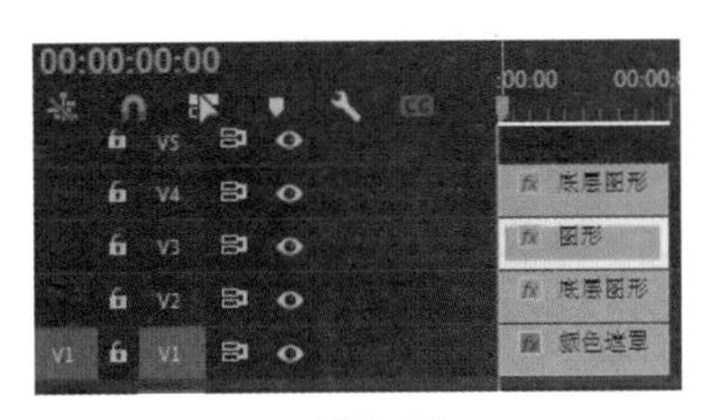

图6-28

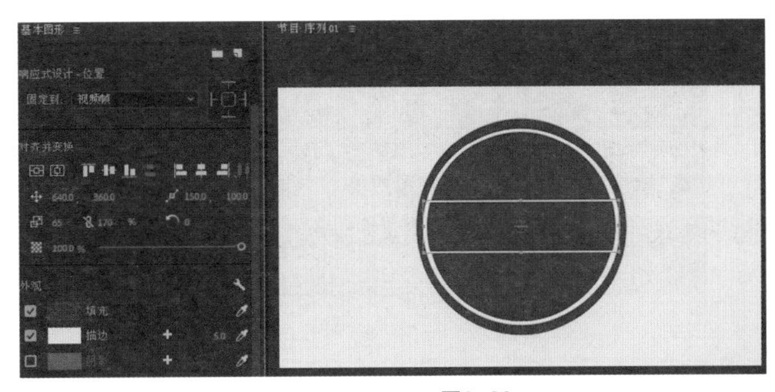

图6-29

09 → 单击【时间轴】面板的空白处，执行菜单【图形】>【新建图层】>【文本】命令，如图6-30所示。

10 → 在【节目监视器】面板中，设置文本内容为LOGO，如图6-31所示。

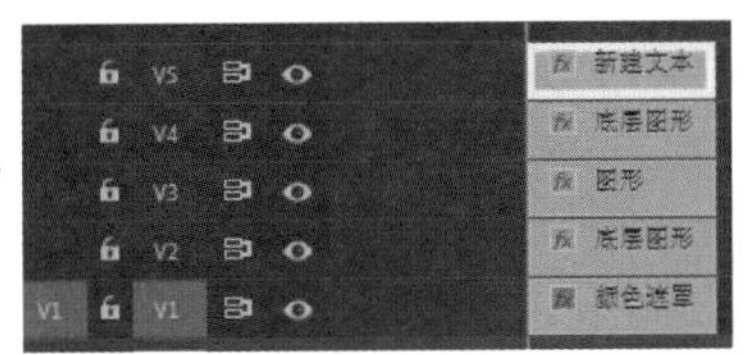

图6-30

图6-31

11 → 在【基本图形】面板中，设置【位置】为(500.0,400.0)，【字体】为“微软雅黑”，【字体样式】为“粗体”，【填充】为(R:230,G:215,B:180)，如图6-32所示。

3. 调整动态效果

01 → 分别将视频轨道V3中素材的入点和视频轨道V5中素材的入点移动至00:00:01:00和00:00:02:00的位置，如图6-33所示。

图6-32

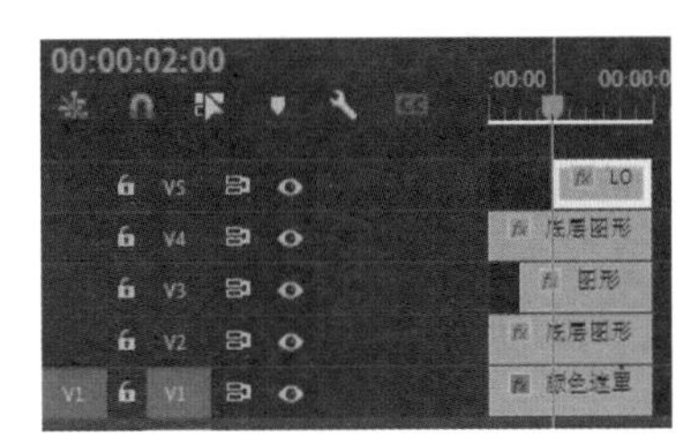

图6-33

02 → 分别将【效果】面板中【视频过渡】下的【Iris（划像）】>【Iris Round（圆划像）】效果、【Slide（滑动）】>【Split（拆分）】效果、【Wipe（擦除）】>【Clock Wipe（时钟式擦除）】效果和【Wipe（擦除）】>【Wipe（擦除）】效果，拖曳至视频轨道V2～V5素材的入点位置，如图6-34所示。

03 → 激活LOGO文本中【Wipe（擦除）】效果的【效果控件】面板，设置【边缘选择器】为“自北向南”，【持续时间】为00:00:00:10，【开始】为40.0，【结束】为60.0，如图6-35所示。

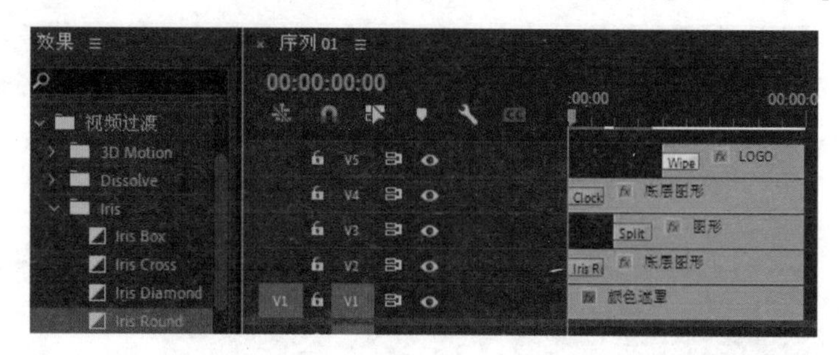

图6-34

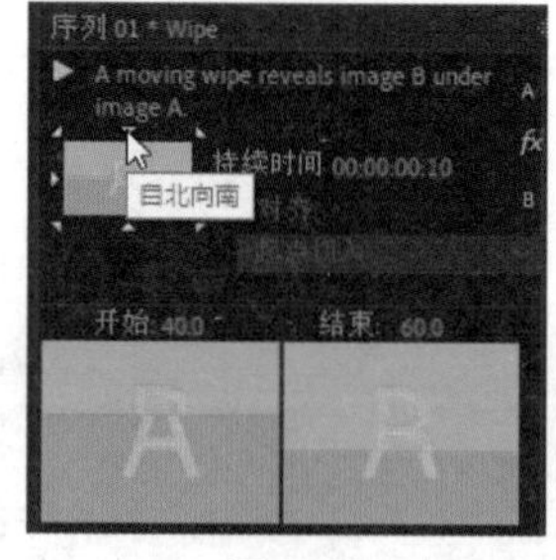

图6-35

4. 查看最终效果

在【节目监视器】面板中查看最终画面效果，如图6-36所示。

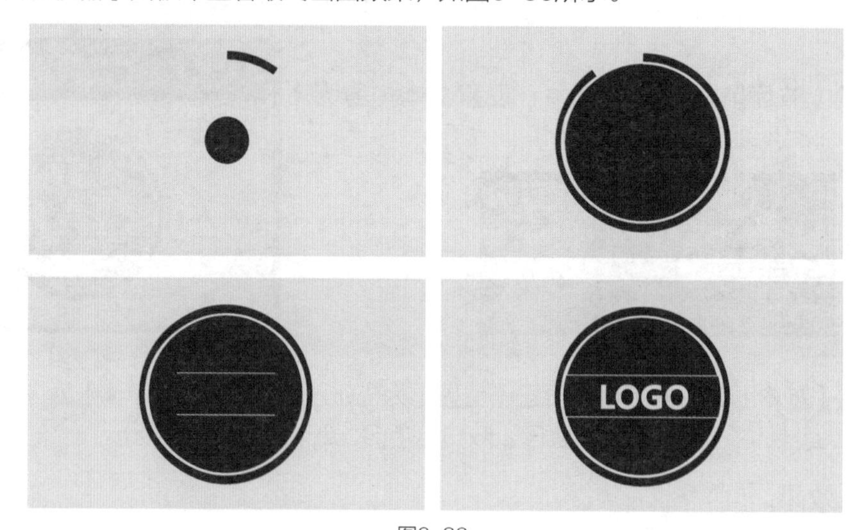

图6-36

技术总结

通过本案例，读者应该能掌握绘制图形的方法。虽然软件自带的图形只有矩形和椭圆形两种，但如果配合使用【钢笔工具】，还是可以制作出更多种图形效果的。

6.3 滚动字幕

教学视频

工程文件：工程文件 / 第 6 章 /6.3 滚动字幕 .prproj

视频教学：视频教学 / 第 6 章 /6.3 滚动字幕 .mp4

技术要点：掌握制作滚动字幕的方法

案例思路

本案例介绍使用【基本图形】面板制作滚动字幕，模拟播放器播放歌曲时出现滚动歌词的效果，使读者掌握滚动字幕的制作方法，并且进一步熟悉文本图形的使用方法。

制作步骤

1. 创建项目

01 → 新建项目和【HDV 720p25】预设序列。

图6-37

02 → 双击【项目】面板的空白处，导入“图片01.jpg”和“音频01.mp3”素材文件，如图6-37所示。

03 → 将“图片01.jpg”素材文件拖曳至视频轨道V1上，如图6-38所示。

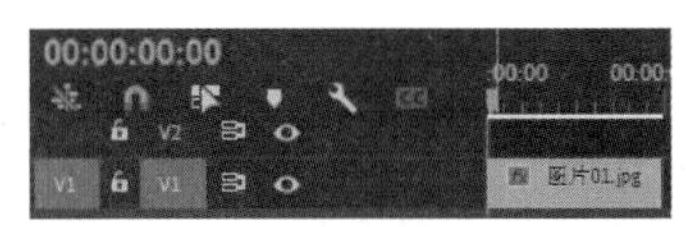

图6-38

2. 设置静态素材

01 → 激活【时间轴】面板，执行菜单【图形】>【新建图层】>【来自文件】命令，在弹出的对话框中选择“图片02.png”素材，如图6-39所示。

02 → 在【效果控件】面板中，设置【位置】为(70.0,665.0)，【缩放】为13.0，如图6-40所示。

图6-39

图6-40

03 → 激活【时间轴】面板，执行菜单【图形】>【新建图层】>【文本】命令，输入文本内容为“大海”，如图6-41所示。

04 → 在【基本图形】面板中，设置【位置】为(160.0,660.0)，【缩放】为100，【字体】为

“楷体”，【字体大小】为40，【填充】为(R:0,G:170,B:220)，如图6-42所示。

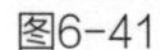
图6-41

图6-42

05 → 单击【时间轴】面板的空白处，然后继续执行菜单【图形】>【新建图层】>【矩形】命令。

06 → 在【基本图形】面板中，设置【位置】为(130.0,685.0)，【锚点】为(0.0,100.0)，关闭【设置缩放锁定】功能，并设置【缩放】为(5,160)，【填充】为(R:0,G:170,B:220)，如图6-43所示。

3. 设置滚动字幕

01 → 单击【时间轴】面板的空白处，使用【文本工具】在【节目监视器】面板中输入“歌词.txt”中的内容，如图6-44所示。

图6-43

图6-44

02 → 在【基本图形】面板中，设置【位置】为(760.0,80.0)，【缩放】为100，【字体】为“楷体”，【字体大小】为60，【行距】为50，【填充】为(R:0,G:170,B:220)，如图6-45所示。

03 → 单击文本选择框的空白处，在【基本图形】面板的【编辑】选项卡中勾选【滚动】复选框，并勾选【启动屏幕外】和【结束屏幕外】复选框，设置【预卷】为00:00:07:00，如图6-46所示。

图6-45

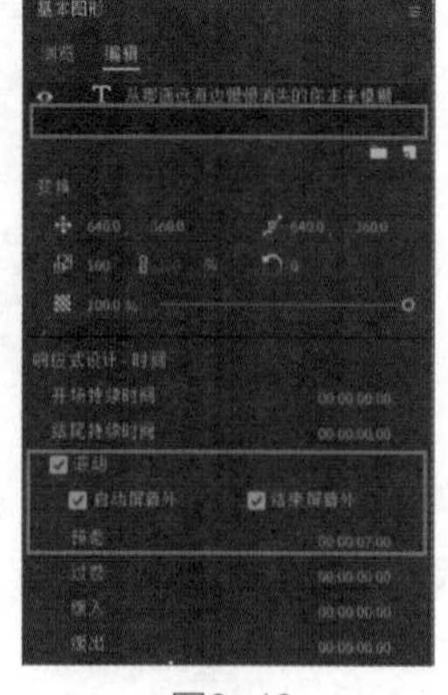

图6-46

4. 设置播放动画

01 → 将【项目】面板中的“音频01.mp3”素材拖曳至音频轨道A1上，并将视频轨道上所有素材的出点与之对齐，如图6-47所示。

02 → 激活视频轨道V4中的“图形”素材，在【效果控件】面板中设置动画效果。

03 → 将【当前时间指示器】移动至00:00:00:00的位置，打开【形状】>【变换】>【水平缩放】的【切换动画】按钮，设置【水平缩放】为0.0，如图6-48所示。

04 → 将【当前时间指示器】移动至00:00:30:00的位置，设置【水平缩放】为160，如图6-49所示。

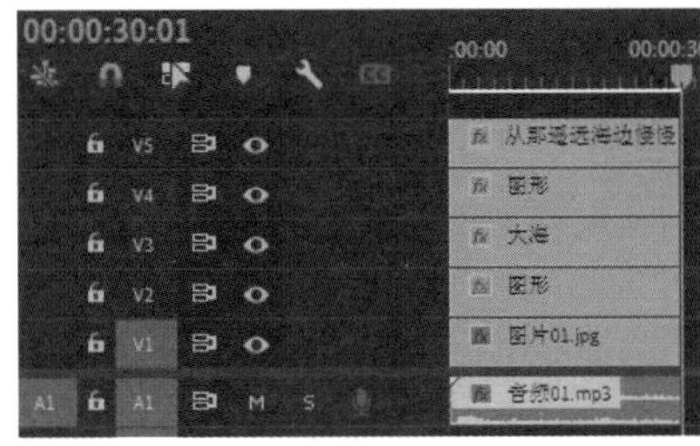

图6-47

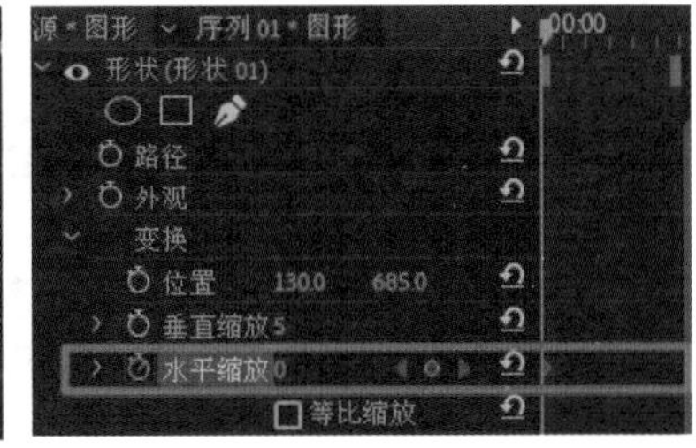

图6-48

提示

【预卷】可以设置停留多长时间后文本开始运动。

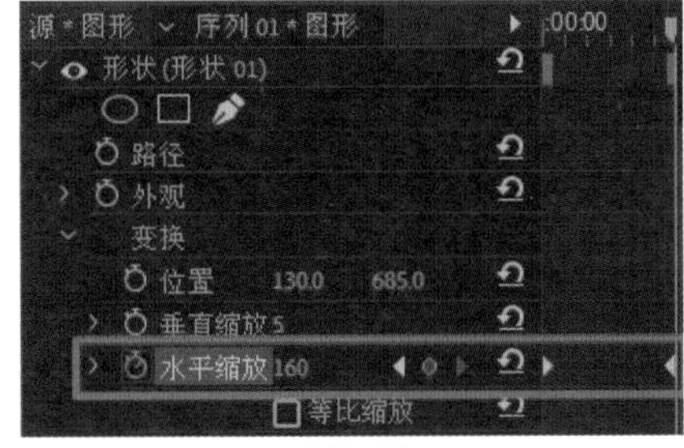

图6-49

5. 查看最终效果

在【节目监视器】面板中查看最终画面效果，如图6-50所示。

图6-50

技术总结

通过本案例，读者应该能掌握制作滚动字幕的方法了。通过【图形】菜单可以将外部文件导入图层中，一般会导入一些小图形当作图标使用。通过【预卷】【过卷】【缓入】和【缓出】等属性可以控制滚动字幕的速度和时间。

6.4 怀旧标题

教学视频

工程文件：工程文件 / 第 6 章 /6.4 怀旧标题 .prproj
视频教学：视频教学 / 第 6 章 /6.4 怀旧标题 .mp4
技术要点：掌握使用【旧版标题】创建文本的方法

案例思路

本案例通过使用旧版的【字幕】面板创建文本，使读者掌握面板的使用方法。

制作步骤

1. 创建项目

01 新建项目和【HDV 720p25】预设序列。

02 双击【项目】面板的空白处，导入“图片01.jpg”和“图片02.jpg”素材文件，如图6-51所示。

03 选择【项目】面板中的素材，执行右键菜单中的【速度/持续时间】命令，在弹出的对话框中设置【持续时间】为00:00:02:00，如图6-52所示。

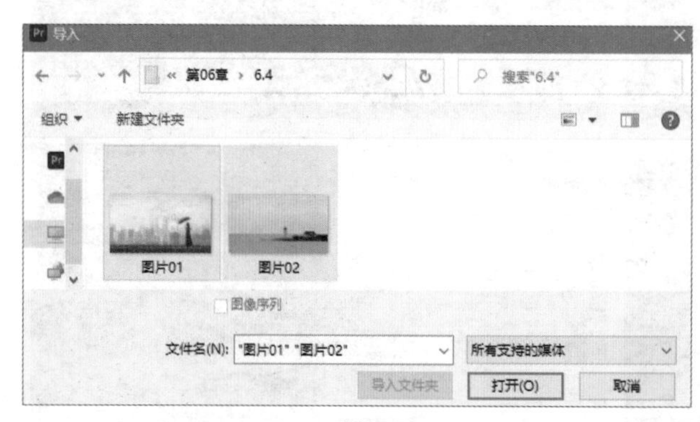

图6-51

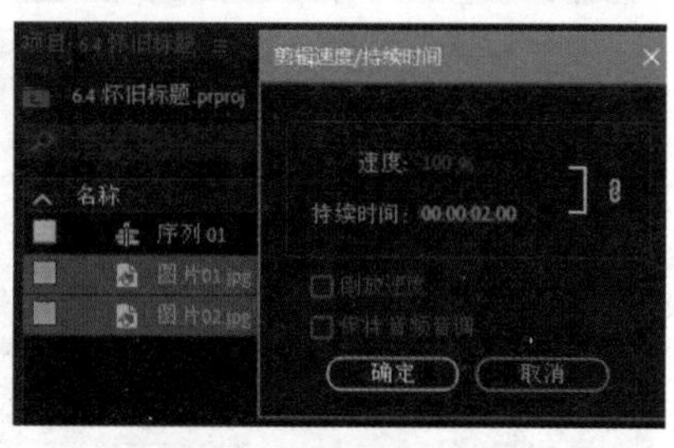

图6-52

04 将“图片01.jpg”和“图片02.jpg”素材添加到序列中，如图6-53所示。

2. 使用【字幕】面板

01 执行菜单【文件】>【新建】>【旧版标题】命令，在弹出的【新建字幕】对话框中设置【名称】为“字幕01”，如图6-54所示。

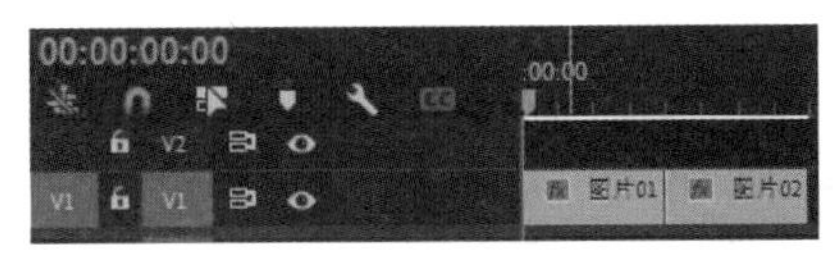

图6-53

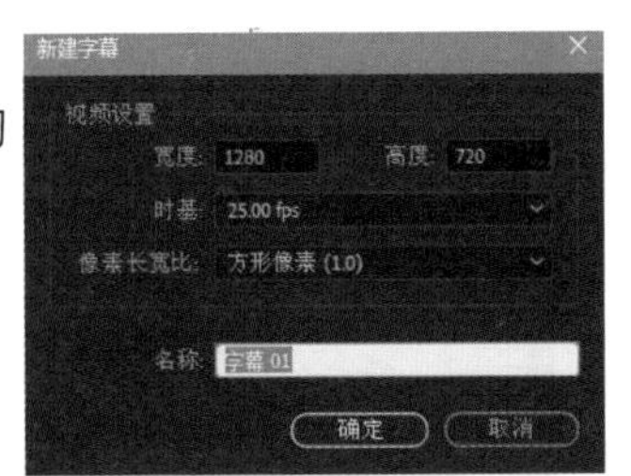

图6-54

02 此时弹出【字幕】面板，同时【项目】面板中也添加了“字幕01”素材，如图6-55所示。

图6-55

03 使用【文本工具】在【字幕】面板中添加文本，文本内容为“此情可待成追忆”，如图6-56所示。

04 在【旧版标题属性】面板中，设置【X位置】为420.0，【Y位置】为120.0，【字体系列】为“华文行楷”，【字体大小】为65.0，【填充】>【颜色】为(R:100,G:130,B:150)，如图6-57所示。

图6-56

图6-57

图6-58

图6-59

05 将【背景视频时间码】设置为00:00:02:00，单击【基于当前字幕新建字幕】按钮，如图6-58所示。

06 在弹出的【新建字幕】对话框中，设置【名称】为“字幕02”。此时，【项目】面板中又添加了“字幕02”素材，如图6-59所示。

07 使用【文本工具】在【字幕】面板中添加文本，文本内容为“只是当时已惘然”。

08 在【旧版标题属性】面板中，设置【X位置】为585.0，【Y位置】为215.0，如图6-60所示。

09 → 删除“此情可待成追忆”文本内容，然后关闭面板，如图6-61所示。

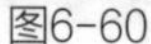
图6-60

图6-61

3. 设置序列

将“字幕01”和“字幕02”素材拖曳至视频轨道V2上，并将出入点与视频轨道V1中的“图片01.jpg”和“图片02.jpg”素材对齐，如图6-62所示。

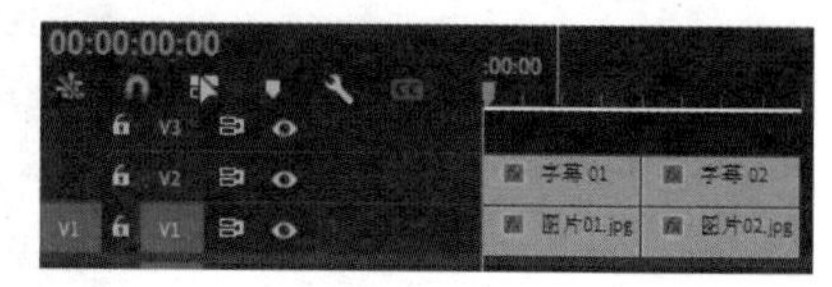

图6-62

4. 查看最终效果

在【节目监视器】面板中查看最终画面效果，如图6-63所示。

图6-63

技术总结

通过本案例，读者应该能掌握使用【字幕】面板添加文本的方法。【字幕】面板具有强大的字幕编辑能力，在早期Premiere软件中主要用其编辑文本，在新版中已将编辑文本的功能转移到【基本图形】面板中，但有些老用户还是习惯在旧版的【字幕】面板中操作。

在【字幕】面板中创建的文本会在【项目】面板中显示，成为独立的素材文件。【基于当前字幕新建字幕】功能可以在当前字幕的基础上创建新的字幕。

6.5 多样文字

教学视频

工程文件：工程文件 / 第 6 章 /6.5 多样文字 .prproj

视频教学：视频教学 / 第 6 章 /6.5 多样文字 .mp4

技术要点：掌握创建各种样式文本的方法

案例思路

本案例通过将多种样式的文字拼贴在一张图片中，使读者掌握多种样式文字的制作方法。案例中共制作了10种文字样式效果，其中，在【基本图形】面板中制作4种，在旧版【字幕】面板中制作6种。

制作步骤

1. 创建项目

01 → 新建项目和【HDV 720p25】预设序列。

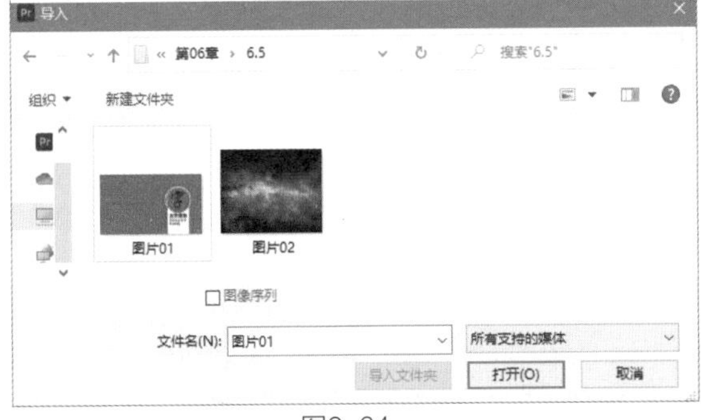

图6-64

02 → 双击【项目】面板的空白处，导入“图片01.jpg”素材文件，如图6-64所示。

03 → 将“图片01.jpg”素材文件添加到序列中，如图6-65所示。

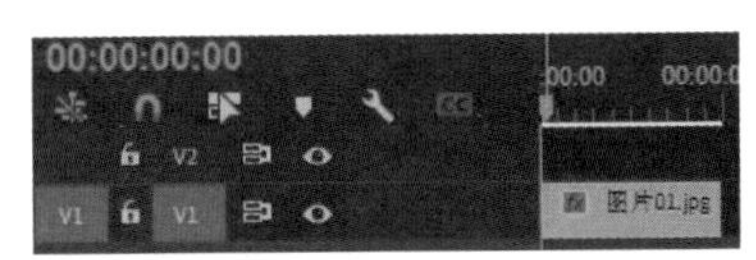

图6-65

2. 在【基本图形】面板中设置

01 → 激活【时间轴】面板，执行菜单【图形】>【新建图层】>【文本】命令。

02 → 在【节目监视器】面板中，设置文本内容为“实色文字”，如图6-66所示。

03 → 在【基本图形】面板中，设置【位置】为(85.0,185.0)，【字体】为“微软雅黑”，【字体样式】为“粗体”，【字体大小】为60，【填充】为(R:0,G:200,B:255)，如图6-67所示。

图6-66

图6-67

04 → 在【基本图形】面板中，单击【新建图层】按钮，选择【文本】选项，如图6-68所示。

05 → 在【节目监视器】面板中，设置文本内容为“描边文字”。

06 → 在【基本图形】面板中，设置【位置】为(435.0,185.0)，勾选【描边】复选框，设置

【描边】为(R:255,G:255,B:0)，【描边宽度】为8.0，如图6-69所示。

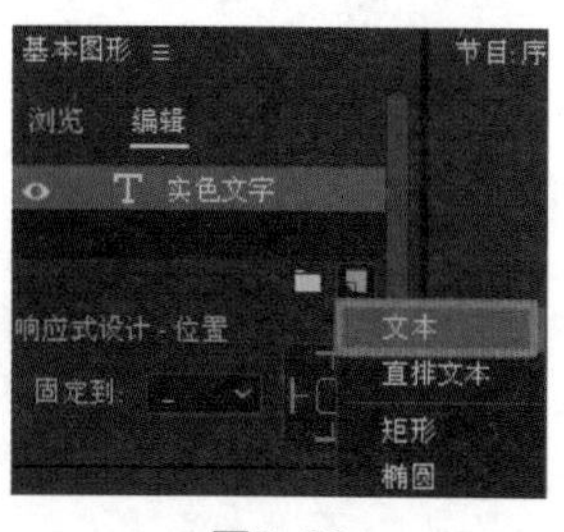

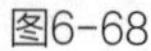
图6-68

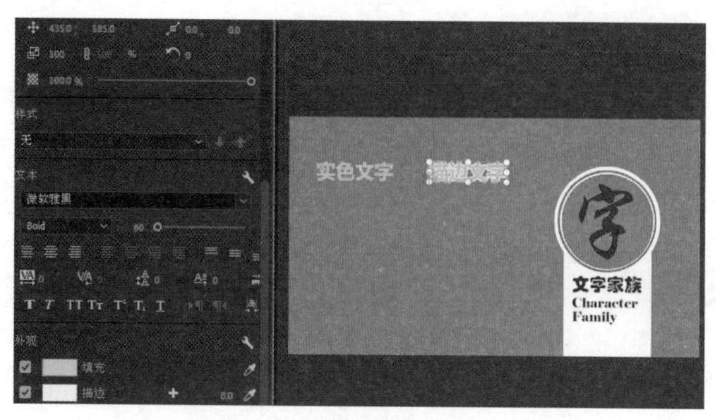

图6-69

07 继续在【基本图形】面板中，单击【新建图层】按钮，选择【文本】选项。

08 在【节目监视器】面板中，设置文本内容为“镂空文字”。

09 在【基本图形】面板中，设置【位置】为(85.0,280.0)，取消勾选【填充】复选框，设置【描边宽度】为3.0，如图6-70所示。

10 继续在【基本图形】面板中，单击【新建图层】按钮，选择【文本】选项。

11 在【节目监视器】面板中，设置文本内容为“阴影文字”。

12 在【基本图形】面板中，设置【位置】为(435.0,280.0)，勾选【填充】复选框，取消勾选【描边】复选框，勾选【阴影】复选框，【颜色】为(R:0,G:0,B:0)，【大小】为10.0，如图6-71所示。

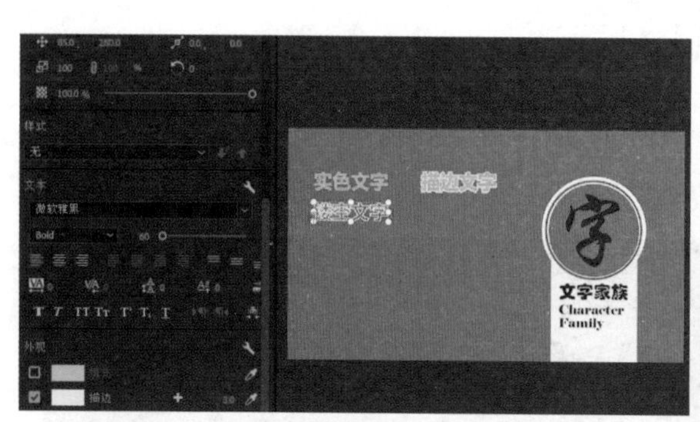

图6-70

图6-71

3. 在旧版【字幕】面板中设置

01 执行菜单【文件】>【新建】>【旧版标题】命令，在弹出的【新建字幕】对话框中，设置【名称】为“字幕01”。

02 使用【文本工具】在【字幕】面板中添加文本，文本内容为“渐变文字”，如图6-72所示。

图6-72

03 在【旧版标题属性】面板中设置【变换】属性的【X位置】为200.0，【Y位置】为360.0；【属性】属性的【字体系列】为“微软雅黑”，【字体样式】为“粗体”，【字体大小】为60.0；【填充】属性的【填充类型】为“线性渐变”，【颜色】为(R:255,G:255,B:0)和(R:0,G:200,B:255)，【角度】为315.0°，如图6-73所示。

图6-73

04 继续使用【文本工具】在【字幕】面板中添加文本，文本内容为“圆点文字”。

05 在【旧版标题属性】面板中，设置【变换】属性的【X位置】为550.0，【Y位置】为360.0；【填充】属性的【填充类型】为“径向渐变”，将【颜色】属性的【颜色滑块】向左偏移到大约20%的位置，并且滑块之间没有过渡，如图6-74所示。

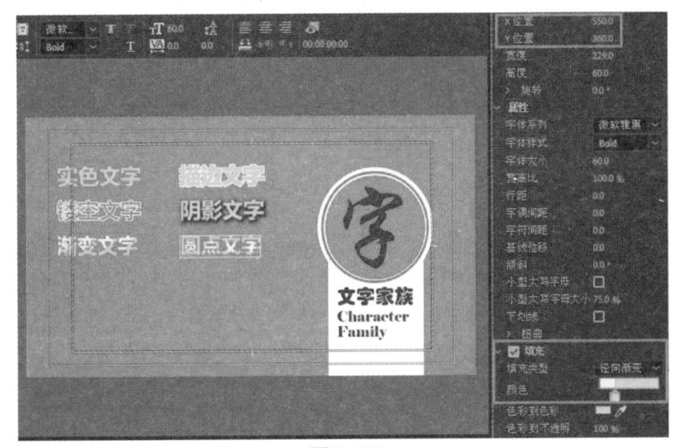

图6-74

06 继续使用【文本工具】在【字幕】面板中添加文本，文本内容为“四色文字”。

07 在【旧版标题属性】面板中，设置【变换】属性的【X位置】为200.0，【Y位置】为460.0；【填充】属性的【填充类型】为“四色渐变”，【颜色】为(R:0,G:200,B:255)、(R:255,G:255,B:0)、(R:0,G:255,B:0)和(R:255,G:0,B:255)，如图6-75所示。

图6-75

08 继续使用【文本工具】在【字幕】面板中添加文本，文本内容为“光泽文字”。

09 在【旧版标题属性】面板中，设置【变换】属性的【X位置】为550.0，【Y位置】为460.0；【填充】属性的【填充类型】为“实底”，【颜色】为(R:0,G:200,B:255)，勾选【光泽】复选框，设置【光泽】属性的【颜色】为(R:255,G:255,B:0)，【大小】为80.0，【角度】为315.0°，【偏移】为50.0，如图6-76所示。

图6-76

10 继续使用【文本工具】在【字幕】面板中添加文本，文本内容为“纹理文字”。

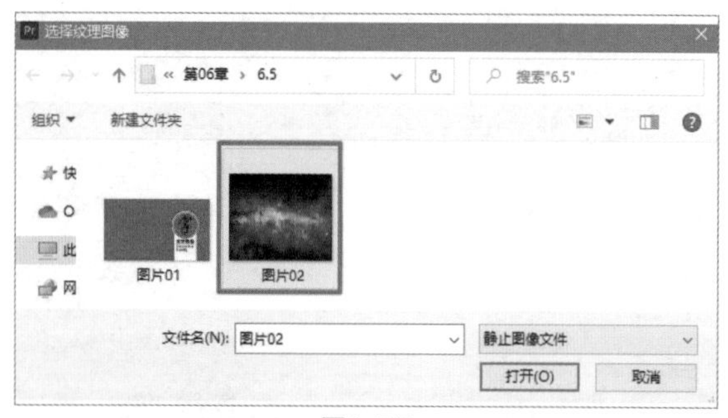

图6-77

11 在【旧版标题属性】面板中，取消勾选【光泽】复选框，勾选【纹理】复选框，设置【纹理】属性的【纹理】，在弹出的对话框中选择“图片02.jpg”素材，如图6-77所示。

12 继续在【旧版标题属性】面板中，设置【变换】属性的【X位置】为200.0，【Y位置】为560.0，如图6-78所示。

13 继续使用【文本工具】在【字幕】面板中添加文本，文本内容为“立体文字”。

14 在【旧版标题属性】面板中，取消勾选【纹理】复选框，单击【外描边】属性中的【添加】命令，添加一个外描边效果，如图6-79所示。

图6-78

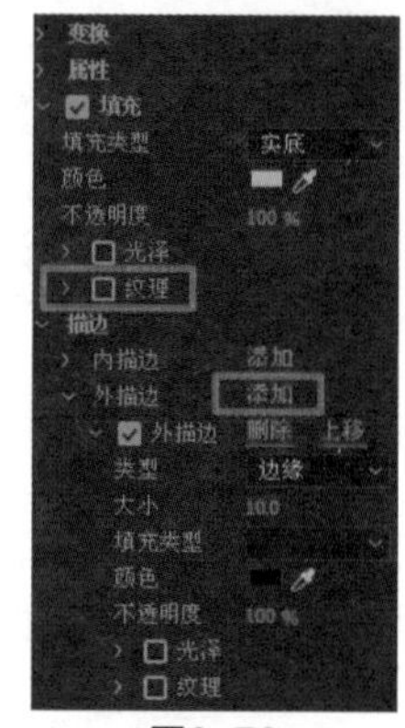

图6-79

15 在【旧版标题属性】面板中，设置【变换】属性的【X位置】为550.0，【Y位置】为560.0；【外描边】属性的【类型】为“深度”，【大小】为70.0，【角度】为45.0°，【颜色】为(R:0,G:80,B:100)，如图6-80所示。

图6-80

4. 设置序列

关闭【字幕】面板，将【项目】面板中的“字幕 01”素材拖曳至视频轨道V3中，如图6-81所示。

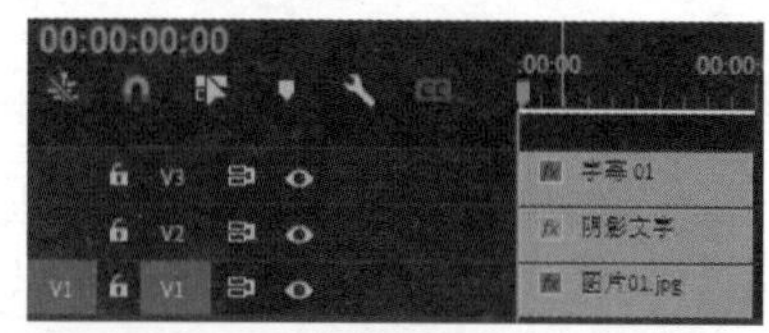

图6-81

5. 查看最终效果

在【节目监视器】面板中，查看最终画面效果，如图6-82所示。

图6-82

技术总结

通过本案例，读者应该掌握制作多种样式文字的方法了。这些文字样式都是通过修改文字的基本属性演变出来的。需注意的是，纹理文字的纹理贴图是针对每个字符，而不是一组文字，也就是说，它是给每个汉字贴上了相同的纹理贴图。

6.6 路径文字

教学视频

工程文件：工程文件 / 第 6 章 /6.6 路径文字 .prproj
视频教学：视频教学 / 第 6 章 /6.6 路径文字 .mp4
技术要点：掌握路径文字的制作方法

案例思路

本案例通过使用【路径文字工具】绘制形状路径，然后依照路径输入文字。在绘制路径时，要依据图像的轮廓形状进行。

制作步骤

1. 创建项目

01 新建项目和【HDV 720p25】预设序列。

02 双击【项目】面板的空白处，导入“图片01.jpg”素材文件，如图6-83所示。

03 将“图片01.jpg”素材文件添加到序列中，如图6-84所示。

图6-83

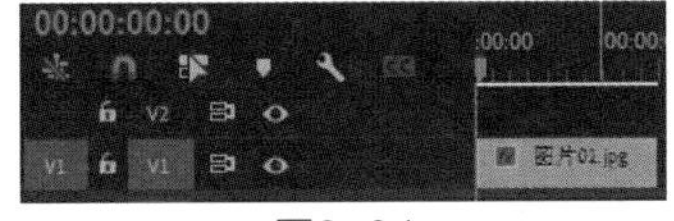

图6-84

2. 绘制路径文字

01 执行菜单【文件】>【新建】>【旧版标题】命令，在弹出的【新建字幕】对话框中，设置【名称】为“字幕01”。

02 在【字幕】面板中使用【路径文字工具】创建文本路径，并输入文本内容为“当速度来临的时候，时间会变得很慢。”，如图6-85所示。

03 使用【钢笔工具】配合Alt键调整路径，使路径更加顺滑，符合图形结构，如图6-86所示。

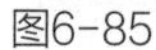
图6-85

图6-86

提示

按Alt键，再单击锚点，可以显示锚点的曲柄。

04 设置【属性】的【字体系列】为“微软雅黑”，【字体大小】为30.0，【字偶间距】为26.0；设置【填充】的【填充类型】为“实底”，【颜色】为(R:60,G:15,B:0)，如图6-87所示。

3. 输入文本

01 在【字幕】面板中，单击【基于当前字幕新建字幕】按钮，如图6-88所示。

图6-87

图6-88

02 在弹出的【新建字幕】对话框中，设置【名称】为“字幕02”。

03 使用【文本工具】在【字幕】面板中，添加文本，文本内容为“我迷恋这种感觉，所以，我追求速度。”。

04 在【旧版标题属性】面板中，设置【X位置】为1050.0，【Y位置】为120.0，【字体样式】为“粗体”，【行距】为10.0，如图6-89所示。

05 删除“当速度来临的时候，时间会变得很慢。”文本内容，然后关闭面板，如图6-90所示。

图6-89

图6-90

4. 设置效果

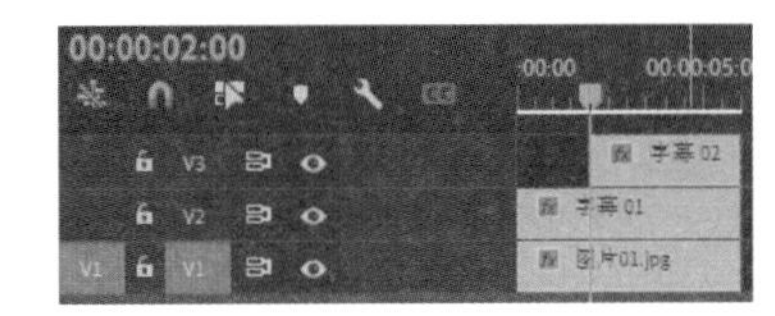

图6-91

01 分别将“字幕 01”和“字幕 02”素材拖曳至视频轨道V2、V3的00:00:00:00、00:00:02:00的位置，并将所有素材的出点移动至00:00:06:00的位置，如图6-91所示。

02 分别将【效果】面板中【视频过渡】下的【Wipe（擦除）】>【Wipe（擦除）】效果和【溶解】>【交叉溶解】效果，拖曳至视频轨道V2和V3素材的入点位置，如图6-92所示。

03 双击“字幕 01”素材的【Wipe（擦除）】效果，在弹出的对话框中，设置【持续时间】为00:00:02:00，如图6-93所示。

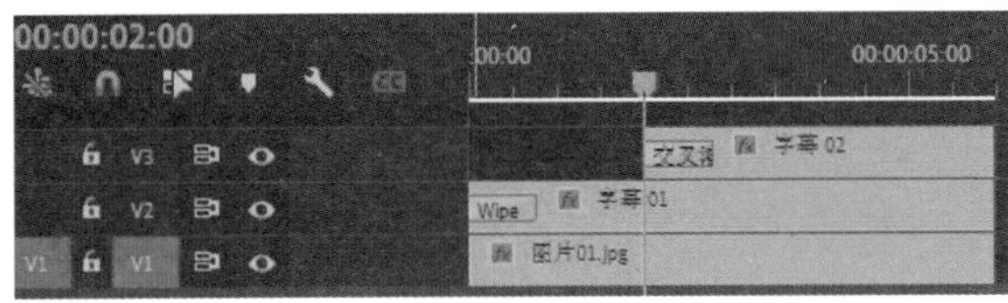

图6-92

图6-93

5. 查看最终效果

在【节目监视器】面板中查看最终画面效果，如图6-94所示。

图6-94

技术总结

通过本案例，读者应该能掌握制作路径文字的方法了。本案例的技术要点是调整路径，需要使用【钢笔工具】认真地调整路径的形状，细心地调整锚点位置和锚点曲柄方向，这样才能绘制出弧度流畅的路径，文字也会均匀分布。

6.7 消散文字

教学视频

工程文件：工程文件 / 第 6 章 /6.7 消散文字 .prproj
视频教学：视频教学 / 第 6 章 /6.7 消散文字 .mp4
技术要点：掌握消散文字的制作方法

案例思路

本案例是通过使用【基本图形】面板制作文字和图形，然后利用【轨道遮罩键】效果为文字和图形创造消散的效果，最后添加一些粒子素材使画面效果更加合理。

制作步骤

1.创建项目

01 → 新建项目和【HDV 720p25】预设序列。

图6-95

02 → 双击【项目】面板的空白处，导入“背景视频.mp4”“粒子视频.mov”和“消散视频.mp4”素材文件，如图6-95所示。

03 → 将“背景视频.mp4”素材文件添加到序列中，如图6-96所示。

图6-96

2. 绘制文字和图形

01 → 激活【时间轴】面板，执行菜单【图形】>【新建图层】>【文本】命令。

02 在【节目监视器】面板中，设置文本内容为“星河欲转千帆”，如图6-97所示。

图6-97

03 在【基本图形】面板中，设置【位置】为(860.0,110.0)，【字体】为“华文行楷”，【字体大小】为70，【填充】为(R:170,G:95,B:255)，如图6-98所示。

04 在【基本图形】面板中，单击【新建图层】按钮，选择【矩形】选项，如图6-99所示。

图6-98

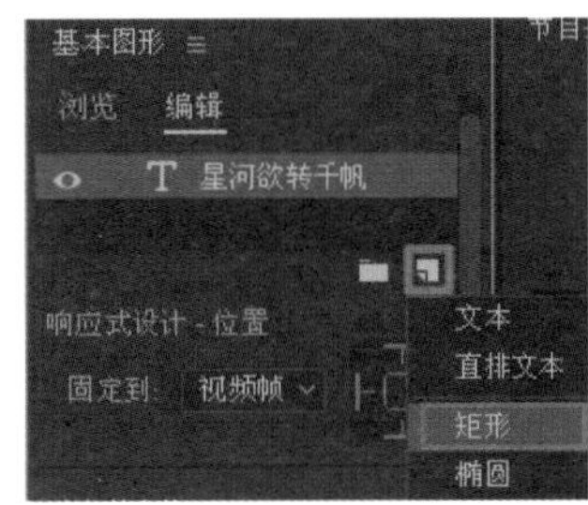

图6-99

05 在【基本图形】面板中，设置【位置】为(990.0,235.0)，【锚点】为(150.0,100.0)，关闭【设置缩放锁定】功能，再设置【缩放】为(3,110)，【旋转】为-45°，【填充】为(R:170,G:95,B:255)，如图6-100所示。

06 在【基本图形】面板中，单击【新建图层】按钮，选择【文本】选项，如图6-101所示。

图6-100

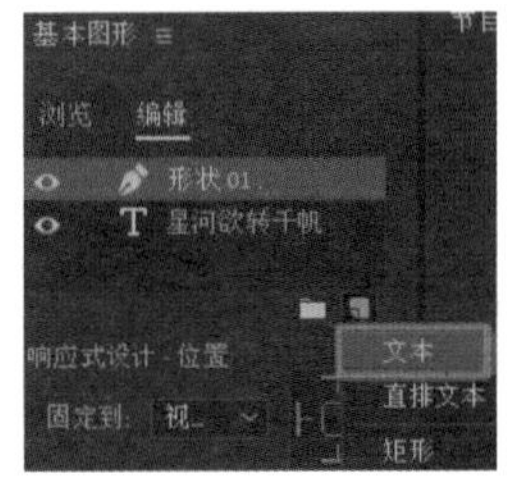
图6-101

07 在【节目监视器】面板中，设置文本内容为“舞”。

08 在【基本图形】面板中，设置【位置】为(950.0,400.0)，【字体】为“华文行楷”，【字体大小】为220，【填充】为(R:255,G:125,B:0)，如图6-102所示。

图6-102

3. 设置轨道遮罩

01 将视频轨道V2中的素材出点与视频轨道V1中的素材对齐，如图6-103所示。

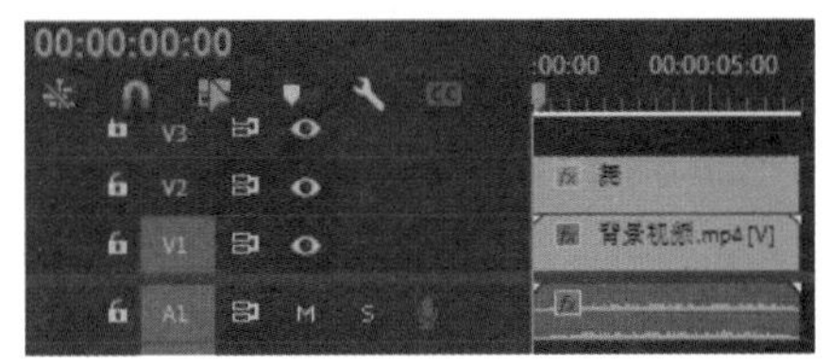
图6-103

02 → 选择视频轨道V2中的素材，执行菜单【图形】>【升级为源图】命令。

03 → 将【项目】面板中的“消散视频.mp4”素材拖曳至视频轨道V3上，如图6-104所示。

04 → 使用【比率拉伸工具】将视频轨道V3中的素材出点与视频轨道V1中的素材对齐，如图6-105所示。

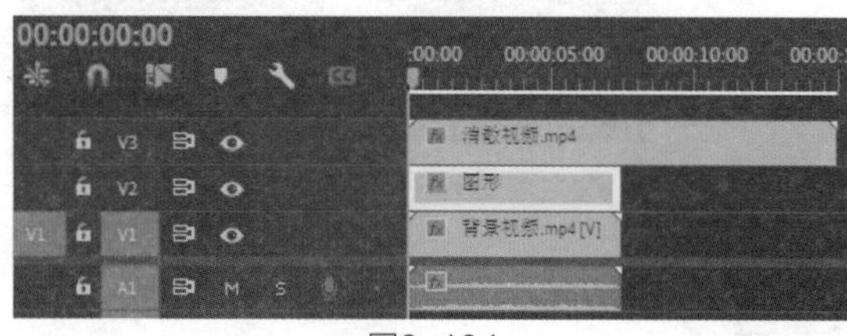

图6-104

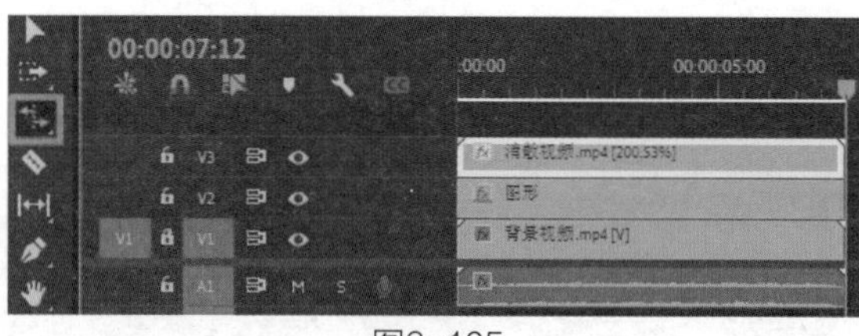

图6-105

05 → 激活视频轨道V2中的素材，双击【效果】面板中的【视频效果】>【键控】>【轨道遮罩键】效果，添加视频效果。

06 → 在【效果控件】面板中，设置【遮罩】为“视频3”，【合成方式】为“亮度遮罩”，勾选【反向】复选框，如图6-106所示。

4. 制作粒子效果

01 → 将【项目】面板中的“粒子视频.mov”素材拖曳至视频轨道V4的00:00:00:20位置，如图6-107所示。

02 → 激活视频轨道V4中素材的【效果控件】面板，设置【位置】为(1050.0,-100.0)，【缩放】为150.0，如图6-108所示。

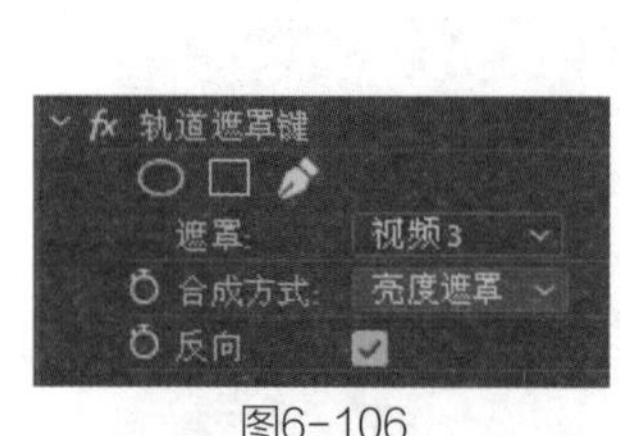

图6-106

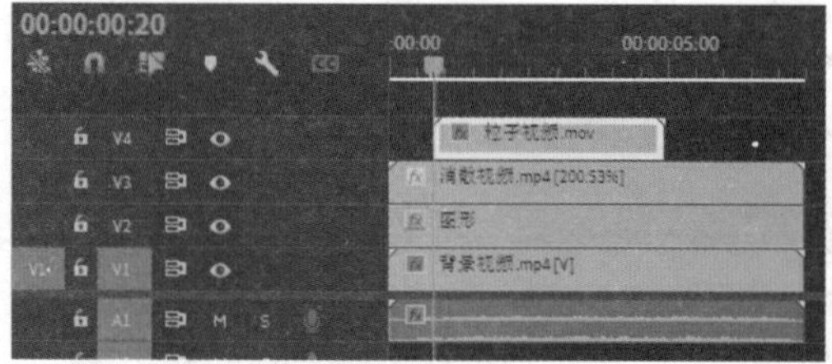

图6-107

图6-108

03 → 按住Alt键的同时，拖曳视频轨道V4中的素材至视频轨道V5的00:00:01:05位置和视频轨道V6的00:00:01:15位置，复制素材，如图6-109所示。

04 → 激活视频轨道V5中素材的【效果控件】面板，设置【位置】为(1000.0,-150.0)，【缩放】为120.0，如图6-110所示。

05 → 激活视频轨道V6中素材的【效果控件】面板，设置【位置】为(1150.0,50.0)，【缩放】为100.0，如图6-111所示。

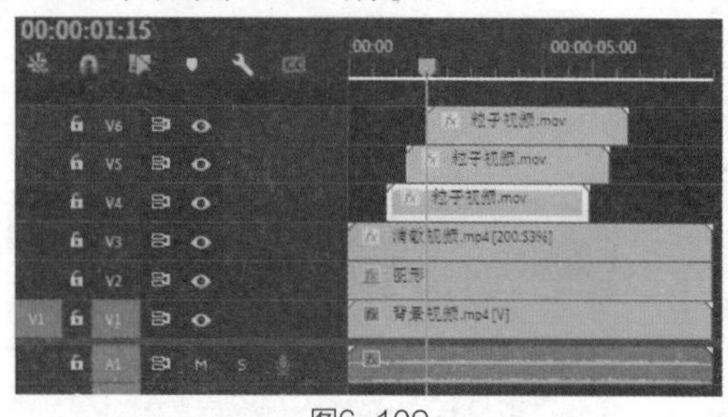

图6-109

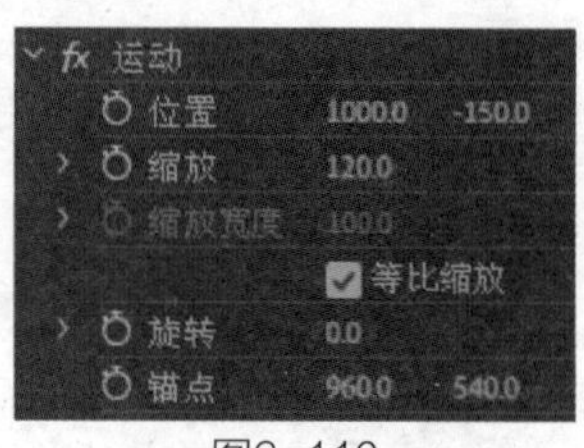

图6-110

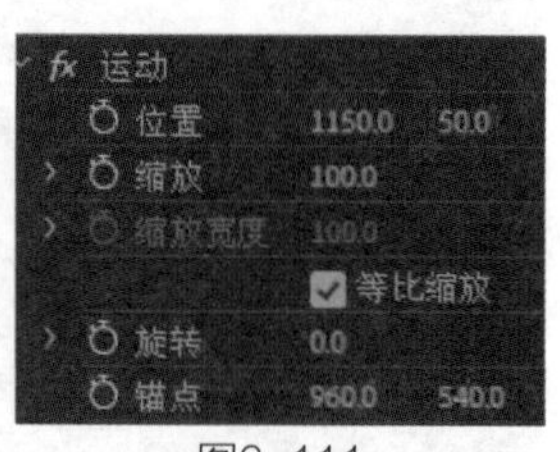

图6-111

5. 查看最终效果

在【节目监视器】面板中查看最终画面效果，如图6-112所示。

图6-112

技术总结

通过本案例，读者应该掌握制作粒子消散文字的方法了。本案例的技术要点是将创建的图形图层升级为源图之后才可以添加视频效果，否则视频效果只会影响矢量图形，而不是图层素材。

6.8 扫光文字

教学视频

工程文件：工程文件 / 第 6 章 /6.8 扫光文字 .prproj

视频教学：视频教学 / 第 6 章 /6.8 扫光文字 .mp4

技术要点：掌握扫光文字的制作方法

案例思路

本案例通过使用蒙版效果，使浅色的文字图层内容逐渐显示，创造出一种光影移动的效果。制作两个内容相同的文字图层，只是颜色深浅有差别，然后通过蒙版动画使浅色的文字内容逐渐显示，从而产生扫光的视觉效果。

制作步骤

1. 创建项目

01 → 新建项目和【HDV 720p25】预设序列。

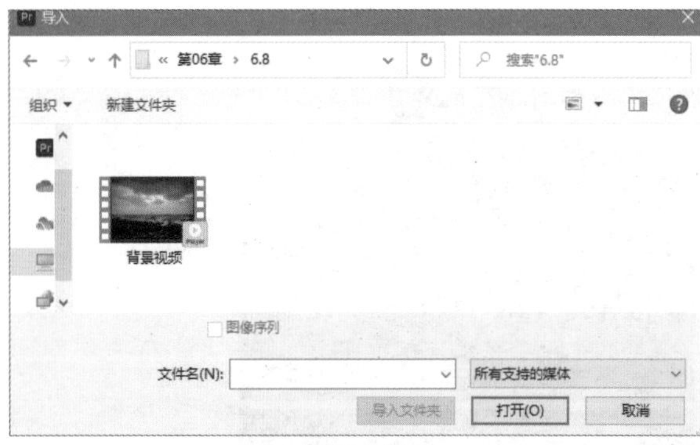

图6-113

02 → 双击【项目】面板的空白处，导入“背景视频.mp4”素材文件，如图6-113所示。

03 → 将“背景视频.mp4”素材文件添加到序列中，如图6-114所示。

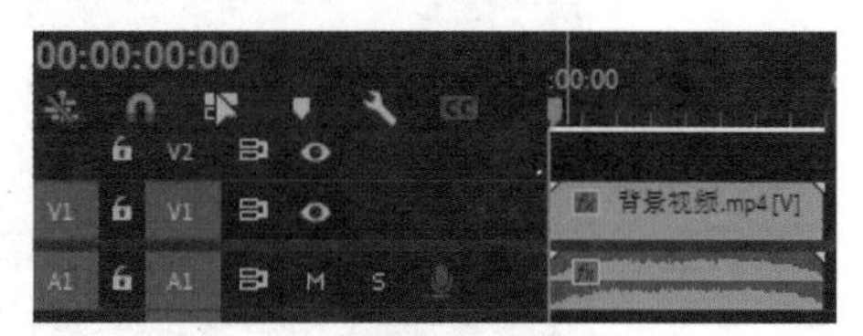

图6-114

2. 绘制标题效果

01 → 激活【时间轴】面板，执行菜单【图形】>【新建图层】>【文本】命令。

02 → 在【节目监视器】面板中，设置文本内容为“行到水穷处，坐看云起时”，如图6-115所示。

03 → 在【基本图形】面板中，设置【位置】为(635.0,355.0)，【字体】为“华文行楷”，【字体大小】为100，选择【居中对齐文本】，【填充】为(R:20,G:20,B:25)，【描边】为(R:0,G:145,B:200)，【描边宽度】为3.0，如图6-116所示。

图6-115

图6-116

04 → 激活视频轨道V2中的素材，双击【效果】面板中的【视频效果】>【过时】>【斜面Alpha】效果和【透视】>【投影】效果，添加视频效果。

05 → 在【效果控件】面板中，设置【投影】效果的【不透明度】为100%，【距离】为10.0，如图6-117所示。

06 → 在【效果控件】面板中，设置【斜面Alpha】效果的【边缘厚度】为5.00，【光照颜色】为(R:0,G:145,B:200)，如图6-118所示。

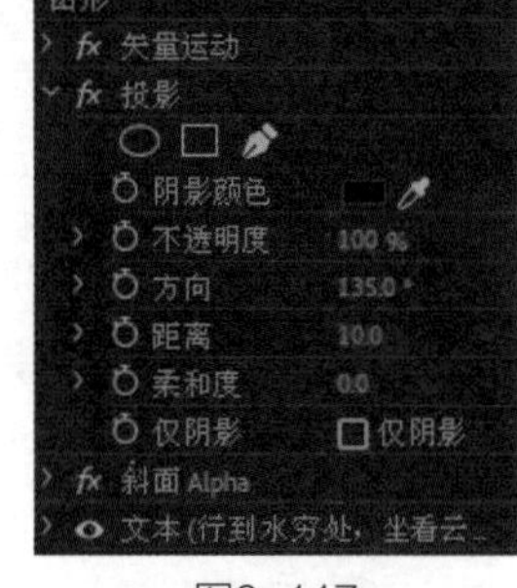

图6-117

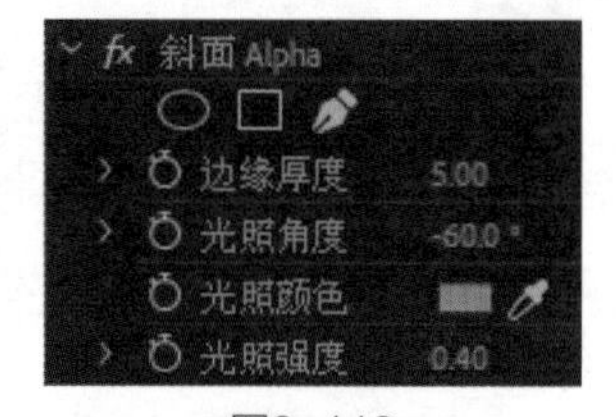

图6-118

3. 制作扫光效果

01 → 按住Alt键，然后将视频轨道V2中的素材复制到视频轨道V3上，如图6-119所示。

02 → 激活视频轨道V3中素材的【基本图形】面板，设置【填充】为(R:0,G:200,B:220)，如

图6-120所示。

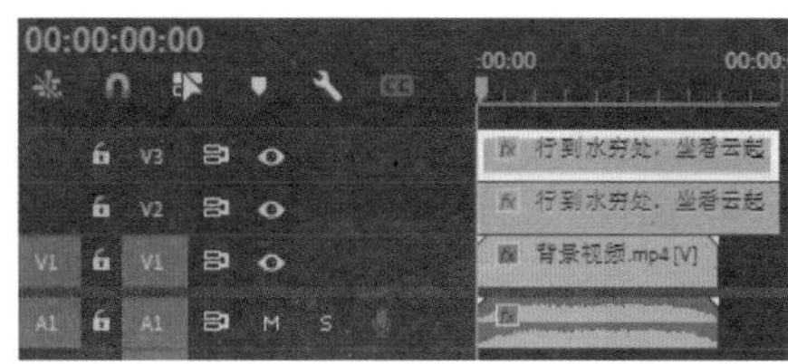

图6-119

图6-120

03 激活视频轨道V3中素材的【效果控件】面板，单击【不透明度】下的【创建椭圆形蒙版】属性，如图6-121所示。

04 在【节目监视器】面板中，调整蒙版的大小和位置，将蒙版调整到标题画面的最左端，如图6-122所示。

图6-121

图6-122

05 将【当前时间指示器】移动至00:00:00:15的位置，打开【蒙版路径】的【切换动画】按钮，设置【蒙版羽化】为30.0，如图6-123所示。

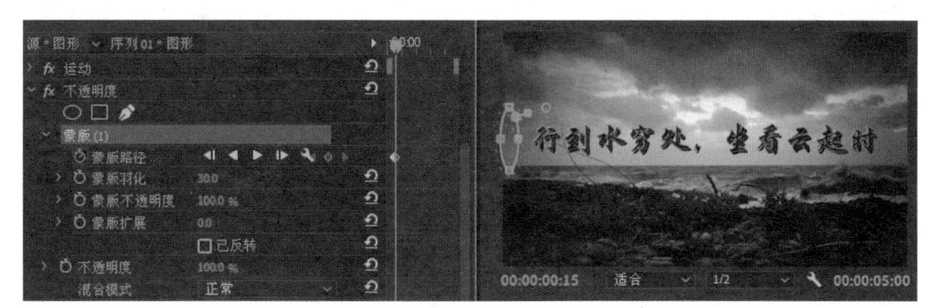

图6-123

06 将【当前时间指示器】移动至00:00:03:00的位置，在【节目监视器】面板中将蒙版调整到标题画面的最右端，如图6-124所示。

图6-124

07→ 将视频轨道V2和视频轨道V3中的素材出点与视频轨道V1中的素材对齐，如图6-125所示。

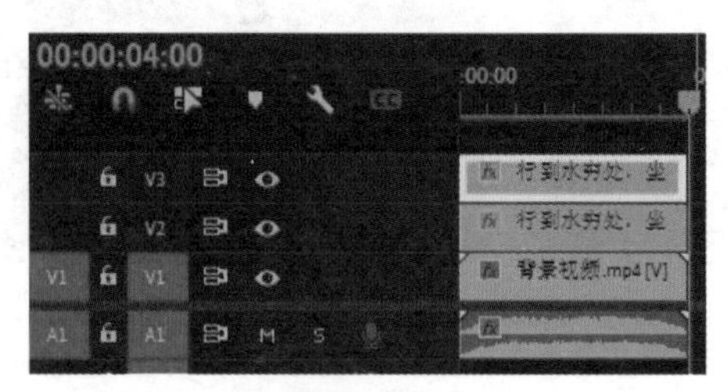

图6-125

4. 查看最终效果

在【节目监视器】面板中查看最终画面效果，如图6-126所示。

图6-126

技术总结

通过本案例，读者应该掌握制作简单扫光文字的方法了。本案例的技术要点是利用素材默认的蒙版属性，改变上层素材的可见范围。单击【效果控件】面板中的蒙版命令，就可以在【节目监视器】面板中显示蒙版的可控手柄，直接调整蒙版的位置和范围。

综合案例

本章主要讲解在实际案例中各种编辑方法和技巧的综合运用。通过本章的学习，读者可以将前6章的知识融会贯通，掌握专业视频制作的方法和技巧。通过对4个综合案例的讲解，使读者了解不同商业类型视频的制作方法和要领，以便在今后的创作中制作出更加专业的视频短片。

7.1 电子相册

工程文件：工程文件 / 第 7 章 /7.1 电子相册 .prproj
视频教学：视频教学 / 第 7 章 /7.1 电子相册 .mp4
技术要点：掌握制作电子相册的方法

案例思路

电子相册是优美的照片和摄影摄像片段的合集，多用于表现婚礼庆典或儿童成长等内容。本案例是为宠物制作相册专辑，将精彩的相片与音乐进行巧妙组接。

制作步骤

1. 创建项目

01 → 新建项目，设置项目名称为“电子相册”。

02 → 在【新建序列】对话框中，设置序列格式为【HDV】>【HDV 720p25】，新建序列，【序列名称】设置为“电子相册”。

03 → 将“图片01.jpg”～“图片06.jpg”和“背景音乐.mp3”素材导入项目中，导入素材，如图7-1所示。

图7-1

2. 制作片头

01→ 将【项目】面板中的“图片01.jpg”素材拖曳至视频轨道V1上，如图7-2所示。

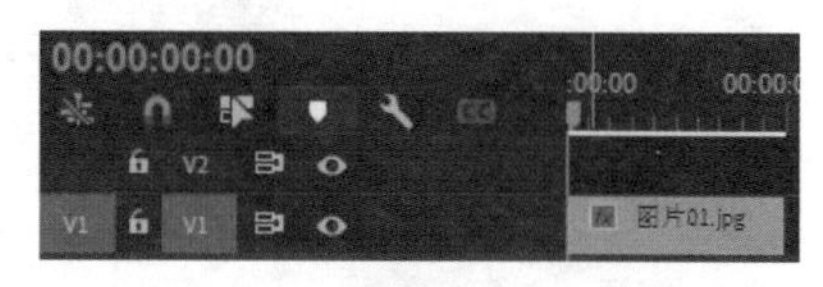

图7-2

02→ 单击【时间轴】面板的空白处，执行菜单【图形】>【新建图层】>【矩形】命令。

03→ 在【基本图形】面板中，设置【锚点】为(150.0,100.0)，【缩放】为150，【透明度】为50%，取消勾选【填充】复选框，勾选【描边】复选框，设置【描边】为(R:255,G:255,B:255)，【描边宽度】为5.0，如图7-3所示。

04→ 单击【时间轴】面板的空白处，执行菜单【图形】>【新建图层】>【文本】命令。

05→ 在【节目监视器】面板中，设置文本内容为“萌宠专辑”，另起一行输入内容为Cute Pets Album，如图7-4所示。

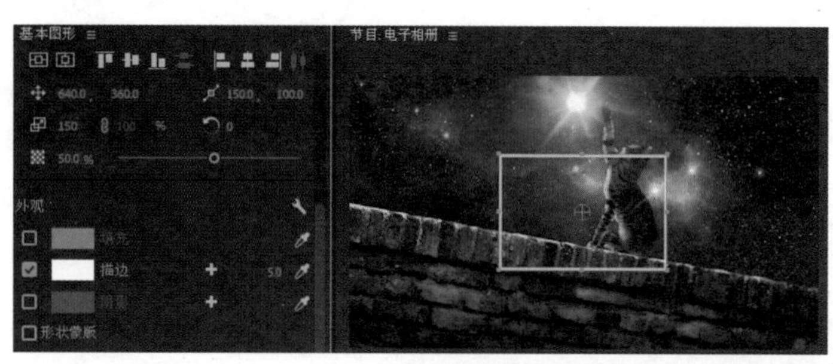

图7-3

图7-4

06→ 激活“萌宠专辑 Cute Pets Album”文本素材的【基本图形】面板，设置【字体】为“微软雅黑”，【字体样式】为“粗体”，两个文本的【字体大小】分别为90和42，选择【居中对齐文本】，【行距】为25，如图7-5所示。

图7-5

07→ 激活视频轨道V2中“图形”素材的【效果控件】面板，将【当前时间指示器】移动至00:00:00:00的位置，打开【缩放】和【旋转】的【切换动画】按钮，设置【缩放】为0.0，【旋转】为0.0°，如图7-6所示。

图7-6

08 → 将【当前时间指示器】移动至00:00:00:10的位置，设置【缩放】为100.0，【旋转】为180.0°，如图7-7所示。

09 → 激活【效果】面板，将【视频过渡】>【Page Peel（页面剥落）】>【Page Turn（翻页）】过渡效果添加到视频轨道V3素材入点位置，如图7-8所示。

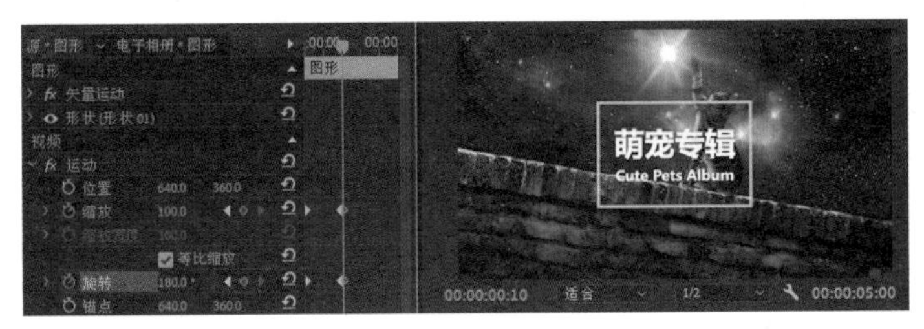

图7-7

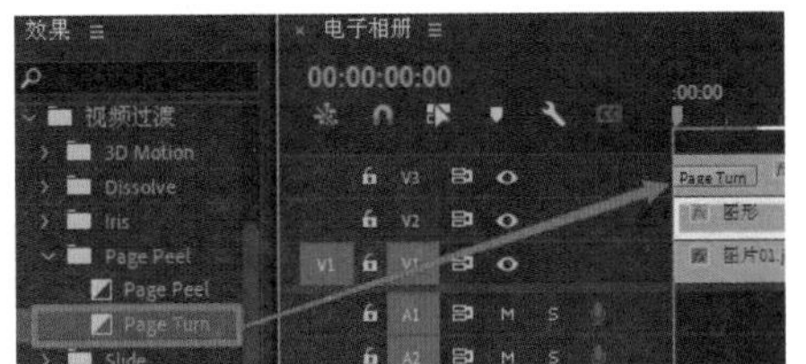

图7-8

10 → 将【当前时间指示器】移动至00:00:03:00的位置，选择序列中所有素材的出点，执行菜单【序列】>【将所选编辑点扩展到播放指示器】命令，如图7-9所示。

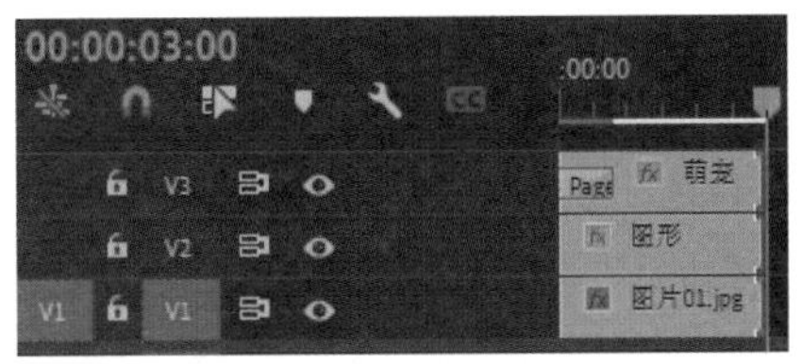

图7-9

3. 制作场景一

01 → 将【项目】面板中的“图片02.jpg”素材拖曳至视频轨道V4的00:00:02:00位置，并执行右键菜单中的【速度/持续时间】命令，在弹出的对话框中设置【持续时间】为00:00:02:00，如图7-10所示。

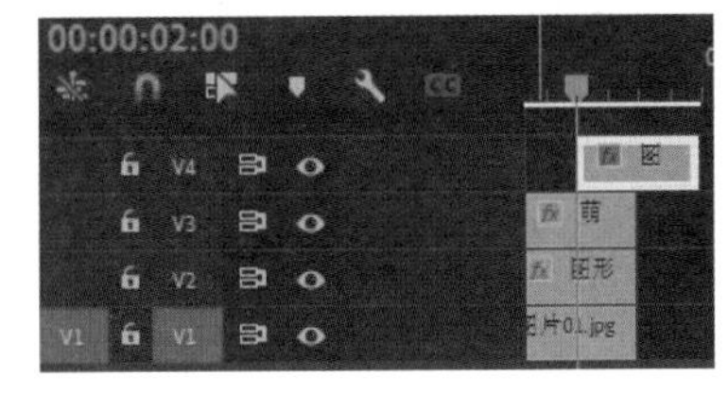

图7-10

02 → 激活【效果】面板，将【视频过渡】>【Iris（划像）】>【Iris Box（盒形划像）】和【Iris Diamond（菱形划像）】过渡效果添加到“图片02.jpg”素材入点和出点位置，如图7-11所示。

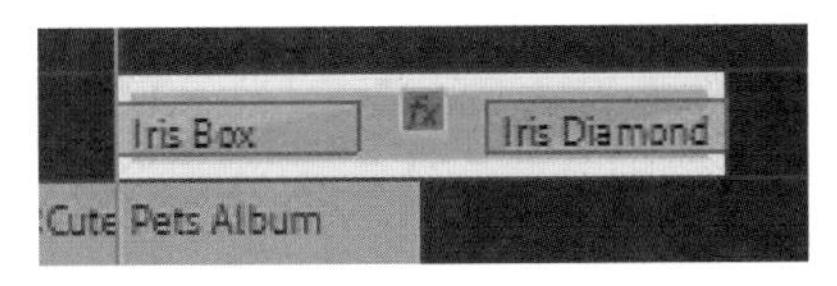

图7-11

03 → 双击素材上的过渡效果，设置【Iris Box（盒形划像）】和【Iris Diamond（菱形划像）】过渡效果的【持续时间】为00:00:00:10，如图7-12所示。

04 → 选择【项目】面板中的“图片03.jpg”~“图片05.jpg”素材，并执行右键菜单中的【速度/持续时间】命令，在弹出的对话框中设置【持续时间】为00:00:03:00，如图7-13所示。

05 → 将【项目】面板中的“图片03.jpg”素材拖曳至视频轨道V1的00:00:03:00位置；将“图片04.jpg”素材拖曳至视频轨道V2的00:00:05:00位置，如图7-14所示。

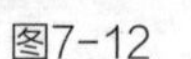

图7-12

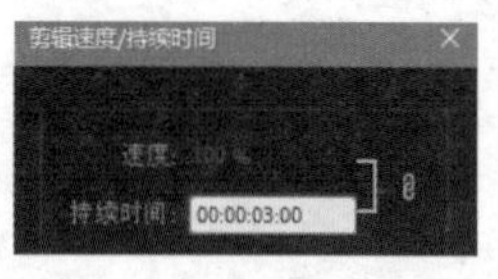

图7-13

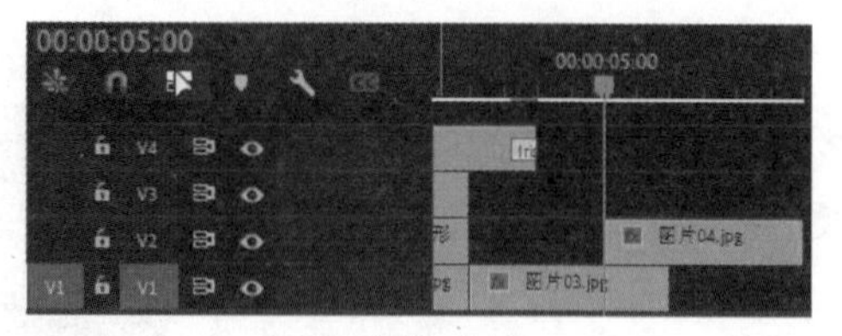

图7-14

4. 制作场景二

01 → 激活“图片04.jpg”素材的【效果控件】面板，将【当前时间指示器】移动至00:00:05:00的位置，打开【位置】的【切换动画】按钮，设置【位置】为(-640.0,360.0)，如图7-15所示。

图7-15

02 → 将【当前时间指示器】移动至00:00:06:00的位置，设置【位置】为(640.0,360.0)，并在关键帧上执行右键菜单中的【临时插值】>【缓出】命令，如图7-16所示。

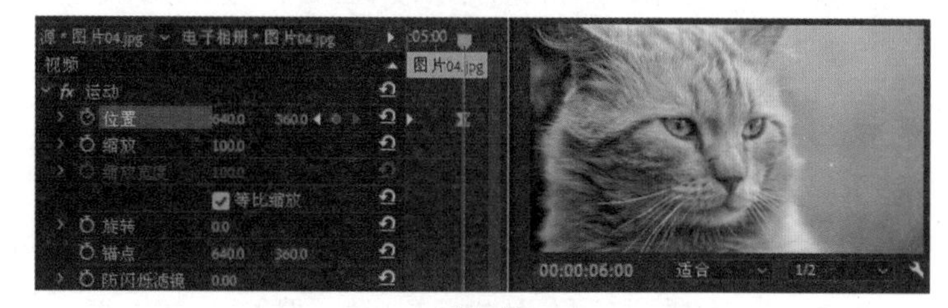

图7-16

提示

【缓出】命令可以使关键帧之间的动作变化为缓慢渐出的过渡效果。

03 → 将【当前时间指示器】移动至00:00:05:00的位置，激活【时间轴】面板的空白处，执行菜单【图形】>【新建图层】>【直排文本】命令，在【节目监视器】面板中输入文本内容为“我是小灰”，如图7-17所示。

04 → 在文本的【效果控件】面板中，设置【字体】为“微软雅黑”，【字体样式】为“粗体”，【字体大小】为70，【填充】为(R:220,G:220,B:220)，【位置】为(1120.0,200.0)，如图7-18所示。

图7-17

图7-18

05 → 将“我是小灰”文本素材的出入点位置与视频轨道V2中素材的出入点位置对齐。

06 → 激活【效果】面板，将【视频过渡】>【溶解】>【交叉溶解】过渡效果添加到“我是小灰”文本素材的入点位置，如图7-19所示。

07 → 将【项目】面板中的“图片05.jpg”素材拖曳至视频轨道V4的00:00:07:00位置。

08 → 激活【效果】面板，将【视频过渡】>【Zoom（缩放）】>【Cross Zoom（交叉缩放）】过渡效果添加到“图片05.jpg”素材的入点位置，如图7-20所示。

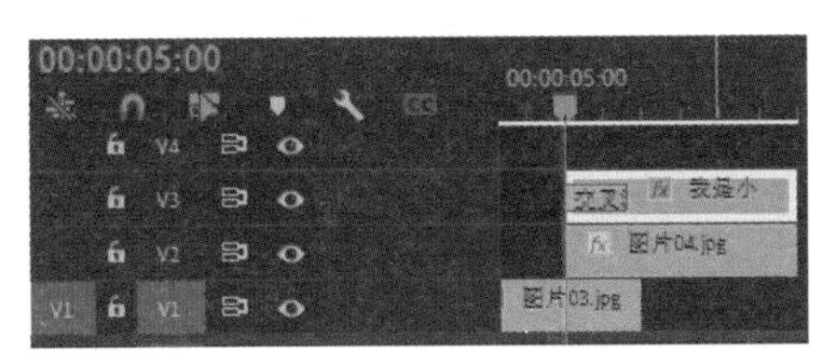

图7-19

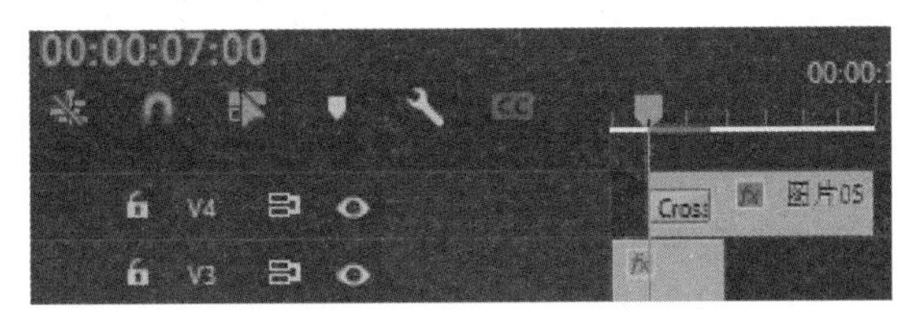

图7-20

09 → 将【项目】面板中的“背景音乐.mp3”素材拖曳至音频轨道A1上，如图7-21所示。

5. 制作相框效果

01 → 选择序列中的所有素材，执行右键菜单中的【嵌套】命令，并使用默认名称“嵌套序列01”，如图7-22所示。

02 → 将视频轨道V1中的素材移动至视频轨道V2上，将“图片06.jpg”素材拖曳至视频轨道V1上，并将出点位置与视频轨道V2中的素材对齐，如图7-23所示。

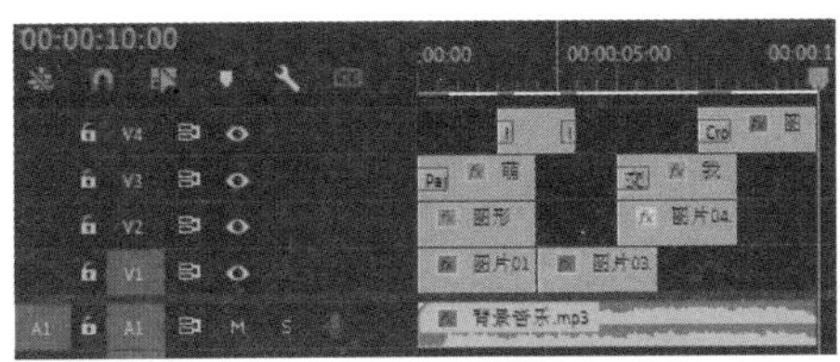

图7-21

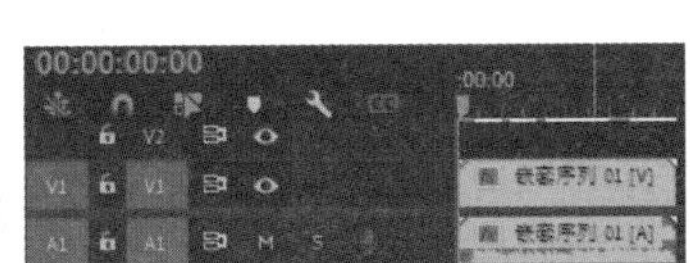

图7-22

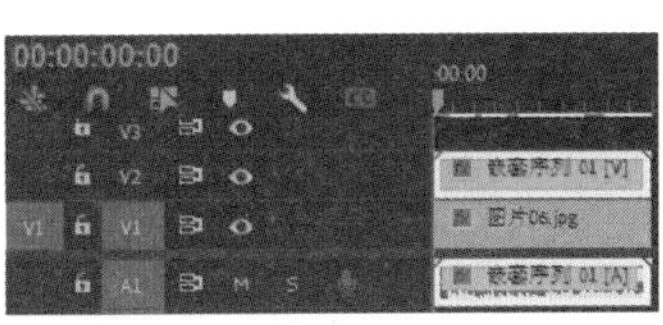

图7-23

03 → 激活视频轨道V2中素材的【效果控件】面板，设置【位置】为(540.0,320.0)，【缩放】为70.0，如图7-24所示。

04 → 单击【时间轴】面板的空白处，执行菜单【图形】>【新建图层】>【矩形】命令。

05 → 在【效果控件】面板中，取消勾选【填充】复选框，勾选【描边】复选框，设置【描边】为(R:120,G:115,B:65)，【描边宽度】为5.0；设置【位置】为(540.0,320.0)，取消勾选【等比缩放】复选框，设置【垂直缩放】为280，【水平缩放】为315，如图7-25所示。

图7-24

图7-25

06 → 选择视频轨道V3上的素材，双击【效果】面板中的【视频效果】>【过时】>【百叶窗】效果，添加效果，如图7-26所示。

07 → 设置【过渡完成】为50%，【方向】为45.0°，【宽度】为15，如图7-27所示。

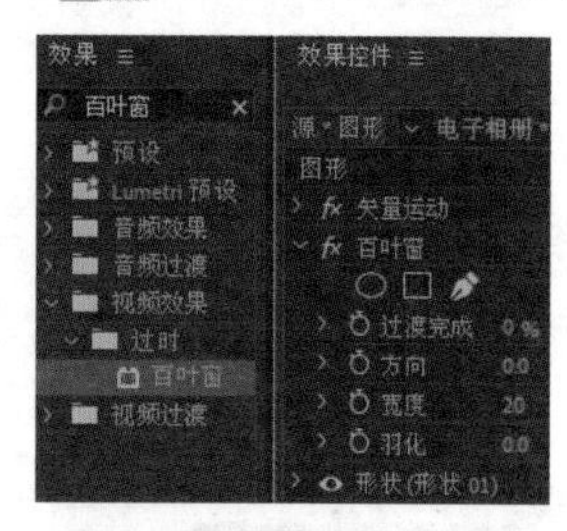

图7-26

图7-27

08 → 将“图形”素材的出点位置与视频轨道V2上的素材对齐，如图7-28所示。

09 → 选择序列中的所有素材，执行右键菜单中的【嵌套】命令，并使用默认名称“嵌套序列02”，如图7-29所示。

10 → 在序列的音视频出点位置，执行右键菜单中的【应用默认过渡】命令，如图7-30所示。

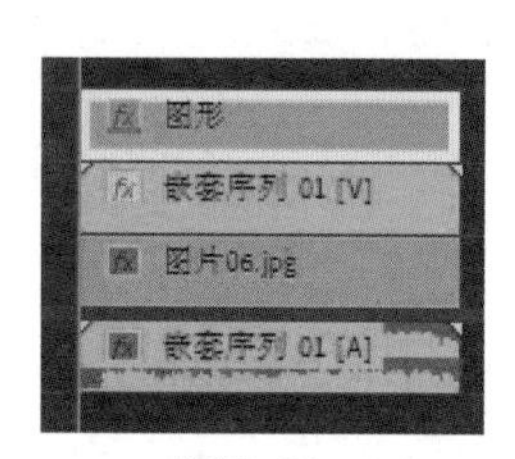

图7-28

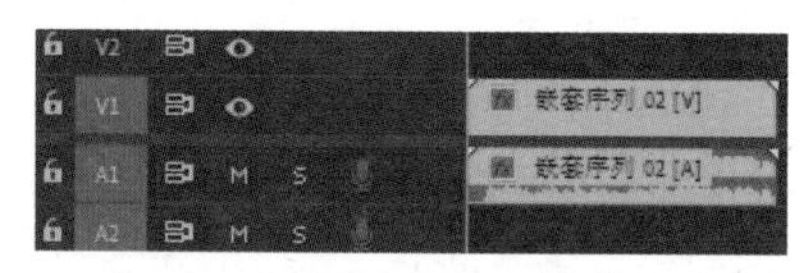

图7-29

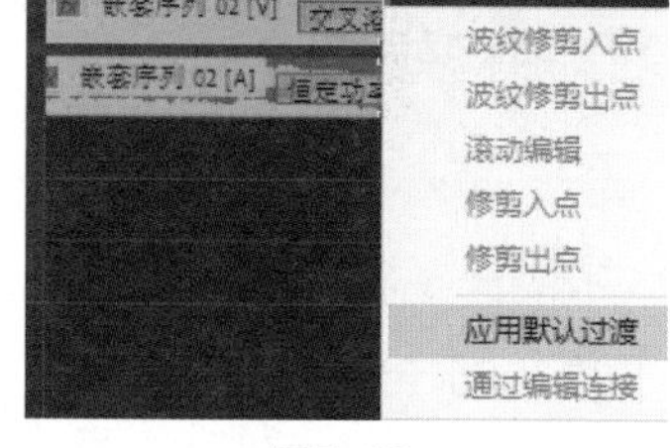

图7-30

6. 查看最终效果

在【节目监视器】面板中查看最终画面效果，如图7-31所示。

图7-31

技术总结

通过本案例，读者应该掌握制作电子相册的方法了。电子相册可以带相框或模板，也有许多没有相框的，只是素材之间的转换。在本案例中先制作素材封面和素材转换效果，最后依靠嵌套的方式将序列放置到相框中，这也是制作电子相册的一般流程。

7.2 栏目包装

教学视频

工程文件：工程文件 / 第 7 章 /7.2 栏目包装 .prproj
视频教学：视频教学 / 第 7 章 /7.2 栏目包装 .mp4
技术要点：掌握制作栏目包装的方法

案例思路

栏目包装是对电视节目、栏目、频道甚至是电视台的整体形象进行一种外在形式要素的规范和强化。本案例是为旅游频道制作的栏目包装，突出栏目的标志性颜色，配合精美图片，使栏目形成统一的风格。

制作步骤

1. 创建项目

01 → 新建项目，设置项目名称为“栏目包装”。

02 → 在【新建序列】对话框中，设置序列格式为【HDV】>【HDV 720p25】，新建序列，【序列名称】设置为“栏目包装”。

03 → 将“图片01.jpg”~“图片03.jpg”和“背景音乐.mp3”素材导入项目中，如图7-32所示。

图7-32

04 → 在【项目】面板的空白处，执行右键菜单中的【新建项目】>【颜色遮罩】命令，设置颜色为(R:185,G:0,B:165)。

05 → 在【选择名称】对话框中，设置【选择新遮罩的名称】为“紫色遮罩”。

06 → 继续创建遮罩，在【新建颜色遮罩】对话框中设置【宽度】为200，【高度】为200，如图7-33所示。

07 → 在【拾色器】对话框中，设置颜色为(R:185,G:0,B:165)。

08 → 在【选择名称】对话框中，设置【选择新遮罩的名称】为“紫色方形遮罩”。

2. 制作片头

01 → 将【项目】面板中的“图片01.jpg”素材和“紫色遮罩”素材分别拖曳至视频轨道V1和V2上，如图7-34所示。

02 → 单击【时间轴】面板的空白处，执行菜单【图形】>【新建图层】>【文本】命令。

03 → 在【节目监视器】面板中，设置文本内容为“旅游频道”，如图7-35所示。

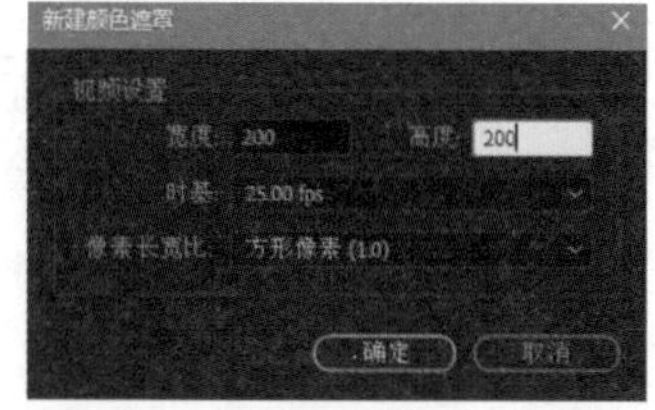

图7-33

图7-34

图7-35

图7-36

04 → 激活“旅游频道”文本素材的【基本图形】面板，设置【位置】为(640.0,330.0)，【字体】为“微软雅黑”，【字体样式】为“粗体”，【字体大小】为80，选择【居中对齐文本】，【字距调整】为200，【填充】为(R:255,G:255,B:255)，如图7-36所示。

05 → 在【基本图形】面板中，单击【新建图层】按钮，选择【文本】选项。

06 → 在【节目监视器】面板中，设置文本内容为Travel Channel。

07 → 激活Travel Channel文本素材的【基本图形】面板，设置【位置】为(640.0,400.0)，【字体】为“微软雅黑”，【字体样式】为“粗体”，【字体大小】为50，选择【居中对齐文本】，【字距调整】为0，【填充】为(R:255,G:220,B:0)，如图7-37所示。

08 → 激活【效果】面板，将【视频过渡】>【Slide（滑动）】>【Band Slide（带状滑动）】过渡效果添加到视频轨道V3素材的入点位置，如图7-38所示。

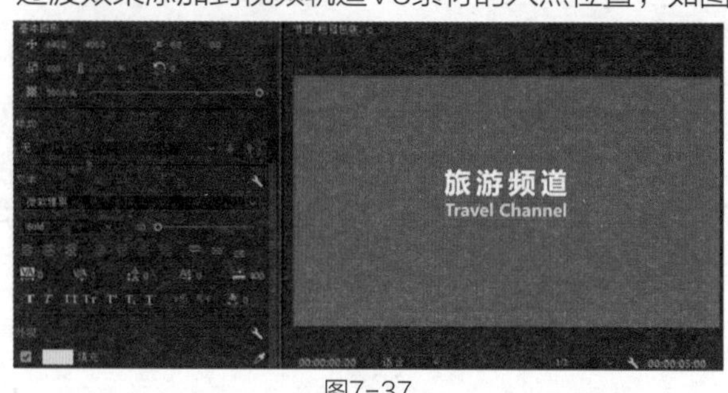

图7-37

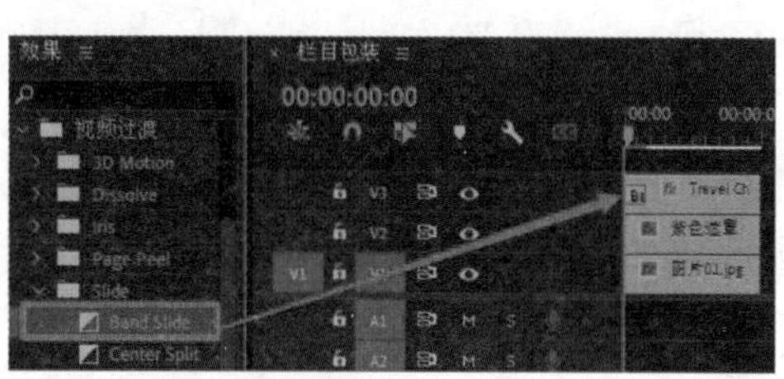

图7-38

09 → 单击素材上的过渡效果，在【效果控件】面板中设置【边缘选择器】为“自西向东”，【持续时间】为00:00:00:10，【自定义】>【带数量】为6，如图7-39所示。

10 → 选择视频轨道V2和V3上的素材，执行右键菜单中的【嵌套】命令，并设置名称为默认的“嵌套序列 01”。

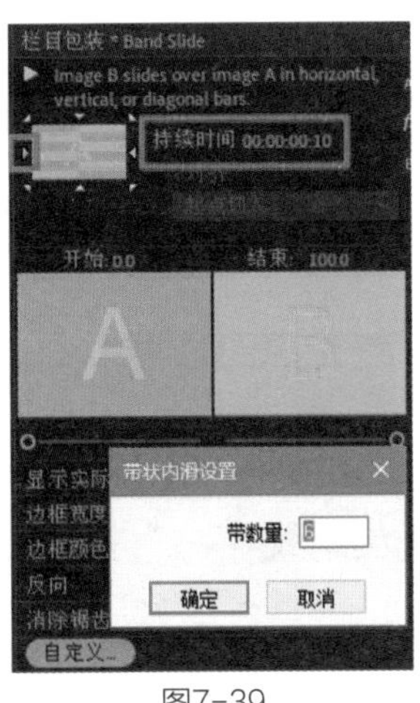
图7-39

11 将“嵌套序列 01”素材的出点移动至00:00:02:00的位置，如图7-40所示。

12 激活【效果】面板，将【视频过渡】>【Slide（滑动）】>【Split（拆分）】过渡效果添加到视频轨道V2中“嵌套序列 01”素材的出点位置。

13 单击过渡效果，在【效果控件】面板中设置【边缘选择器】为“自北向南”，【持续时间】为00:00:00:10，如图7-41所示。

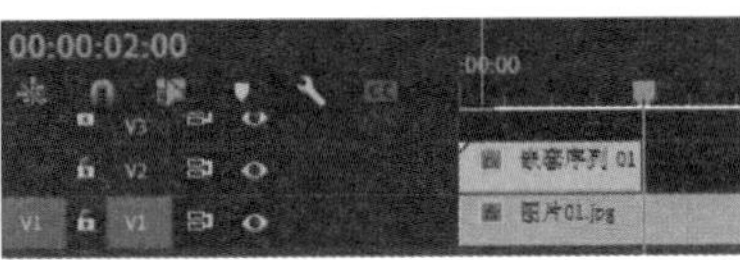
图7-40

图7-41

3. 制作片段一

01 将【项目】面板中的“紫色方形遮罩”素材拖曳至视频轨道V2的00:00:02:10位置，并将出点位置调整至00:00:05:00的位置。

02 将【项目】面板中的“图片02.jpg”素材拖曳至视频轨道V1的00:00:05:00位置，并将出点位置调整至00:00:08:00的位置，如图7-42所示。

03 激活“紫色方形遮罩”素材的【效果控件】面板，设置【位置】为(0.0,360.0)，【缩放】为255.0，【旋转】为45.0°，如图7-43所示。

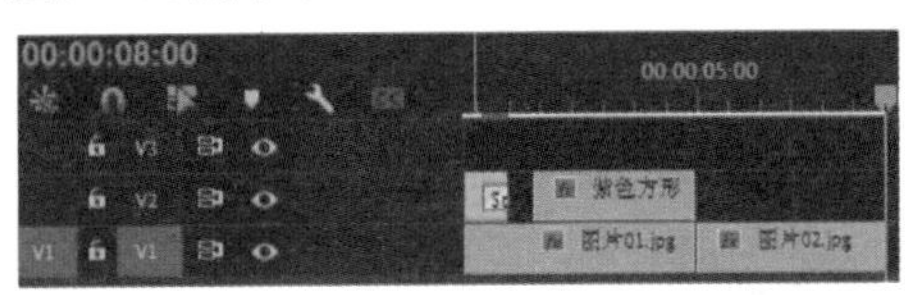
图7-42

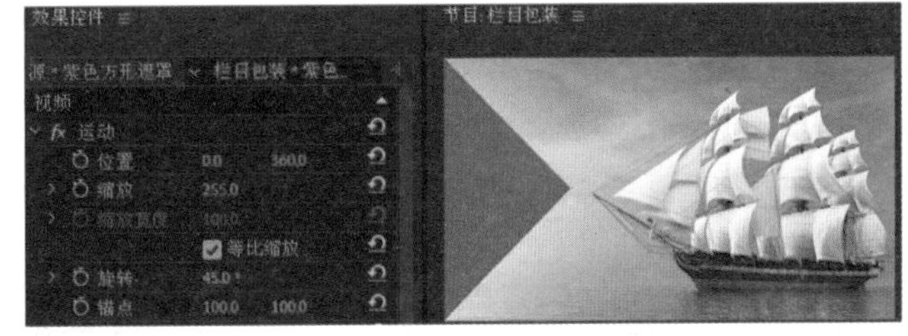
图7-43

04 将【当前时间指示器】移动至00:00:02:20的位置，单击【时间轴】面板的空白处，执行菜单【图形】>【新建图层】>【文本】命令，在【节目监视器】面板中输入文本内容为“船行天下 1:00pm”。

05 激活“船行天下 1:00pm”文本素材的【基本图形】面板，设置【位置】为(60.0,360.0)，【字体】为“微软雅黑”，【字体样式】为“粗体”，【字体大小】为40，【字距调整】为0，【填充】为(R:255,G:220,B:0)，如图7-44所示。

图7-44

06 选择“船行天下 1:00pm”文本素材，执行右键菜单中的【速度/持续时间】命令，设置【持续时间】为00:00:01:15，如图7-45所示。

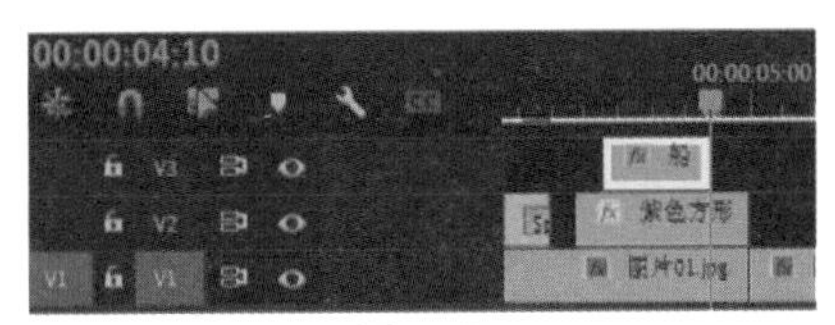
图7-45

07 在“船行天下 1:00pm”文本素材的出入点执行右键菜单中的【应用默认过渡】命令，设置效果的【持续时间】为00:00:00:10。

08 → 激活【效果】面板，将【视频过渡】>【Slide（滑动）】>【Push（推）】过渡效果，分别添加到“紫色方形遮罩”素材的入点位置和出点位置，以及“图片01.jpg”素材的出点位置，如图7-46所示。

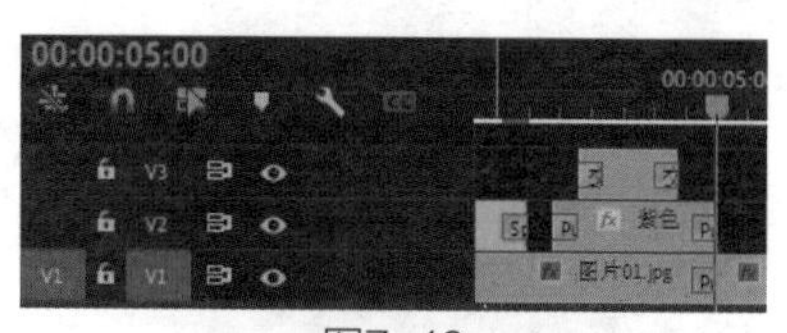
图7-46

09 → 分别激活3个【Push（推）】过渡效果，在【效果控件】面板中，设置【边缘选择器】为“自西向东”，【持续时间】为00:00:00:10，【对齐】为“终点切入”。

10 → 激活“紫色方形遮罩”素材入点的【推】过渡效果的【效果控件】面板，设置【开始】为70.0，如图7-47所示。

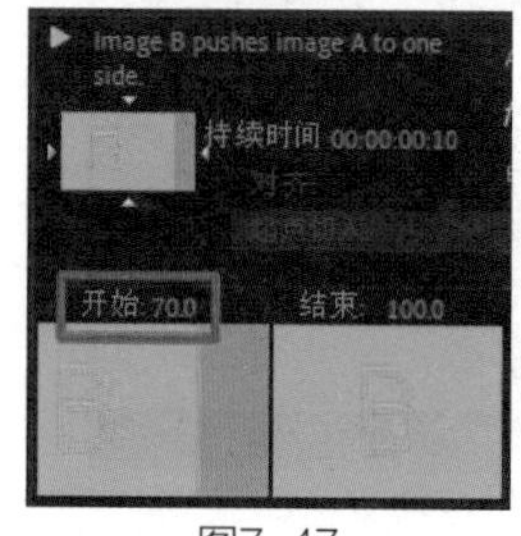

图7-47

4. 制作片段二

01 → 将【项目】面板中的“紫色遮罩”素材拖曳至视频轨道V2的00:00:05:10位置，并将出点位置调整至00:00:08:00的位置。

02 → 激活“紫色遮罩”素材的【效果控件】面板，将【效果】面板中的【视频效果】>【过时】>【径向擦除】效果拖曳至【效果控件】面板中，如图7-48所示。

03 → 将【当前时间指示器】移动至00:00:05:10的位置，打开【过渡完成】的【切换动画】按钮，设置【过渡完成】为50%，【起始角度】为0.0，【擦除中心】为(1280.0,0.0)，【擦除】为“逆时针”；将【当前时间指示器】移动至00:00:05:20的位置，设置【过渡完成】为40%；将【当前时间指示器】移动至00:00:07:15的位置，设置【过渡完成】为40%，如图7-49所示；将【当前时间指示器】移动至00:00:08:00的位置，设置【过渡完成】为50%。

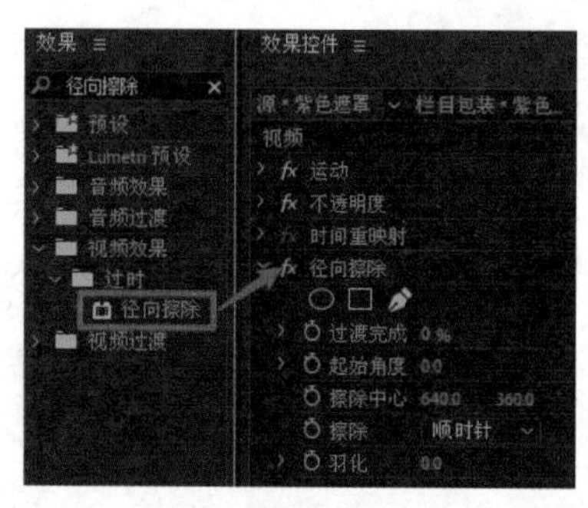
图7-48

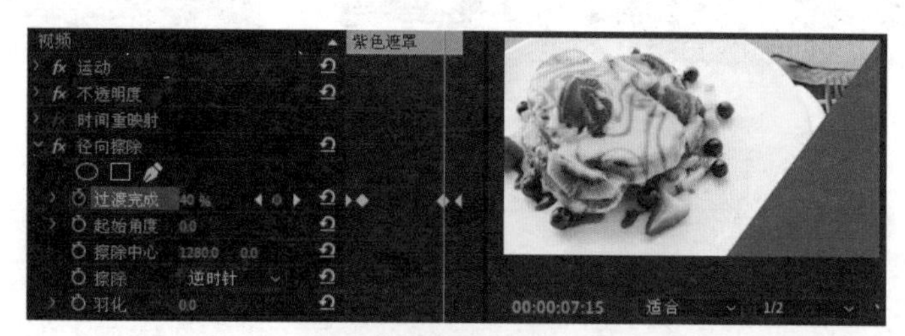
图7-49

04 → 按住Alt键的同时拖曳视频轨道V3上的“船行天下 1:00pm”文本素材到视频轨道V3的00:00:05:20位置，如图7-50所示。

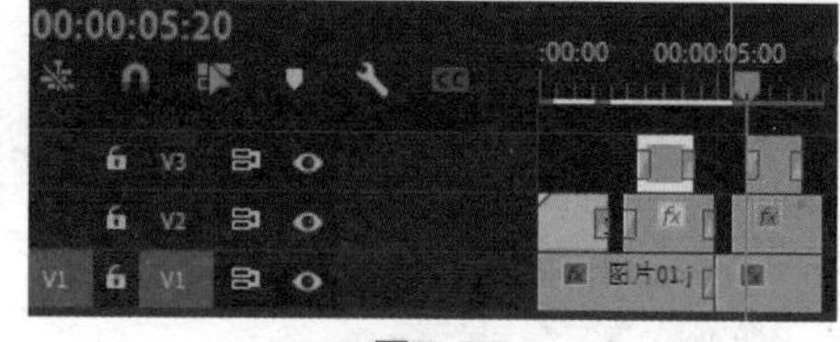
图7-50

05 → 在【节目监视器】面板中，将文本修改为“畅享美食 2:30pm”。

06 → 激活“畅享美食 2:30pm”文本素材的【效果控件】面板，设置“畅享美食 2:30pm”的【变换】>【位置】为(1000.0,550.0)。

5. 制作片段三

01 → 将【项目】面板中的“紫色方形遮罩”素材分别拖曳至视频轨道V2的00:00:08:20位置

和视频轨道V3的00:00:08:10位置，并分别将出点位置调整到00:00:11:15和00:00:12:00的位置。

02→ 将【项目】面板中的“图片03.jpg”素材拖曳至视频轨道V1的00:00:08:00位置，如图7-51所示。

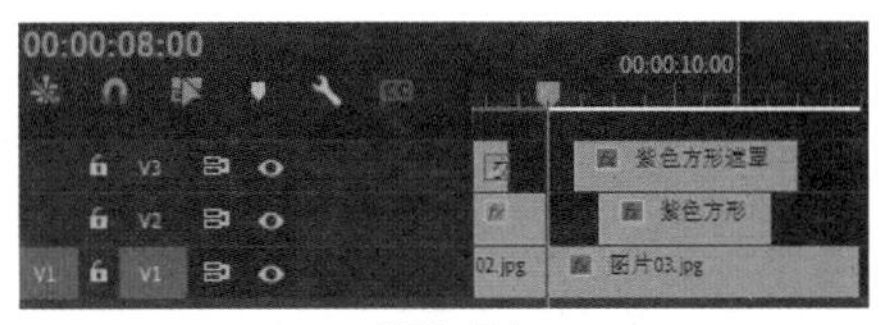

图7-51

03→ 激活【效果】面板，将【视频过渡】>【Wipe（擦除）】>【Radial Wipe（径向擦除）】过渡效果添加至视频轨道V1的00:00:08:00位置。

04→ 单击素材上的过渡效果，在【效果控件】面板中设置【边缘选择器】为“自西北向东南”，【对齐】为“中心切入”。

05→ 激活视频轨道V3上“紫色方形遮罩”素材的【效果控件】面板，将【效果】面板中的【视频效果】>【透视】>【投影】效果拖曳至【效果控件】面板中。

06→ 在【效果控件】面板中，设置【方向】为45.0°，【柔和度】为20.0。

07→ 继续激活视频轨道V3上“紫色方形遮罩”素材的【效果控件】面板，将【当前时间指示器】移动至00:00:08:10的位置，打开【缩放】和【旋转】的【切换动画】按钮，设置【位置】为(300.0,600.0)，【缩放】为0.0，【旋转】为-90.0°；将【当前时间指示器】移动至00:00:08:20的位置，设置【缩放】为50.0，【旋转】为45.0°，如图7-52所示；将【当前时间指示器】移动至00:00:11:15的位置，设置【缩放】为50.0，【旋转】为45.0°；将【当前时间指示器】移动至00:00:12:00的位置，设置【缩放】为0.0，【旋转】为-90.0°。

08→ 激活视频轨道V2上“紫色方形遮罩”素材的【效果控件】面板，设置【位置】为(450.0,600.0)，取消勾选【等比缩放】复选框，【缩放高度】为50.0，【缩放宽度】为150.0，如图7-53所示。

图7-52

图7-53

09→ 激活【效果】面板，将【视频过渡】>【Wipe（擦除）】>【Wipe（擦除）】过渡效果，分别添加到视频轨道V2“紫色方形遮罩”素材的入点位置和出点位置。

10→ 分别激活2个过渡效果，在【效果控件】面板中设置【边缘选择器】为“自西向东”和“自东向西”，【持续时间】为00:00:00:20和00:00:00:10。

11→ 按住Alt键的同时，拖曳视频轨道V3上的“畅享美食 2:30pm”文本素材至视频轨道V4的00:00:09:15位置，复制素材。

12→ 在【节目监视器】面板中，将文本修改为“海洋气象 4:00pm”。

13→ 激活“海洋气象 4:00pm”文本素材的【效果控件】面板，设置“海洋气象 4:00pm”文本的【字体大小】为30，【变换】下的【位置】为(400.0,590.0)，如图7-54所示。

6. 制作片尾

01→ 将【项目】面板中的“紫色遮罩”素材拖曳至视频轨道V2的00:00:12:05位置，将出点调整到00:00:15:00的位置，如图7-55所示。

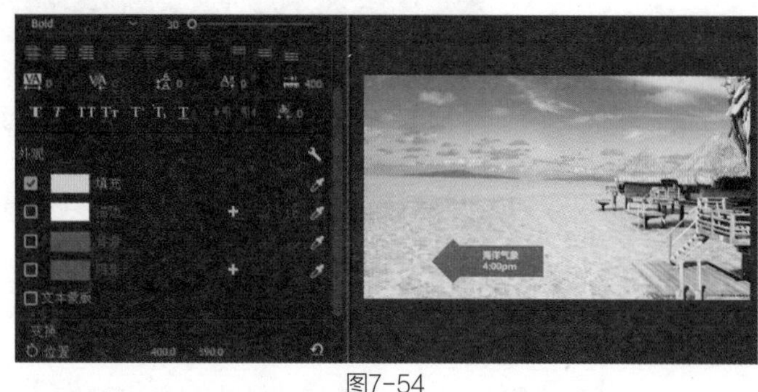

图7-54

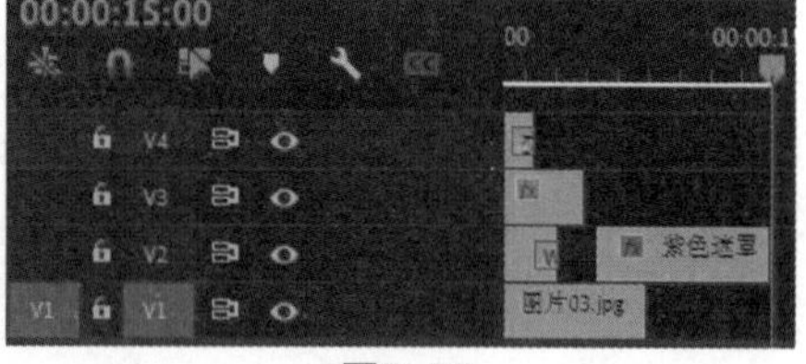

图7-55

02 → 将【当前时间指示器】移动至00:00:13:00的位置，单击【时间轴】面板的空白处，执行菜单【图形】>【新建图层】>【文本】命令，在【节目监视器】面板中输入文本内容为“旅游频道”。

03 → 激活“旅游频道”文本素材的【基本图形】面板，设置【字体】为“微软雅黑”，【字体样式】为“粗体”，【字体大小】为100，【对齐方式】为“右对齐文本”，【填充】为(R:255,G:220,B:0)。

04 → 在【基本图形】面板中，单击【新建图层】按钮，选择【文本】选项。

05 → 在【节目监视器】面板中，输入文本内容为“伴你同行”。

06 → 激活“伴你同行”文本素材的【基本图形】面板，设置【填充】为(R:255,G:255,B:255)，如图7-56所示。

07 → 选择00:00:13:00右侧视频轨道V3素材的入点，执行右键菜单中的【应用默认过渡】命令，设置效果的【持续时间】为00:00:00:10。

08 → 激活【效果】面板，将【视频过渡】>【Wipe（擦除）】>【Venetian Blinds（百叶窗）】过渡效果添加到视频轨道V2“紫色遮罩”素材的入点位置。

09 → 将【项目】面板中的“背景音乐.mp3”素材拖曳至音频轨道A1上，并将视频轨道V3的出点与之对齐，如图7-57所示。

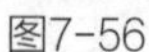

图7-56

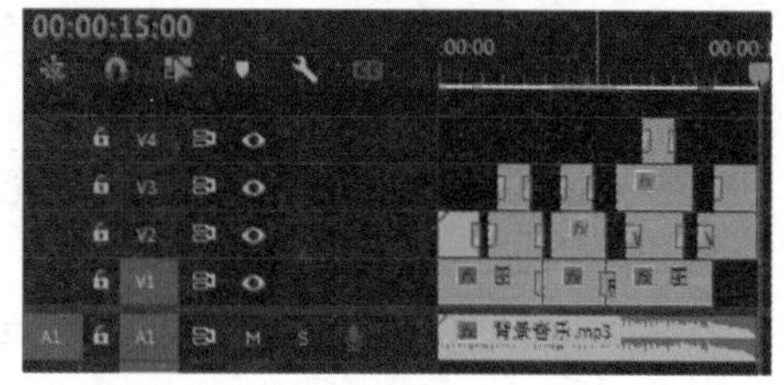

图7-57

7. 查看最终效果

在【节目监视器】面板中查看最终画面效果，如图7-58所示。

图7-58

技术总结

通过本案例，读者应该掌握栏目包装的制作方法了。本案例包含了栏目标识、栏目口号和3个显示方式的栏目标题的制作，这些都是栏目包装重要的组成部分。需要注意的是，一般栏目包装的颜色和字体不宜过多，应该统一并突出企业色，即栏目所特有的标志性颜色。

7.3 购物广告

工程文件：工程文件 / 第 7 章 /7.3 购物广告 .prproj
视频教学：视频教学 / 第 7 章 /7.3 购物广告 .mp4
技术要点：掌握制作广告片的方法

案例思路

购物广告属于视频广告，通常是对网络购物的宣传介绍，这类广告需要在较短的时间内吸引顾客的注意力，所以内容应简单明了。本案例是制作一个介绍网络购物的广告，通过精练的文字和简单的图像告诉观众网络购物的方法。

制作步骤

1. 创建项目

01 → 新建项目，设置项目名称为“购物广告”。

02 → 在【新建序列】对话框中，设置序列格式为【HDV】>【HDV 720p25】，新建序列，【序列名称】设置为“购物广告”。

03 → 将“图片01.jpg”“图片02.png”“图片03.png”和“背景音乐.mp3”素材导入项目中，如图7-59所示。

04 → 在【项目】面板的空白处，执行右键菜单中的【新建项目】>【颜色遮罩】命令，设置颜色为(R:0,G:150,B:255)，名称为默认的“颜色遮罩”，如图7-60所示。

图7-59

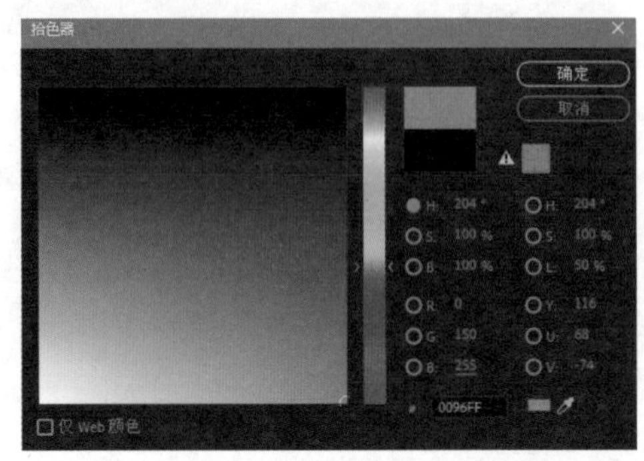

图7-60

2. 制作片头

01 → 将【项目】面板中的“颜色遮罩”素材分别拖曳至视频轨道V1和V2上，如图7-61所示。

02 → 激活视频轨道V2中的“颜色遮罩”的【效果控件】面板，将【效果】面板中的【视频效果】>【过时】>【颜色平衡(HLS)】效果拖曳至【效果控件】面板中，如图7-62所示。

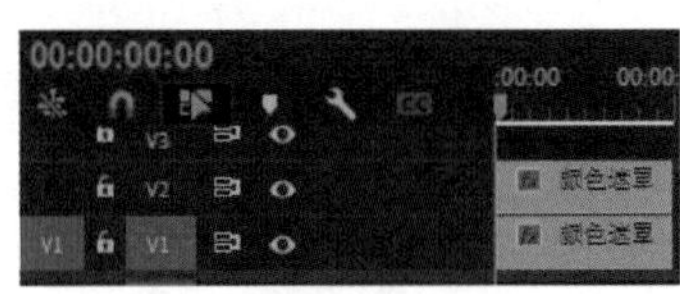

图7-61

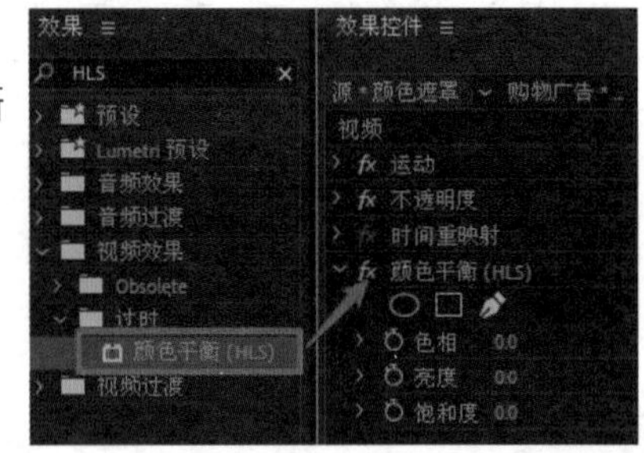

图7-62

03 → 在【效果控件】面板中，取消勾选【等比缩放】复选框，将【当前时间指示器】移动至00:00:00:00的位置，打开【缩放宽度】的【切换动画】按钮，设置【缩放高度】为1.0，【缩放宽度】为0.0，设置【颜色平衡(HLS)】效果的【亮度】为100.0；将【当前时间指示器】移动至00:00:00:10的位置，设置【缩放宽度】为50.0；将【当前时间指示器】移动至00:00:01:15的位置，设置【缩放宽度】为50.0；将【当前时间指示器】移动至00:00:02:00的位置，设置【缩放宽度】为0.0，如图7-63所示。

04 → 单击【时间轴】面板的空白处，执行菜单【图形】>【新建图层】>【文本】命令。

05 → 在【节目监视器】面板中，设置文本内容为“网购三步走”，如图7-64所示。

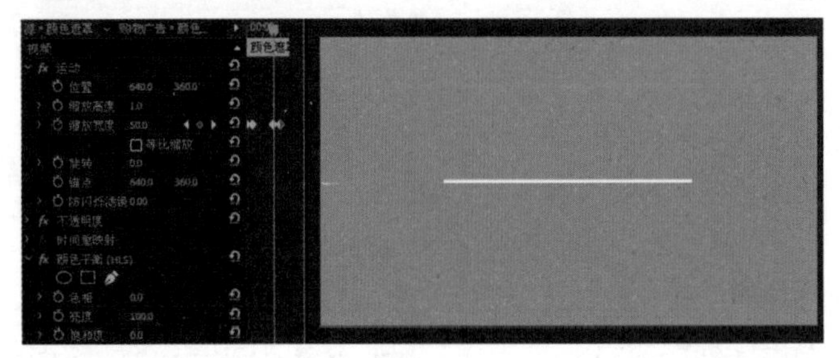

图7-63

图7-64

06 → 激活“网购三步走”文本素材的【基本图形】面板，设置【位置】为(640.0,320.0)，【字体】为“微软雅黑”，【字体样式】为“粗体”，【字体大小】为60，选择【居中对齐文本】，【填充】为(R:255,G:255,B:255)，如图7-65所示。

图7-65

07 → 激活【效果】面板，将【视频过渡】>【Wipe（擦除）】>【Wipe（擦除）】过渡效果添加到“网购三步走”文本素材的入点和出点位置，如图7-66所示。

08 → 分别激活2个【Wipe（擦除）】过渡效果，在【效果控件】面板中分别设置【边缘选择器】为“自南向北”和“自北向南”，【持续时间】为00:00:00:10，【开始】为40.0，【结束】为60.0，如图7-67所示。

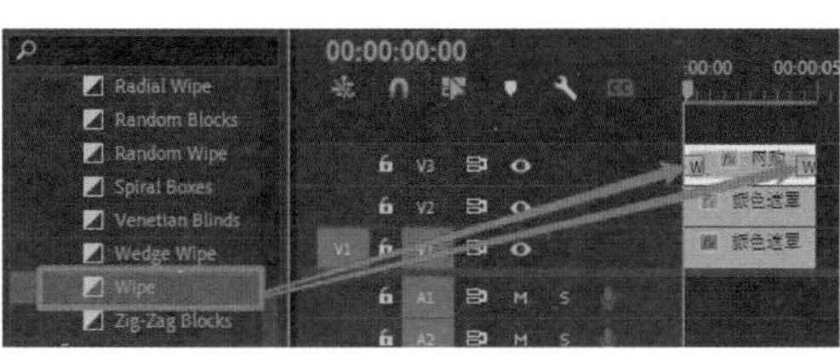

图7-66

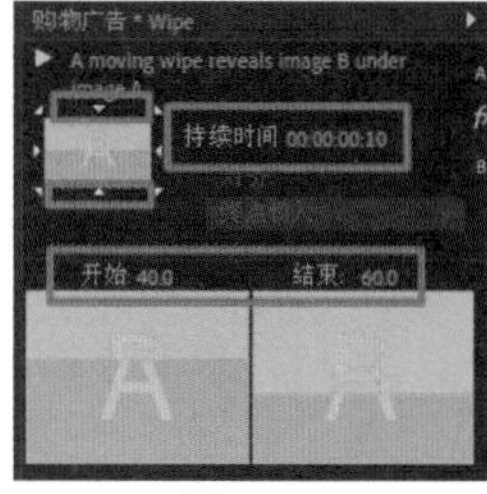

图7-67

09 → 将序列中所有素材的出点对齐到00:00:02:00的位置。

3. 制作过程片段一

01 → 将视频轨道V1和V2中00:00:00:00位置右侧的素材分别复制到视频轨道V1和V2中的00:00:02:00位置，并将视频轨道V2中素材的入点移动至00:00:02:10的位置，如图7-68所示。

02 → 激活视频轨道V1中00:00:02:00位置右侧的“颜色遮罩”素材，然后双击【效果】面板中的【视频效果】>【过时】>【颜色平衡(HLS)】效果，添加效果。

03 → 在【效果控件】面板中，设置【颜色平衡(HLS)】效果的【色相】为120.0°。

04 → 激活视频轨道V2中00:00:02:10位置右侧“颜色遮罩”素材的【效果控件】面板，将【当前时间指示器】移动至00:00:02:10的位置，设置【缩放高度】为11.0，【缩放宽度】为0.0；将【当前时间指示器】移动至00:00:02:20的位置，设置【缩放宽度】为50.0，并删除右侧的所有关键帧，如图7-69所示。

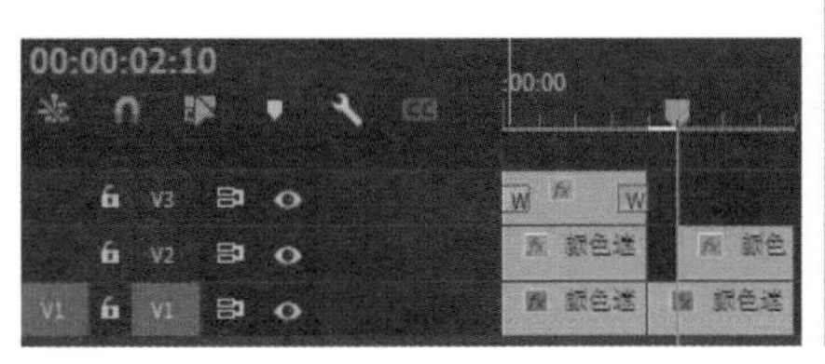

图7-68

图7-69

05→ 将【项目】面板中的“图片01.jpg”素材拖曳至视频轨道V3的00:00:02:00位置。

06→ 将【当前时间指示器】移动至00:00:02:00的位置，打开【位置】和【缩放】的【切换动画】按钮，设置【缩放】为200.0；将【当前时间指示器】移动至00:00:02:05的位置，设置【缩放】为20.0；将【当前时间指示器】移动至00:00:02:10的位置，设置【位置】为(640.0,360.0)；将【当前时间指示器】移动至00:00:02:20的位置，设置【位置】为(960.0,360.0)，如图7-70所示。

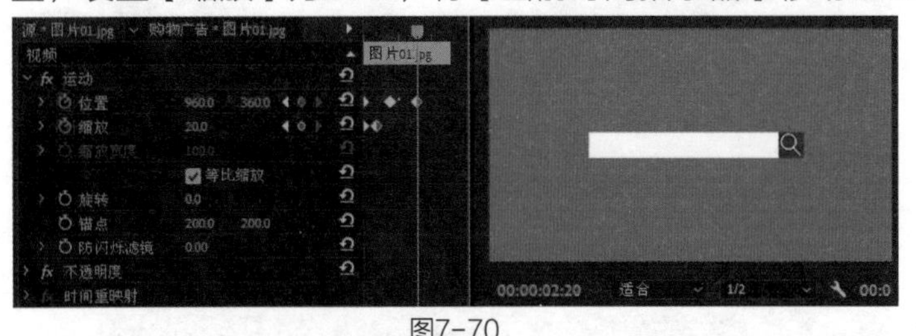
图7-70

07→ 将【当前时间指示器】移动至00:00:02:20的位置，使用【文本工具】在【节目监视器】面板中，设置文本内容为“1. 搜索产品信息”。

08→ 在【基本图形】面板中设置【位置】为(580.0,375.0)，【字体】为“微软雅黑”，【字体样式】为“粗体”，【字体大小】为50，选择【居中对齐文本】，【字距调整】为200，【填充】为(R:0,G:0,B:0)，如图7-71所示。

09→ 激活【效果】面板，将【视频过渡】>【Wipe（擦除）】>【Wipe（擦除）】过渡效果添加到“1. 搜索产品信息”文本素材的入点位置。

10→ 将序列素材的出点对齐到00:00:05:00的位置。

4. 制作过程片段二

01→ 将视频轨道V1和V2中00:00:02:00位置右侧的素材分别复制到视频轨道V1和V2中的00:00:05:00位置，如图7-72所示。

图7-71

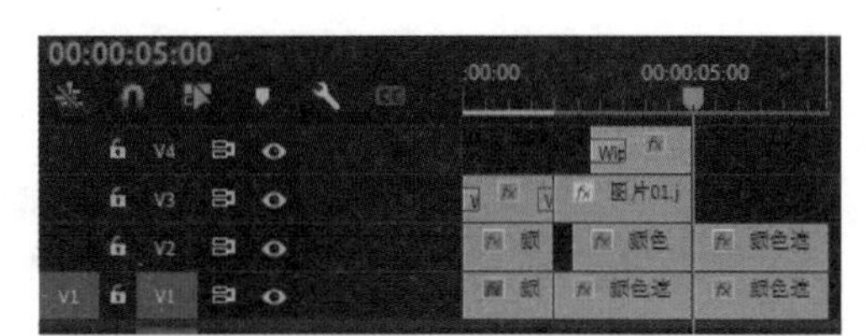
图7-72

02→ 激活视频轨道V1中00:00:05:00位置右侧的“颜色遮罩”素材，在【效果控件】面板中设置【颜色平衡(HLS)】效果的【色相】为90.0°，【亮度】为-20.0，【饱和度】为50.0。

03→ 激活视频轨道V2中00:00:05:00位置右侧的“颜色遮罩”素材，在【效果控件】面板中关闭【缩放宽度】的【切换动画】按钮，设置【位置】为(640.0,550.0)，【缩放高度】为5.0，【缩放宽度】为45.0，如图7-73所示。

04→ 按住Alt键的同时，将视频轨道V2中00:00:05:00位置右侧的“颜色遮罩”素材拖曳至视频轨道V3的00:00:05:00位置。

05→ 激活视频轨道V2中00:00:05:00位置右侧的“颜色遮罩”素材，在【效果控件】面板中设置【不透明度】为20.0%。

06→ 将【项目】面板中的“图片02.png”素材拖曳至视频轨道V4的00:00:05:00位置。

07 → 按住Alt键的同时，将视频轨道V4中00:00:02:20位置右侧的“1. 搜索产品信息”文本素材拖曳至视频轨道V5的00:00:05:20位置。

08 → 将序列素材的出点对齐到00:00:08:00的位置，如图7-74所示。

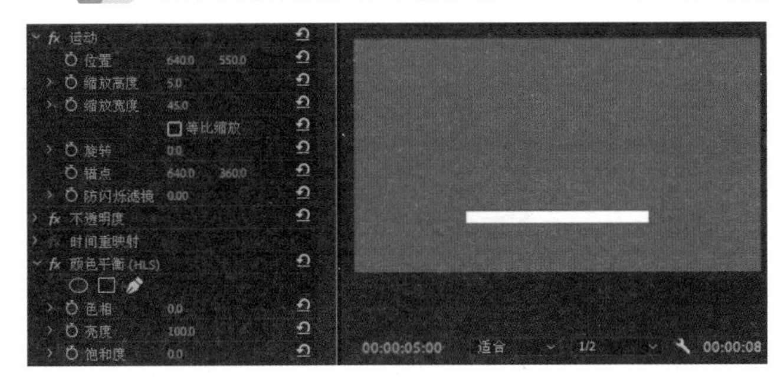

图7-73

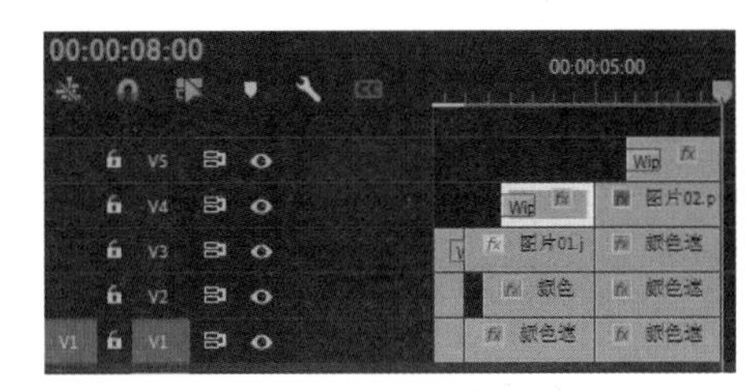

图7-74

09 → 在【节目监视器】面板中，将文本内容修改为“2. 观看产品广告”。

10 → 在【基本图形】面板中，设置【位置】为(640.0,150.0)，如图7-75所示。

11 → 激活【效果】面板，按住Ctrl键，然后分别将【视频过渡】下的【Slide（滑动）】>【Split（拆分）】、【Wipe（擦除）】>【Wipe（擦除）】和【Iris（划像）】>【Iris Round（圆划像）】过渡效果添加到视频轨道V2、V3和V4素材的入点位置，如图7-76所示。

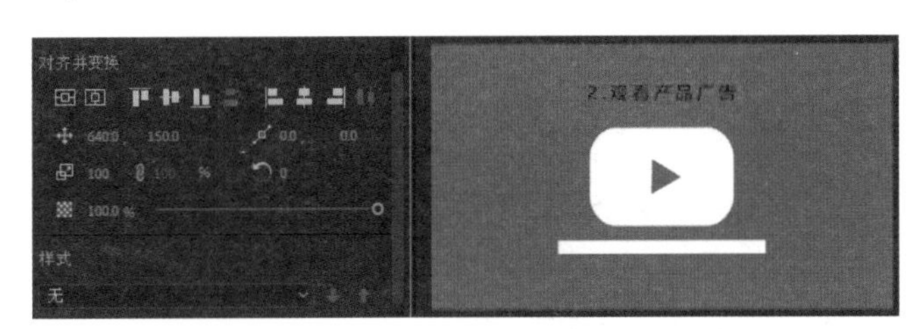

图7-75

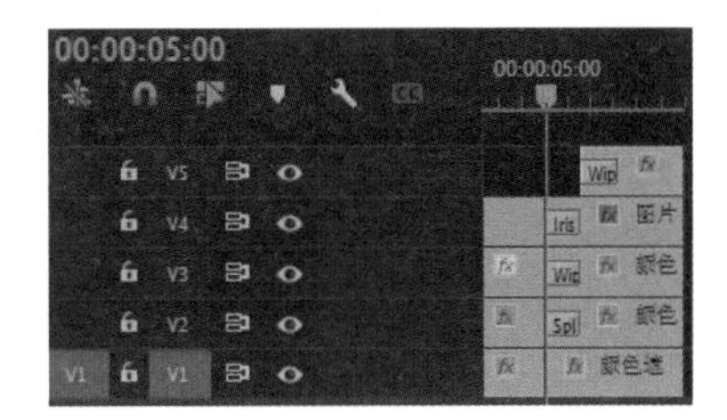

图7-76

提示

过渡效果作用于两个素材之间，称为双面过渡；作用于单个素材，称为单面过渡。当按住Ctrl键并将过渡效果拖曳至两个素材之间时，会切换为单面过渡效果。

12 → 分别设置【Split（拆分）】和【Iris Round（圆划像）】过渡效果的【持续时间】为00:00:00:10，【Wipe（擦除）】过渡效果的【持续时间】为00:00:01:05。

5. 制作过程片段三

01 → 将视频轨道V1中00:00:05:00位置右侧的素材复制到视频轨道V1的00:00:08:00位置。

02 → 激活视频轨道V1中00:00:08:00位置右侧的“颜色遮罩”素材，在【效果控件】面板中设置【颜色平衡(HLS)】效果的【色相】为-30.0°，【亮度】为-20.0，【饱和度】为100.0。

03 → 将【项目】面板中的“图片03.png”素材拖曳至视频轨道V2的00:00:08:00位置。

04 → 激活“图片03.png”素材的【效果控件】面板，将【当前时间指示器】移动至00:00:08:00的位置，打开【缩放】的【切换动画】按钮，设置【位置】为(640.0,280.0)，【缩放】为0.0；将【当前时间指示器】移动至00:00:08:10的位置，设置【缩放】为100.0，如图7-77

所示。

05 → 按住Alt键的同时，将视频轨道V5中00:00:05:20位置右侧的“2. 观看产品广告”文本素材拖曳至视频轨道V3的00:00:08:05位置。

06 → 将序列素材的出点对齐到00:00:10:00的位置，如图7-78所示。

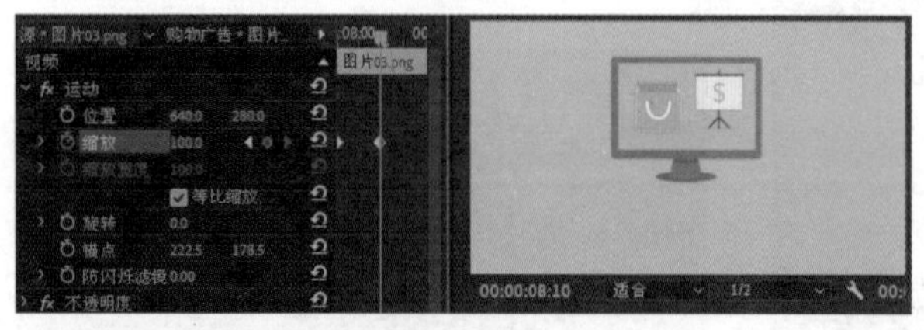
图7-77

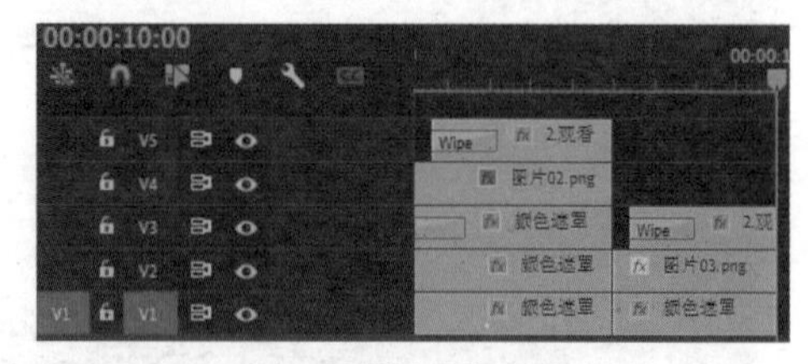
图7-78

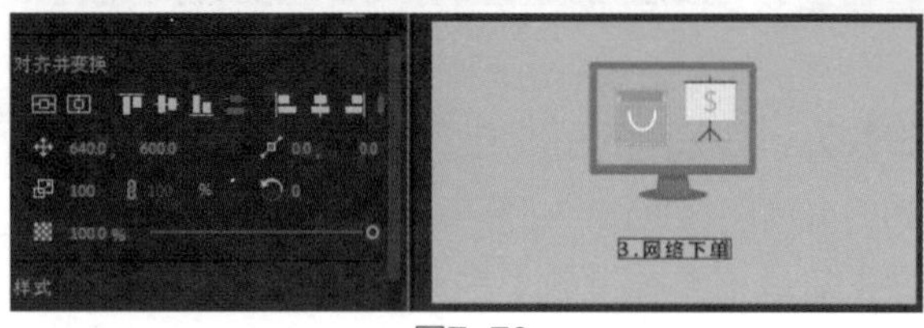
图7-79

07 → 在【节目监视器】面板中，将文本内容修改为“3. 网络下单”。

08 → 在【基本图形】面板中，设置【位置】为(640.0,600.0)，如图7-79所示。

6. 制作片尾

01 → 将【项目】面板中的“颜色遮罩”素材拖曳至视频轨道V1的00:00:10:00位置。

02 → 将【当前时间指示器】移动至00:00:10:00的位置，使用【文本工具】在【节目监视器】面板中设置文本内容为“今天，你网购了吗？”。

03 → 在【基本图形】面板中，设置【位置】为(640.0,300.0)，【字体】为“微软雅黑”，【字体样式】为“粗体”，【字体大小】为80，选择【居中对齐文本】，【字距调整】为200，【填充】为(R:255,G:255,B:255)，如图7-80所示。

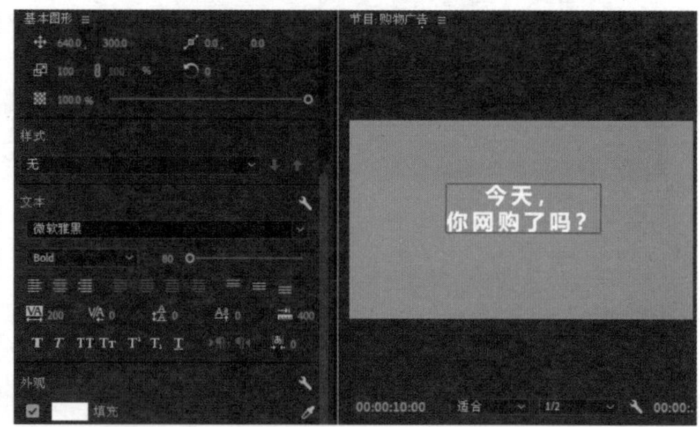
图7-80

04 → 激活【效果控件】面板，将【当前时间指示器】移动至00:00:10:00的位置，打开【缩放】的【切换动画】按钮，设置【缩放】为100.0；将【当前时间指示器】移动至00:00:12:24的位置，设置【缩放】为110.0，如图7-81所示。

05 → 将【项目】面板中的“背景音乐.mp3”素材拖曳至音频轨道A1上，并将视频轨道素材的出点与之对齐，如图7-82所示。

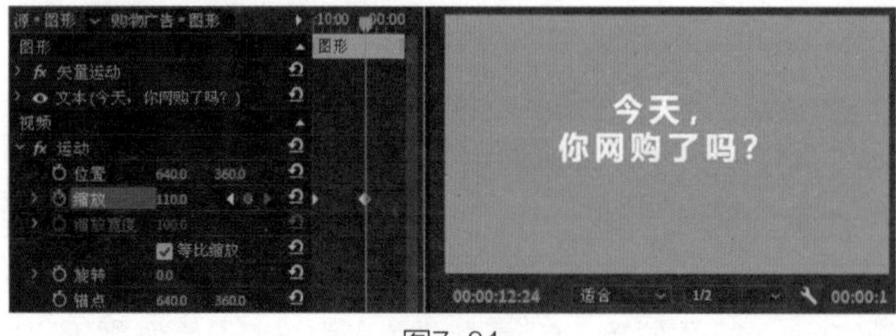
图7-81

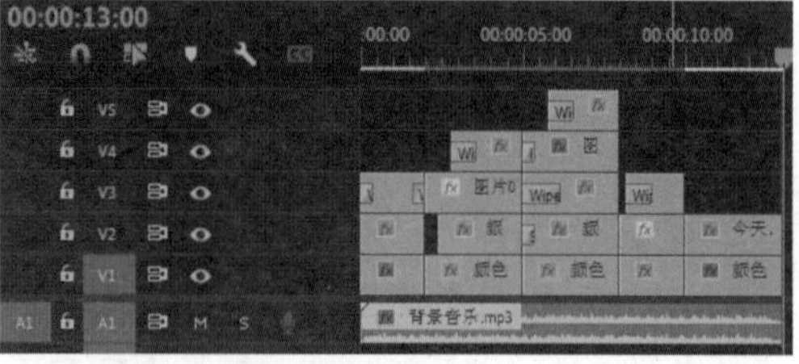
图7-82

7. 查看最终效果

在【节目监视器】面板中查看最终画面效果，如图7-83所示。

图7-83

技术总结

通过本案例，读者应该掌握视频广告的制作方法了。本案例中的制作技巧在于只创建了一个背景板，但通过【颜色平衡(HLS)】效果快速地变换出多个不同颜色的背景，这样可以节省【项目】面板中素材所占用的空间，也方便随时调整背景颜色。案例中的技术难点在于添加单面过渡效果，一般默认的过渡效果是双面过渡效果，但是在00:00:05:00位置右侧的素材不想受左侧素材的影响，此时就需要使用单面过渡技巧了，配合键盘上的Ctrl键就可以实现这一效果。

7.4 影视宣传

教学视频

工程文件：工程文件 / 第 7 章 /7.4 影视宣传 .prproj
视频教学：视频教学 / 第 7 章 /7.4 影视宣传 .mp4
技术要点：掌握制作影视宣传片的方法

案例思路

影视宣传片属于影视剪辑类型，是通过将影视片中的精彩镜头进行选择、取舍、分解与重新组接，最终剪辑成一部精彩的宣传短片。Premiere Pro具有强大的剪辑功能，非常适合用于影片的剪辑。

制作步骤

1. 创建项目

01 → 新建项目，设置项目名称为“影视宣传”。

02 → 在【新建序列】对话框中，设置序列格式为【HDV】>【HDV 720p25】，新建序列，【序列名称】设置为“影视宣传”。

图7-84

03 → 导入素材。将“视频素材.mp4”和“背景音乐.mp3”素材导入到项目中，如图7-84所示。

2. 设置序列

01 → 右击【项目】面板的空白处，执行右键菜单中的【新建项目】>【黑场视频】命令，新建素材。

02 → 将【项目】面板中的“视频素材.mp4”素材文件，拖曳至【时间轴】面板的视频轨道V1中。在弹出的【剪辑不匹配警告】对话框中，单击【更改序列设置】按钮，如图7-85所示。

03 → 解除素材的音视频链接，关闭【时间轴】面板中的【链接选择项】，如图7-86所示。

图7-85

图7-86

04 → 选择序列中的音频部分，然后按键盘上的Delete键，即可删除音频，如图7-87所示。

3. 制作场景一

01 → 双击【项目】面板中的“视频素材.mp4”素材文件，使其显示在【源监视器】面板中。

02 → 在【源监视器】面板中，设置标记入点为00:09:09:02，标记出点为00:09:09:13，单击【仅拖动视频】图标，将其拖曳至视频轨道V2上，如图7-88所示。

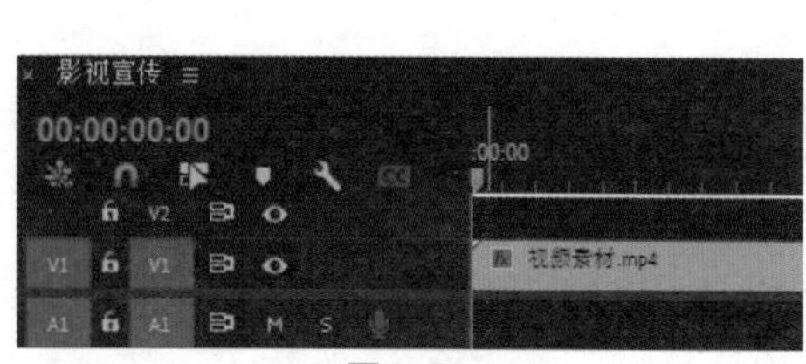

图7-87

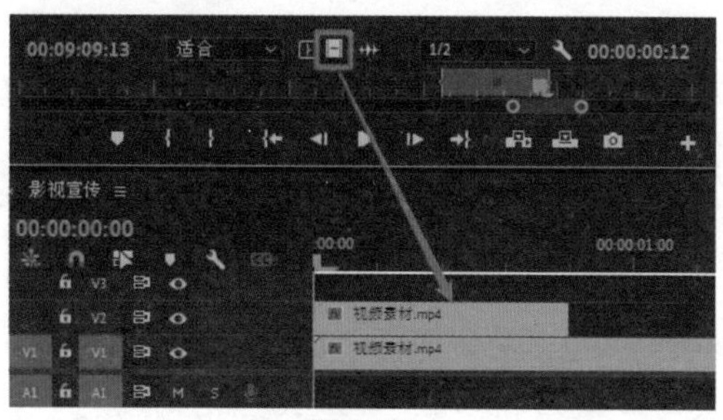

图7-88

03→ 在【源监视器】面板中，继续剪辑素材片段，分别设置标记入点为00:00:25:09，标记出点为00:00:27:02；标记入点为00:07:50:14，标记出点为00:07:51:13；标记入点为00:01:10:13，标记出点为00:01:13:03，单击【仅拖动视频】图标，依次将其拖曳至视频轨道V2上，如图7-89所示。

04→ 激活视频轨道V2上00:00:03:06右侧素材的【效果控件】面板，将【当前时间指示器】移动至00:00:05:02的位置，打开【不透明度】的【切换动画】按钮，设置【不透明度】为100.0%，如图7-90所示；将【当前时间指示器】移动至00:00:05:12的位置，设置【不透明度】为0.0%。

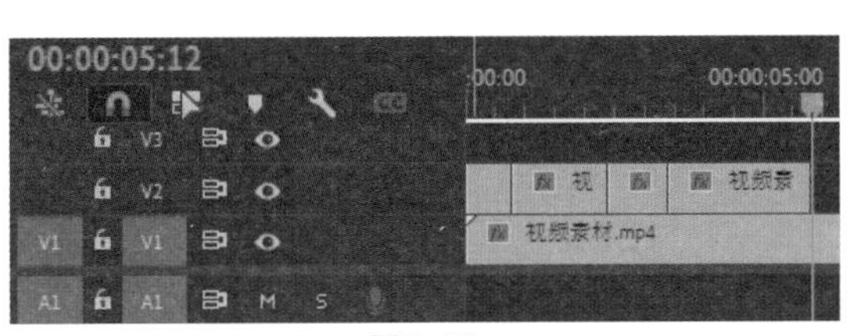

图7-89

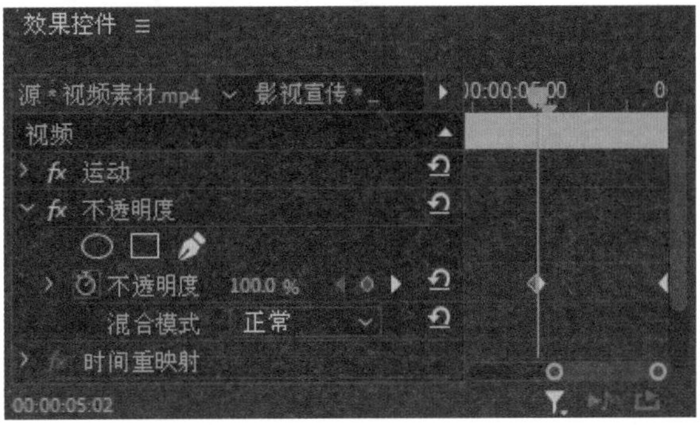

图7-90

05→ 将【项目】面板中的"黑场视频"素材文件，拖曳至视频轨道V2的00:00:05:12位置，如图7-91所示。

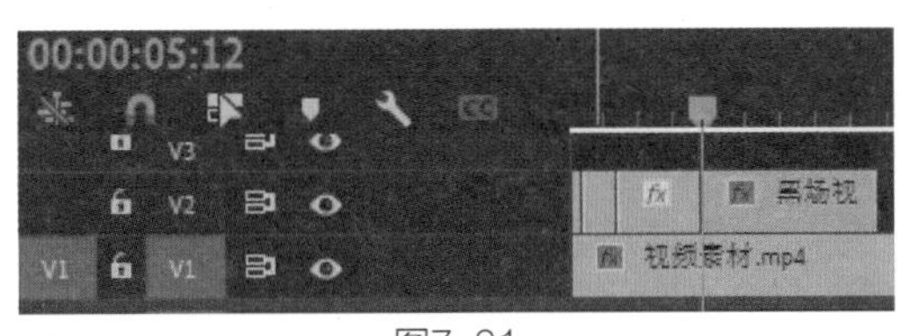

图7-91

4. 制作场景二

01→ 选择【工具】面板中的【剃刀工具】，然后分别在00:01:41:11和00:01:43:08的位置使用【剃刀工具】裁切素材，如图7-92所示。

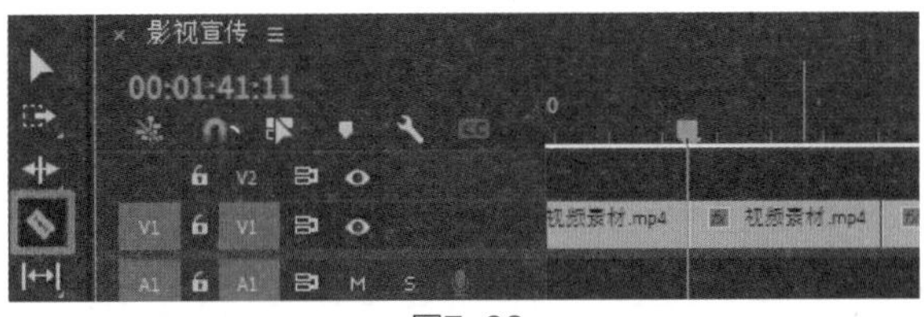

图7-92

02→ 使用【选择工具】，将00:01:41:11右侧裁剪好的素材，移动至视频轨道V2的00:00:06:06位置，并删除右侧的"黑场视频"素材，如图7-93所示。

03→ 分别将【当前时间指示器】移动至00:05:52:08和00:06:10:03的位置，执行菜单【序列】>【添加编辑】命令，如图7-94所示。

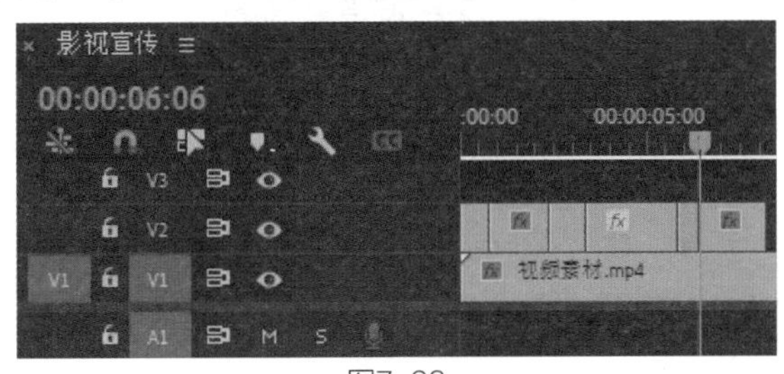

图7-93

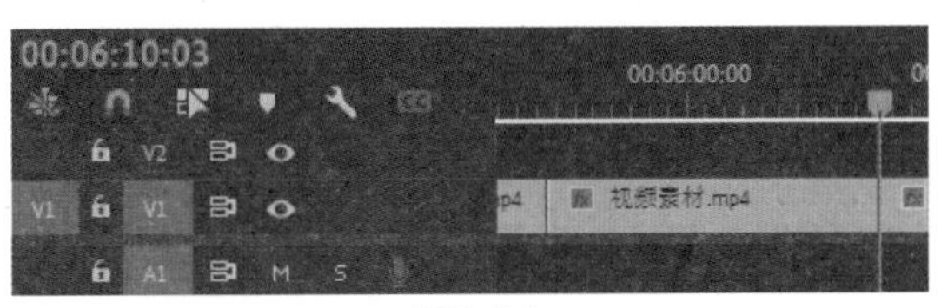

图7-94

04→ 在【节目监视器】面板中，设置标记入点为00:05:53:11，标记出点为00:06:07:00，单击【提取】按钮，如图7-95所示。

05→ 使用【选择工具】，将00:05:52:08右侧裁剪好的2个素材，移动至视频轨道V2的00:00:08:03位置，如图7-96所示。

图7-95

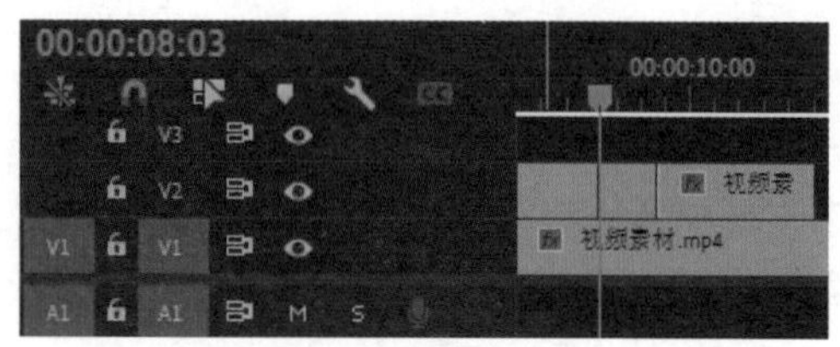

图7-96

06→ 双击00:00:12:08位置的编辑点，在【节目监视器】面板中单击【向前修剪】按钮， 调整素材出点，如图7-97所示。

图7-97

07→ 关闭视频轨道V1的【同步锁定】功能，设置视频轨道V2为目标轨道和源轨道，如图7-98所示。

图7-98

08→ 在【时间轴】面板中，将【当前时间指示器】移动至00:00:06:06的位置。在【源监视器】面板中，继续剪辑素材片段，设置标记入点为00:04:11:12，标记出点为00:04:15:02，单击【插入】按钮，如图7-99所示。

09→ 选择00:00:06:06位置的编辑点，执行右键菜单中的【应用默认过渡】命令。

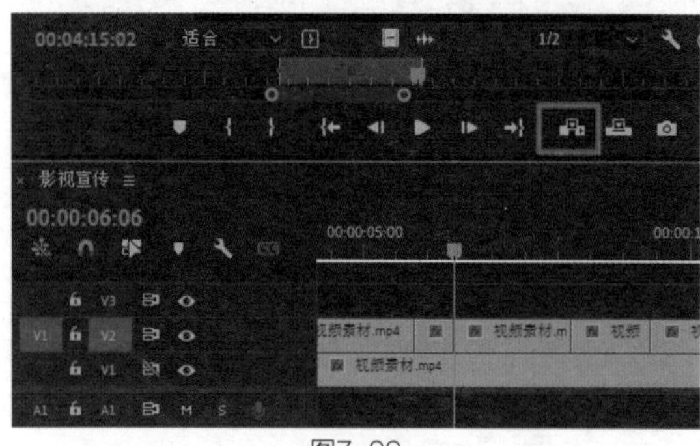

图7-99

10→ 单击过渡效果，在【效果控件】面板中设置【持续时间】为00:00:01:25，【对齐】为“起点切入”，如图7-100所示。

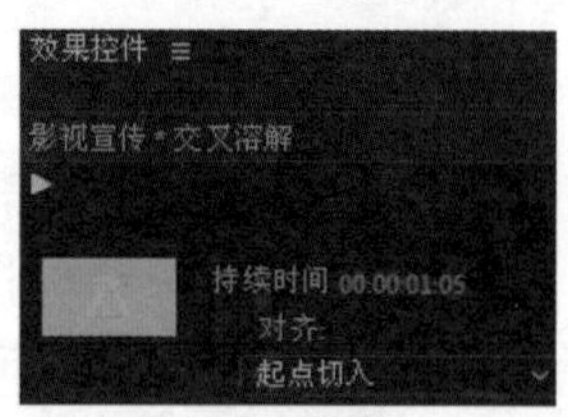

图7-100

11→ 将【项目】面板中的“黑场视频”素材，拖曳至视频轨道V2的00:00:16:00位置上，并将“黑场视频”素材的出点位置移动至00:00:18:10的位置，如图7-101所示。

12→ 在【时间轴】面板中，将【当前时间指示器】移动至00:00:17:00的位置。在【源监视器】面板中，继续剪辑素材片段，设置标记入点为00:05:34:01，标记出点为00:05:34:13，单击【覆盖】按钮，如图7-102所示。

图7-101

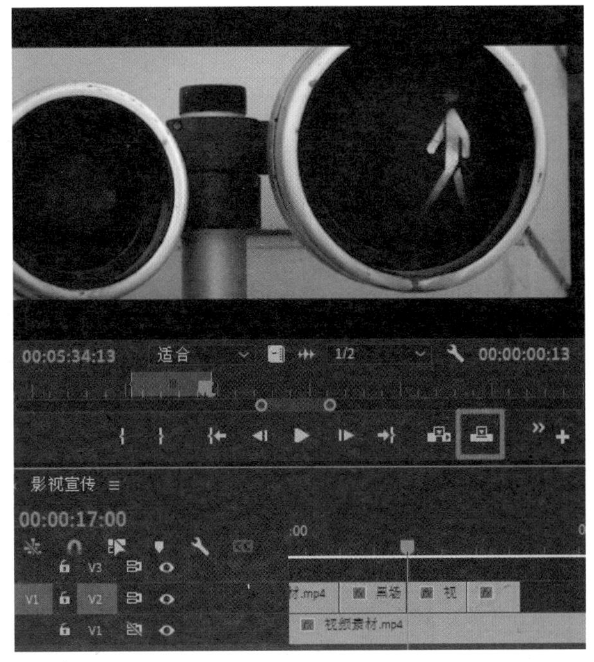

图7-102

5. 制作场景三

01 → 将【当前时间指示器】移动至序列出点位置。在【源监视器】面板中，设置标记入点为00:08:23:03，标记出点为00:11:19:02，单击【插入】按钮，如图7-103所示。

02 → 继续剪辑素材，选择视频轨道V2中的素材，将【当前时间指示器】分别移动至00:00:20:00、00:01:03:00、00:01:03:12和00:03:12:04的位置，并按键盘上的快捷键Ctrl+K，如图7-104所示。

图7-103

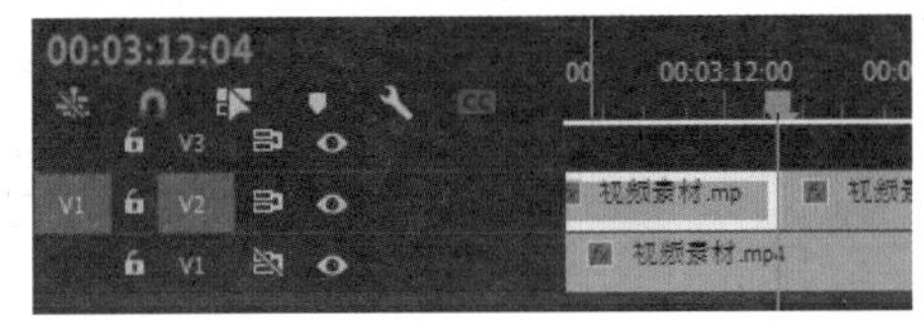

图7-104

03 → 按住Shift键的同时，选择00:00:20:00到00:01:03:00之间的素材、00:01:03:12到00:03:12:04之间的素材，并执行右键菜单中的【波形删除】命令，如图7-105所示。

04 → 按住Ctrl键的同时，拖曳00:00:20:12右侧素材到前一个素材的入点位置，将两段素材互换位置，如图7-106所示。

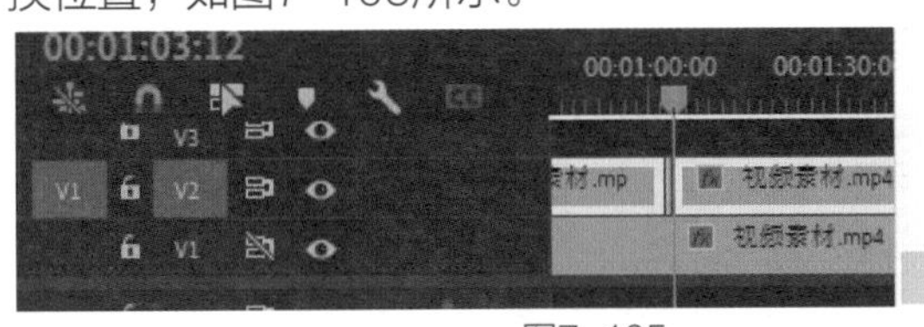

图7-105

图7-106

05 → 激活00:00:20:00位置右侧素材的【效果控件】面板，打开【不透明度】的【切换动画】按钮，将【当前时间指示器】移动至00:00:21:04的位置，设置【不透明度】为0.0%，选择所有关键帧，执行右键菜单中的【定格】命令，如图7-107所示。

06 → 将【当前时间指示器】移动至序列出点位置。在【源监视器】面板中，设置标记入点为00:00:22:03，标记出点为00:00:24:05，单击【插入】按钮，如图7-108所示。

07 → 将【当前时间指示器】移动至00:00:25:06的位置，使用【文本工具】在【节目监视器】

面板中输入文本“调音Tone Tuning”。

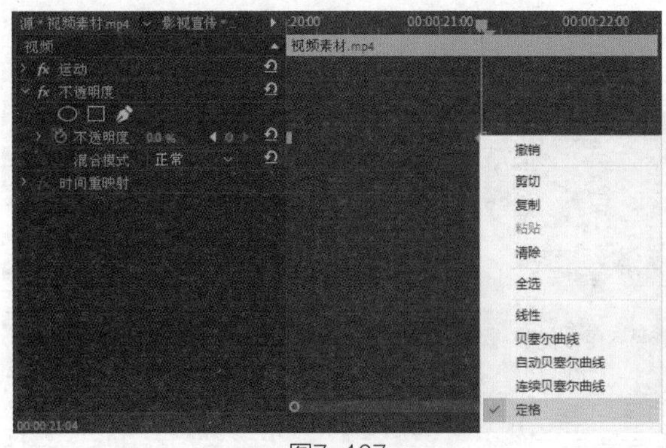

图7-107

图7-108

08 → 在【基本图形】面板中，设置【位置】为(255.0,130.0)，【字体】为“微软雅黑”，【字体样式】为“粗体”，2个文本的【字体大小】为60和25，【对齐】为“居中对齐文本”，【字距调整】为700和0，【行距】为15，【填充】为(R: 255,G: 255,B: 255)，如图7-109所示。

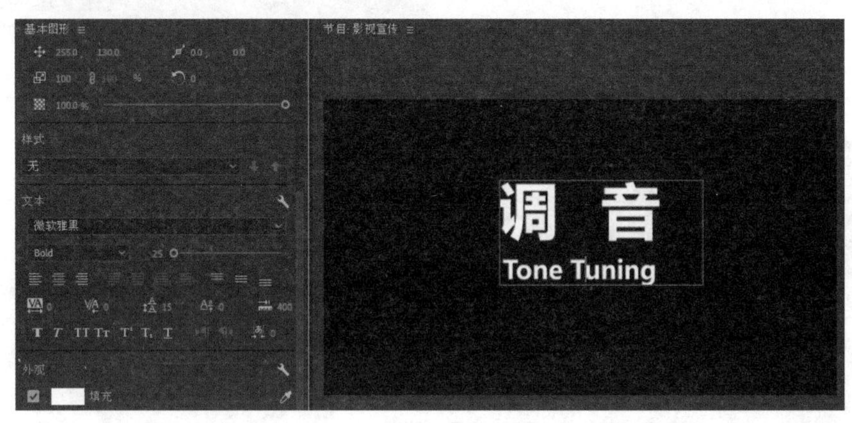

图7-109

09 → 按住Ctrl键的同时双击00:00:25:06位置的编辑点，使其进入修剪模式。然后将【当前时间指示器】移动至00:00:25:00的位置，执行菜单【序列】>【将所选编辑点扩展到播放指示器】命令，如图7-110所示。

10 → 在轨道头处，执行右键菜单中的【删除轨道】命令，删除轨道，如图7-111所示。

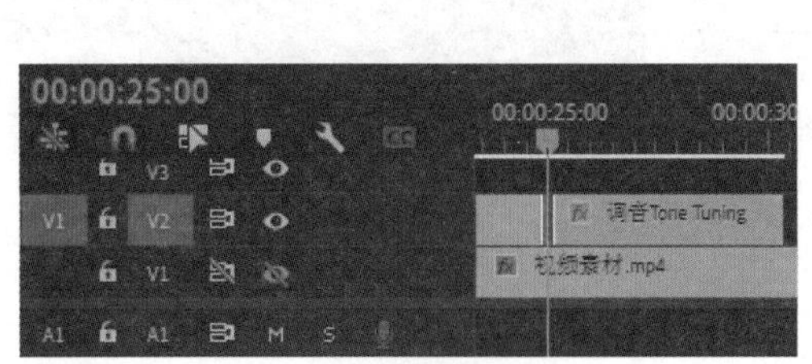

图7-110

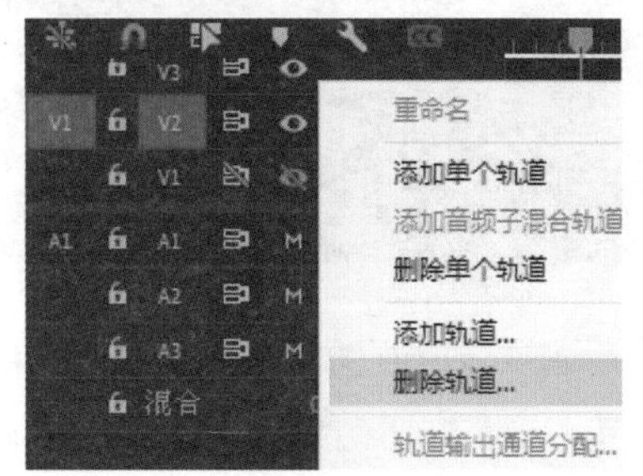

图7-111

11 → 在【删除轨道】对话框中，勾选【删除视频轨道】复选框，设置轨道为“视频1”，如图7-112所示。

12 → 将【项目】面板中的“背景音乐.mp3”素材拖曳至音频轨道A1上，并将视频轨道中素材的出点与之对齐，如图7-113所示。

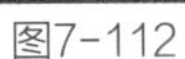
图7-112

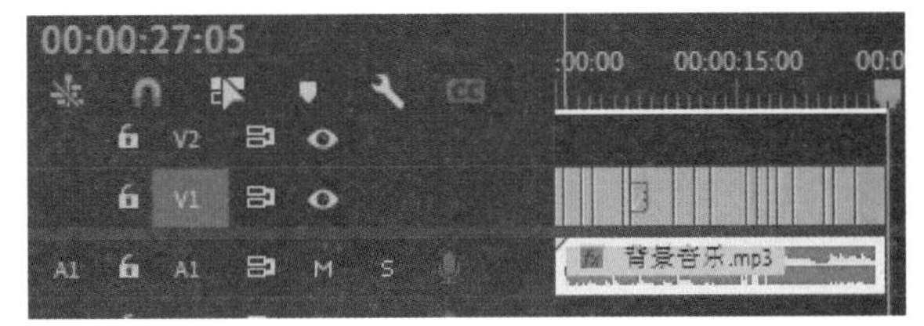

图7-113

6. 查看最终效果

在【节目监视器】面板中查看最终画面效果，如图7-114所示。

图7-114

技术总结

通过本案例，读者应该已经掌握影视宣传片的制作方法了。本案例中的技术要点在于通过【源监视器】面板的标记入点和标记出点快捷准确地裁剪素材，通过【插入】【覆盖】按钮和【仅拖动视频】图标等，可以快捷准确地将素材添加到序列中。【工具】面板中的多种剪辑工具和【节目监视器】面板中的多种功能，也是常用的剪辑方法。